普通高等院校电工电子实验实践系列教材

郭宇锋 成谢锋 总主编

常春耘 顾艳丽 王正元 孙科学 编著

刘陈 主审

电工电子实验技术（上册）

Electrotechnics and Electronics Experiment Technology (Volume 1)

人民邮电出版社

北京

高校系列

图书在版编目（CIP）数据

电工电子实验技术. 上册 / 常春耘等编著. -- 北京：
人民邮电出版社，2014.10（2021.9重印）
普通高等院校电工电子实验实践系列教材
ISBN 978-7-115-36500-2

Ⅰ. ①电… Ⅱ. ①常… Ⅲ. ①电工技术－实验－高等
学校－教材②电子技术－实验－高等学校－教材 Ⅳ.
①TM-33②TN-33

中国版本图书馆CIP数据核字(2014)第187167号

内 容 提 要

本书共分 8 章，第 1 章讲述开设实验课程的目的、要求及实验基础知识，第 2 章介绍电路基本电量的测量方法，第 3 章包含 13 个电路分析基础实验，第 4 章讲述模拟电路的一般设计方法和各基本指标参数的调试和测试方法，第 5 章选取了 8 个经典模拟电路基础实验，第 6 章是模拟电路的提高型实验，第 7 章介绍常用电子仪器和测量仪表的基本原理和方法，第 8 章介绍仿真软件 Multilism 及其在电路及模拟电路实验中的应用。附录介绍了常用电子元件的一般知识，为学生在实验中合理选择元器件提供帮助。

本书可作为大学本科计算机科学与技术、信息科学与技术等理工科专业非电类学生的实验指导教材，也可作为电大、函授、自考及继续教育电类专业的实验教材。

- ◆ 编　　著　常春耘　顾艳丽　王正元　孙科学
　　　主　　审　刘　陈
　　　责任编辑　武恩玉
　　　责任印制　彭志环　杨林杰
- ◆ 人民邮电出版社出版发行　　北京市丰台区成寿寺路 11 号
　　邮编　100164　　电子邮件　315@ptpress.com.cn
　　网址　http://www.ptpress.com.cn
　　三河市君旺印务有限公司印刷
- ◆ 开本：787×1092　1/16
　　印张：15.25　　　　　　　　　2014 年 10 月第 1 版
　　字数：373 千字　　　　　　　2021 年 9 月河北第 8 次印刷

定价：35.00 元
读者服务热线：(010)81055256　印装质量热线：(010)81055316
反盗版热线：(010)81055315
广告经营许可证：京东市监广登字 20170147 号

电路分析基础和模拟电子技术是两门很重要的技术基础课，它为从事电气信息技术领域的学习、工作和研究奠定基础。由于这两门课的实践性较强，与之相应的电工电子实验课在人才培养过程中起着不可替代的作用。该课程不仅可以巩固和加深所学的理论知识，而且还能培养了学生运用知识的能力，进行工程实践的能力，为学生今后从事实际工作打下坚实的基础。

多年来，我们一直希望能对自己多年教授的电工电子实验的心得体会进行总结，结合实验教学改革的要求，编写一本有益于电工电子实验教学的教材，本书就是在这样的指导思想下编写的。

本书精选内容，突出重点，强化基本实验能力，其内容的深度和广度符合现阶段我国普通高等学校电气工程、自动化、通信工程、电子信息工程、计算机、电子科学与技术等专业的教学要求，以电子元器件的选择、基本电子仪器的使用、基本电路参数的测量方法等基本实验能力为基础，以有工程应用背景的设计性实验为重点，在内容的选取上，注意处理与理论教学和后续实验课程的衔接，同时为更好地适应电工电子技术的发展趋势，引入了电子电路仿真软件的教学内容。

另外，本书在学生已学知识的基础上由浅入深展开，对基础性、验证性实验，注重实验原理、实验方法和实验技能的讲解，配有详细的预习要求，便于学生养成良好的实验习惯，培养学生自主实验能力及提高学生的实验素养，对设计性、综合性实验，从实际应用的要求出发，注意培养学生的工程意识，培养学生的电路设计能力、实验现象的观测能力、实验故障的排除能力及实验结果的分析能力。

本书第 3 章、第 4 章、第 6 章及附录由常春耘编写，第 1 章、第 2 章、第 5 章由顾艳丽编写，第 7 章由王正元编写，第 8 章由孙科学编写，常春耘负责全书统稿和定稿，由许文龙老师审阅并提出很多修改意见，郭宇锋教授、成谢锋教授负责主审。本书在编写过程中得到了电工电子教学实验中心各位老师的支持与帮助，也参考了许多同行专家的著作，在此表示诚挚的谢意。

由于编者水平有限，书中难免有不妥和错误之处，敬请读者批评指正。

编 者
2014.7.

目　　录

第 1 章　实验基本知识

1.1　实验课开设的目的及要求

一、实验课目的

由于本书中的实验内容只涉及电路实验和模拟电路实验，因此本章中所提实验均指电路及模拟电路实验。电路及模拟电路实验是一门重要的实践性基础课程，本课程将给学生提供一个理论知识和工程实际相结合的平台，使学生能更好地将理论知识转化为实践能力。该课程以应用理论为基础，专业技术为指导，侧重于理论指导下的操作技能的培养和综合运用能力的提高，旨在将所学理论知识过渡到实践和应用，为后续技术基础课、专业课等课程的学习打下良好的基础。通过学习，学生将了解常用电子仪器、仪表的性能、工作原理及其使用方法；掌握基本的电测量方法以及现代电路计算机仿真技术等；巩固和加深对电路分析理论和模拟电子技术基础理论的理解；掌握模拟电路基本单元电路的设计、装配和调测方法。本课程主要培养学生的基本实验技能，包括正确选用仪器与仪表，制定合理的实验方案，实验电路的装配、调测，实验中各种现象的观察和判断，实验数据的正确读取和处理，误差分析，实验报告的撰写等各方面能力；使学生逐步树立工程和技术观点，提高学生应用理论知识和实验经验分析和解决工程实际问题的能力；培养他们严谨细致、勇于克服困难和开拓创新等方面的科技素质。因而，通过本课程的学习，学生能够在基本实验理论、实验方法和实验技能 3 个方面得到较为系统的训练。

二、实验的基本要求

电路和模拟电路实验一般分为实验前预习、实验操作、实验后撰写实验报告 3 个阶段，具体要求如下。

1. 实验前预习

为了提高实验的效率，减少实验的盲目性，达到实验目的与要求，实验前要做好充分的预习，预习内容包括：

（1）明确实验目的、任务与要求。

（2）阅读、复习相关理论知识，弄懂实验原理、方法；根据实验要求设计实验电路；拟定实验方案和实验步骤；预习实验思考题和注意事项，以便在实验操作过程中观察、解决和注意。

（3）设计实验数据表格，估算实验结果的理论值，以便在实验中能及时发现故障，列出实验中使用的元器件清单（标注型号、规格、量程、容量、数量），对未使用过的仪器仪表和设备，要阅读说明书，掌握一般的使用方法。

2．实验操作

进入实验室做实验，要遵守实验室的各项规定，注意人身安全和设备安全，按照实验任务的要求完成相应的实验操作和数据观测。一般分为以下 3 个步骤：

（1）实验电路的连接

实验电路的连接应遵循以下 3 个原则：

① 合理布局（使实验对象、仪器仪表之间的位置和距离，跨接导线长短等因素对实验结果的影响最小）；便于操作、调整和读取数据；连接头不能过于集中，整体美观、简洁。

② 连接顺序应视电路复杂程度和操作者技术熟练程度自定。对初学者来说，可按照电路原理图一一对应接线。较复杂的电路，可先连接串联部分，后连接并联部分，最后连接电源端；连接时注意元器件、仪器仪表的同名端、极性和公共参考点等应与电路原理图设定的位置一致。

③ 对连接好的电路，一定要认真细致地检查，确保电路准确无误后才能通电测量。

（2）实验调测与读取数据

根据实验内容的要求，认真观测实验现象，准确记录相应的实验数据和波形。在实验过程中，要分析判断实验获得的数据是否符合预习时理论分析计算的结果。如果实验获得的数据或波形与预期的相差较大或完全不符，应根据实验现象，分析电路故障并及时排除。实验中遇到故障很常见，发现和排除电路故障是工程技术人员必备的技能，实验操作可以很好地培养和锻炼学生的此项技能。

（3）拆除实验线路、整理实验现场

实验操作结束，实验结果经确认无误后，就可以拆除实验线路。拆除线路时，应先将各输入量回零，然后切断电源（包括仪器、仪表的电源），确认电路不带电后，再拆除线路并整理实验现场。

3．撰写实验报告

撰写实验报告的过程是对实验进行总结和提高的过程，通过这个过程可以加深对实验现象和实验内容的理解，更好地将理论和实践结合起来。同时学习实验报告的撰写，也为以后课程设计报告、毕业论文以及科技论文的写作打下基础。

1.2　实验报告的撰写与要求

实验课虽然是一门以实际操作为主的课程，但课前的准备及课后的总结也是不可忽视的。准备充分，实验才能顺利进行；认真总结，才能获得最大的收获。所以撰写实验预习报告和实验报告也是实验课中的重要环节。

一、实验报告写作的基本要求

1．对文体的要求

实验报告是一种科技文体，科技文体的基本特点是客观真实、准确简练。要求实验报告中的数据必须经过数据处理和数据分析的过程，数据处理是指将原始数据处理成有效位数合理、准确反映测量误差的数据，数据分析是指分析数据的正确性和误差产生原因。在电工电子类的实验课中，初学的同学常常将原始数据不加处理就写入实验报告，影响了实验报告的准确性。

2．对电路图的要求

在电工电子制图中有纯原理图和工程原理图之分，在实验或设计中主要使用的是工程原理图。工程原理图不但要反映电路的功能和原理，还要反映所用元器件及其相互间的连接关系。所以要求在绘制电路图时，既要画出元件的符号，又要标明符号各个端子的序号，同时，还要标注元件的型号和参数。在报告中绘制电路图时，如果电路简单而所需图幅较小，可不采用国标要求的图幅尺寸，将图直接画在报告书中，但是要求一幅图独占报告页面的若干行，不可在与图平行的空白处填写报告中的其他内容，以免影响读图。

3．对波形图的要求

实验报告在叙述设计过程和实验情况时，常常需要画出一些波形来反映设计依据或测试结果。绘制波形图的要求如下：

（1）给波形命名

必须为所绘制的波形命名。命名方式有两种：一种是直接采用波形所示的信号的名称，如U_i、Uo_1、CLK 等；另一种是根据波形所示信号的位置命名，方法是用"符号编号"加"："再加"元件的管脚号"。例如，"D_1:12"表示在 D_1 所代表的元件的第 12 管脚处测得的波形；:C 表示在所代表的三极管的 C 极测得的波形。波形的名称应标注在波形的最左侧或者纵坐标的箭头上方。

（2）波形参数的完整性

实验中应根据实验目的和测试要求合理掌握记录被测信号的波形的详略程度。在记录信号的电参数时，一般应完整记录电压的幅度、频率、形状等参数，如果需要，还应记录信号波形的电位值。例如在测试脉冲信号的电参数时，必须记录它的高电平值和低电平值；又如，在测量放大器的动态范围时，就需要观测和记录信号的最高和最低电压值，以便确定输出信号的失真是饱和失真还是截止失真。在记录周期信号的波形时，一般应画出信号的两个完整的周期，以反映信号的周期性。在记录两个或更多信号之间的相位关系时，应使几个信号的时间轴对齐。

二、实验预习报告格式

实验前应预习实验指导书中的有关内容，了解实验原理，明确实验步骤及注意事项，完成预习报告。预习报告的内容包括：

1．实验名称

2．实验目的

3．实验原理及实验电路图

4．实验用仪器与器件

5．实验内容、步骤及方法

6．原始数据记录表格

7．实验中有关测试数据的理论值计算

8．注意事项

预习报告的功能有两个：一是通过预习真正了解实验的目的，为本次实验制订出合理的实验方案，进入实验室后即可按照预习报告进行实验；二是为实验后的总结提供原始资料。

因此，撰写预习报告时不能流于形式，应严肃地对待每一项内容，在认真考虑实验的每个环节、步骤后，撰写出可行的、有实用价值的预习报告。

三、电路实验报告格式

实验报告应该是：内容具体完整，观点明确，叙述条理清晰，层次布局合理，书写工整，实验结果的表达方式明了有效（可采用数据表格、图形或曲线表示），可读性强、可信度高。

验证性实验报告的内容一般应包括：

1. 实验名称
2. 实验目的
3. 实验电路图及实验原理
4. 实验用仪器仪表
5. 测试数据表格及数据处理结果（包括误差计算和分析）
6. 曲线图或波形图
7. 对实验结果的分析结论
8. 回答问题

设计性实验报告的内容一般应包括：

1. 实验名称
2. 实验目的
3. 技术指标
4. 电路设计
（1）整体设计
（2）单元电路设计
（3）电路原理图及元件明细表
5. 测试用仪器仪表
6. 测试数据表格及数据处理结果（包括误差计算和分析）
7. 曲线图或波形图
8. 对实验结果的分析结论，是否满足设计指标要求
9. 回答问题
10. 实验后的体会、经验与教训

以上是一份较完整实验报告内容的大致范围。同学们不一定要拘泥于一定格式，但必须包括以下 3 个方面内容：

（1）为什么做此实验？
（2）怎样进行实验？要指明关键问题所在。
（3）实验得到什么的结果？对实验结果及误差进行分析。

四、撰写实验报告注意事项

（1）写实验报告要用实验报告纸。
（2）数据记录和数据处理要注意数据的有效位数。
（3）曲线和波形应认真地画在坐标纸上。绘制曲线不能简单地在坐标图上把相邻的数据

点用直线相连，应进行"曲线拟合"。纵、横坐标代表的物理量、单位及坐标刻度均要标清楚。需要互相对比的曲线或波形应画在同一坐标平面上，每条曲线（或波形）必须标明参变量或条件。画好的曲线（或波形）图应贴在相应实验内容的数据表下面。如果图集中安排在报告的最后一页，则每个图必须标明是哪个实验内容的何种曲线（或波形）。

（4）实验数据的原始记录应用钢笔（或圆珠笔）写上实验者的姓名，并由指导教师检查签字后方为有效。实验报告必须附有教师签字的原始数据纸，否则视为无效报告。正式报告中的数据表格要认真填写，不能用原始记录纸代替。

1.3 实验中常见故障及其一般排除方法

对初学或实验经验还不丰富的实验者来说，在实验中出现这样那样的问题、发生这样那样的故障在所难免，也很正常。正是通过对电路故障的分析、诊断和排除，才能逐步提高实验者运用所学理论知识分析和解决实际问题的能力。

一、故障产生的原因

实验中产生故障的原因各种各样，大致可归纳为以下几个方面。

1．仪器设备
（1）仪器自身工作状态不稳定或损坏；
（2）超出了仪器的正常工作范围，或调错了仪器旋钮的位置；
（3）测量线损坏或接触不良（虚连接或内部断线）；
（4）仪器旋钮由于松动，偏离了正常的位置。

2．器件与连接
（1）用错了器件或选错了标称值；
（2）连线出错，导致原电路的拓扑结构发生改变；
（3）连接线接触不良或损坏；
（4）在同一个测量系统中有多点接地，或随意改变了接地位置；
（5）实验线路布局不合理，电路内部产生干扰。

3．错误操作
（1）未严格按照操作规程使用仪器。如读取数据前没有先检查零点或零基线是否准确，读数的姿势、表针的位置、量程不正确等。
（2）片面理解问题，盲目地改变了电路结构，未考虑电路结构的改变可能对测量结果带来的影响和后果。
（3）采用不正确的测量方法，选用了不该选用的仪器。

二、故障分类

1．开路故障
开路故障一般现象为无电压、无电流、指示仪表无偏转、示波器不显示波形等。
产生原因：焊点虚焊、接线柱松动引起接触不良；引线折断或导线接头根部折断；电源熔断器熔断或其元件损坏、断线等。

2．短路故障

短路故障现象为电路中电流剧增、表指针打弯、熔断器熔断、电路元件冒烟、有烧焦气味等。

产生原因：接线时接头相碰或裸露部分相碰；印刷电路板焊接点相触；接线错误；过电压、过电流破坏了绝缘层等。

3．其他故障

元件质量差；因使用年长日久、潮湿发霉而引起老化变质，使电压过高或过低；实验装置工作不正常等。故障现象反映为测试数据与预先估计相差较远。

三、查找故障的一般方法

1．先查人为故障，后查设备故障

查找电路故障时，必须确立一个观点：实验人员、实验用仪表、被测电路共同组成一个测试"系统"，系统中任何一部分出现问题都将导致测试数据的错误，所以当测试数据出现问题时，绝不能仅将测试系统作为查找问题的对象，首先应检查有无人为故障，初学者尤其要注意这一点。例如，在实验教学中经常发现，有的同学在测量交流参数时将直流电源关掉，测量时发现得到的数据不正确，便急于从电路上找问题，其实这种故障是由于概念错误造成的人为故障（测量交流参数时失去了直流电源）。这些同学这样做的原因是错误地将分析电路时的交流和直流等效电路的方法套用在实验中，认为实验时交流和直流也分开考虑。这种由于概念上的错误而导致的实验数据的测试失误在被测电路中是找不出故障原因的。所以查找故障要先检查操作者有没有概念上或操作上的错误。

2．先查仪表，后查被测电路

当确定无人为故障后，应检查用于测试的外接仪表有无故障。如测试线是否连接正确，选用仪器仪表及挡位是否合适等。

3．先查装配，后查电路参数

当确定故障存在于电路后，应先检查电路的装配是否正确。初学者在实验中用错元件、接错导线的事经常发生。直接检查装配有无错误比通过测试电路参数分析出装配错误节省时间。尤其是在实验中，首次测试某些数据发现错误时，要检查装配情况。

4．先检查直流参数，后检查交流参数

有源模拟电路中直流偏置是电路正常工作的基础，直流参数不正常，交流参数必然不正常，所以只有在直流参数正常的情况下，才能去测试交流参数。实验中有的同学直流参数不符合设计要求，常常跳过直流参数的调整而去调测交流参数，他们误认为直流参数一时调不出来可以先去调整交流参数，等交流参数调好了再去调直流参数。这种观点是错误的，原因在于没有认识到直流工作点的意义。

上述查找故障的顺序可以概括为：先人为后设备，先仪表后电路，先装配后参数，先直流后交流。

四、排除故障的一般方法

1．断电观察法

在实验中出现电阻、变压器烧坏，电容器炸裂，电表卡针，电路断线等故障时，通过断电观察往往能很快找出电路损坏的部分或发热器件。更换器件时，不能单纯调换已损坏的器件就算了事，应进一步查对实验电路图，搞清损坏器件的部位和原因，彻底排除故障，才能再次通电。

2．断电测量电阻法

如果仅凭观察不易发现问题，可利用万用表的欧姆挡逐个测试各元器件是否损坏，插件是否接触不良，导线是否断线或者短路，某器件的电阻值是否发生了变化，电容、二极管是否被击穿等。该类故障多发生在具有高电压、大电流及含有有源器件的电路中。根据实验原理，电路中某两点应该导通（或电阻极小），而万用表测出是开路（或电阻很大）；或某两点应该是开路（或电阻很大），但测得的结果为短路（或电阻很小），则故障必在此两点间。

3．通电测电压法

对实验电路加上电源和信号，利用万用表的电压挡测量电源是否有电压，若有电压则继续沿着信号流的方向向后顺序检查各元件、各支路是否有正常电压降，这样可以逐步缩小故障出现范围，最后断定故障所在。

4．信号寻迹法

使用适当频率和幅度的信号源作为测试信号电压，加到实验装置的输入端，然后利用一台示波器从信号输入端开始，逐一观测各元器件、各支路是否有正常的波形和幅度，从而可观测到反常迹象，找出故障所在。当电路级数很多时，可以先将整个系统分为若干段，先将某一中间段作为输出的测试点。如果发现输出数据不正常，就说明是这个测试点的前面有故障，就要向前排查；如果测试数据正常，说明故障出现在后端，应向后排查。这样做可以大大提高排除故障的效率。这种方法特别适用于检查电子线路中的故障。

5．对比检测故障

如果有两个相同的电路，其中一个正常，一个出现故障，则可以用正常的电路作为参考，逐段逐点进行对比，找出与正常电路参数不同的地方，然后再进一步分析参数不相同的原因，从而找出故障所在。

6．替代法

当怀疑某一元件有故障时，可选另一个正常的元件代替被怀疑的元件，替代后如果故障消失，则说明被替代的元件有误，若替代后故障还在，则不能断定被代替元件有问题，还要进一步检测。

用替代法查找故障时应注意：

在选择检测方法时，要针对故障类型和实验线路结构情况选用。如短路故障或电路工作电压较高（200V 以上），不宜用通电法检测。而当被测电路中含有微安表、场效应管、集成电路、大电容等元件时，不宜用断电法（电阻挡）检测。因为在这两种情况下，若检测方法不当，可能会损坏仪表、元件，甚至触电。有时实验电路中有多种或多个故障，并且相互掩盖或影响，但只要耐心细致地去分析查找，总是能够检测出来的。

2.1 测量及测量误差

一、测量的概念

所谓测量，就是把被测物理量与另一作为单位的同类标准量直接或间接作比较，判定被测量值是标准量的多少倍，从而确定被测量值的大小。例如，我们测得电压值为 220V，这就是说，电压等于以伏为电压单位的 220 倍。

1．测量方法的分类

测量方法的分类形式很多，根据获得被测量值的方法不同，可将测量分为直接测量和间接测量两大类。此外，在此两类方法的基础上还发展了一类组合测量。

（1）直接测量

能够通过测量仪器、仪表直接显示出被测量的数值，这类测量称为直接测量。例如，用电压表测量电压，用电桥测量电阻，用数字式频率计测量频率等。直接测量简单易行，所需测量的时间短，并有可能达到很高的测量精度。

（2）间接测量

被测量的量与其他几个物理量存在函数关系，需要用上述直接测量方法分别测出其他几个相关的物理量的值，再通过一定的公式计算得到被测量。这类测量称为间接测量。例如，直接测出电阻的阻值 R 及其两端的电压 V，由公式 $I = V / R$ 便可求出被测电流 I 的值。

一般都采用直接测量，仅在直接测量不方便，误差大或缺乏直接测量的仪器等情况下才采用间接测量。

（3）组合测量

测量中，使各个未知量以不同的组合形式出现，根据直接测量和间接测量所得的数据，通过解一组联立方程来求出未知量的数值，这类测量称为组合测量。例如测量线性二端网络的等效参数可以采用组合测量法。测量线路如图 2.1 所示。在被测网络端口接一可变电阻 R_w，测得 R_w 两端的电压 U_1 和 R_w 的电流 I_1 后，改变电阻 R_w 值，测得相应的 U_2、I_2，则可列出方程组

图 2.1 组合测量法测量电路

$$\begin{cases} U_{oc} - R_{eq}I_1 = U_1 \\ U_{oc} - R_{eq}I_2 = U_2 \end{cases} \tag{2.1.1}$$

解得：

$$U_{oc} = \frac{U_1I_2 - U_2I_1}{I_2 - I_1}$$

$$R_{eq} = \frac{U_1 - U_2}{I_2 - I_1}$$

2．测量的基本内容

电路及模拟电路实验所要测量的基本量包括以下 5 个方面：

（1）与电能有关的电量，如电压、电流、电功率；

（2）电路元件参数，如电感量、电阻值、电容量、品质因数等；

（3）电信号的特性，如信号的波形、频率、相位、幅度等；

（4）电路的特性，如电路的频率特性、时延特性、瞬变特性等；

（5）电子电路的电压增益、频率响应特性、输入电阻、输出电阻等。

实验离不开测量，测量就一定会有误差，为了得到准确的实验结果，就必须了解测量误差的定义、来源、分类、表示方法和处理方法，这样才能根据具体情况找出减小误差的实验方法，从而提高实验数据的精度。

二、测量误差的定义、来源及分类

1．测量误差的定义

测量误差：被测量值有一个真实值，称为真值，它可以由理论给定值或标准计量仪器测定值来代表。在实际测量中，由于测量仪器的精确度有限，测量方法不完善，测量者的能力及生理限制以及测量环境等各种因素的影响，测量值和真值之间总存在一定的差异，这种差异称为测量误差。

2．测量误差的来源

（1）仪器误差：因仪器自身机电性能不完善引起的误差称为仪器误差。此项误差范围已由仪器的技术说明书给出。

（2）使用误差：又称操作误差，是在使用时对仪器的安装、调节、操作不当造成的误差。例如，把规定水平放置的仪表垂直放置，使用时未按要求对仪器进行预热、校零，仪器引线过长等都会引起使用误差。减小和消除使用误差的方法是严格按照仪器的技术规程操作，熟练掌握实验操作技巧，提高对实验现象的观察和分析能力。

（3）测量方法误差：测量中依据的理论不严密，或者不适当地简化测量公式所引起的误差称为方法误差。例如，在某些情况下利用电压表测电压（电压表内阻接近于或小于被测端间等效电阻）时，或用电流表测电流（电流表内阻接近于或大于被测支路的等效电阻）时完全不考虑电表内阻对测量的影响，就会导致误差。

（4）影响误差：主要是指外界环境（温度、湿度、电磁场等）超出仪器允许的工作条件引起的误差。为避免此项误差的产生，应保证电子仪器所要求的额定工作条件。

（5）人身误差：测试者能力和生理条件限制（如读表时习惯性偏高或偏低）所引起的误差。为消除此项误差，要求实验者必须提高操作技巧，改变不良习惯。

3. 测量误差的分类

从不同角度出发，测量误差有各种分类方法。

（1）根据误差的表示方法分为绝对误差、相对误差和引用误差。

① 绝对误差，是指测量值与被测量实际值 之差，用 Δx 表示，即

$$\Delta x = x - x_0 \tag{2.1.2}$$

式中，x——测量值；

x_0——实际值。

绝对误差是具有大小、正负和量纲的数值。

在实际测量中，除了绝对误差外，还经常用到修正值的概念，它的定义是绝对误差的负值。

$$c = x_0 - x \tag{2.1.3}$$

知道了测量值和修正值 c，由式（2.1.2）就可求出被测量的实际值 x_0。

绝对误差的表示方法只能表示测量的近似程度，但不能确切地反映测量的准确程度。为了便于比较测量的准确程度，引入了相对误差的概念。

② 相对误差，是指测量的绝对误差与被测量（约定）真值之比（用百分数表示），用 γ 表示

$$\gamma = \frac{\Delta x}{x_0} \times 100\% \tag{2.1.4}$$

相对误差是一个比值，其数值与被测量所取的单位无关；能反映误差大小与方向；能确切地反映出测量准确程度。因此，在测量过程中，要衡量测量结果的误差或评价测量结果准确程度时，一般都用相对误差表示。

相对误差虽然可以较准确地反映测量的准确程度，但用来表示仪表的准确度时，不甚方便。因为同一仪表的绝对误差在刻度范围内变化不大，这样就使得在仪表标度尺的各个不同部位的相对误差不是一个常数，所以采用引用误差表征仪表的准确度。

③ 引用误差，是指测量指示仪表的绝对误差与其量程之比（用百分数表示），用 γ_n 表示

$$\gamma_n = \frac{\Delta x}{x_m} \times 100\% \tag{2.1.5}$$

实际测量中，由于仪表各标度尺位置指示值的绝对误差的大小、符号不完全相等，若取仪表标度尺工作部分所出现的最大绝对误差 Δx_m 作为式（2.1.5）中的分子，则得到最大引用误差，用 γ_{nm} 表示

$$\gamma_{nm} = \frac{\Delta x_m}{x_m} \times 100\% \tag{2.1.6}$$

最大引用误差常用来表示电测量指示仪表的准确度等级，它们之间的关系是

$$\gamma_{nm} = \frac{\Delta x_m}{x_m} \times 100\% \leqslant \alpha\% \tag{2.1.7}$$

式中，α 表示仪表准确度等级指数，即表示仪表准确度等级的数字。

根据 GB7676.2—87《直接作用模拟指示电测量仪表及其附件》的规定，电流表和电压表的准确度等级 α 如表 2.1 所示。由表可见，准确度等级的数值越小，允许的基本误差越小，表示仪表的准确度越高。

表 2.1 电测量仪表的准确度等级

准确度等级指数 α	0.05	0.1	0.2	0.3	0.5	1.0	1.5	2.0	2.5	5.0
基本误差（%）	±0.05	±0.1	±0.2	±0.3	±0.5	±1.0	±1.5	±2.0	±2.5	±5.0

由式（2.1.6）可知，在应用指示仪表进行测量时，产生的最大绝对误差为

$$\Delta x_{\mathrm{m}} \leqslant \pm \alpha\% \cdot x_{\mathrm{m}} \qquad (2.1.8)$$

当用仪表测量被测量的示值为 x 时，可能产生的最大示值相对误差为

$$\gamma_{\mathrm{m}} = \frac{\Delta x_{\mathrm{m}}}{x} \times 100\% \leqslant \pm \alpha\% \square \frac{x_{\mathrm{m}}}{x} \times 100\% \qquad (2.1.9)$$

因此，根据仪表准确度等级和测得示值，可计算直接测量中示值最大相对误差。当被测量值越接近仪表的量程，测量的误差越小。因此测量时，应使被测量值尽可能在仪表量程的 2/3 以上。

例：用一个量程为 30mA、准确度为 0.5 级的直流电流表测得某电路中电流为 25.0mA，求测量结果的示值相对误差。

解：根据式（2.1.8）计算出仪表的最大绝对误差为

$$\Delta x_{\mathrm{m}} = \pm \alpha\% \cdot x_{\mathrm{m}} = \pm 0.005 \times 30 = \pm 0.15 \mathrm{mA}$$

由式（2.1.9）可得其测量结果可能出现的示值最大相对误差为

$$\gamma_{\mathrm{m}} = \frac{\Delta x_{\mathrm{m}}}{x} \times 100\% = \pm \frac{0.15}{25.0} \times 100\% = \pm 0.6\%$$

（2）按测量误差的性质可分为：系统误差、随机误差和粗大误差三类。

① 系统误差是指在同一被测量的多次测量过程中，保持恒定或以可预知方式变化的测量误差的分量。系统误差包括已定系统误差和未定系统误差，已定系统误差是指符号和绝对值已经确定的系统误差。例如，用电流表测量某电流，其示值为 5A，若该示值的修正值为 +0.01A，而在测量过程中由于某种原因对测量结果未加修正，从而产生 -0.01A 的已定系统误差。

未定系统误差是指符号或绝对值未经确定的系统误差。例如，用一只已知其准确度为 α 及量程为 U_{m} 的电压表去测量某一电压 U_{x}，则可按式（2.1.9）估计测量结果的最大相对误差 γ_{xm}，因为这时只估计了误差的上限和下限，并不知道测量电压误差的确切大小及符号。因此，这种误差就称为未定系统误差。

系统误差产生的原因有测量仪器、仪表不准确、环境因素的影响，测量方法或依据的理论不完善及测量人员的不良习惯或感官不完善等。

系统误差的特点是：

a．系统误差是一个非随机变量，是固定不变的，或是一个不确定的时间函数，也就是说系统误差的出现不服从统计规律，而服从确定的函数规律。

b．系统误差的重复性。对于固定不变的系统误差，重复测量时误差显然是重复出现的。系统误差为时间函数时，它的重现性体现在当测量条件实际相同时，误差可以重现。

c．可修正性。由于系统误差的重现性，就决定了它是可以修正的。

② 随机误差是指在同一量的多次测量过程中，以不可预知方式变化的测量误差的分量。

随机误差就个体而言是不确定的，但其总体（大量个体的总和）服从一定的统计规律（数

学上称为具有一定的概率分布）。随机误差的分布规律有几种，最常见的是正态分布规律，服从正态分布规律的误差呈现下述 4 种特性：

a．有界性。在一定的测量条件下，随机误差的绝对值不会超过一定的界限。

b．单峰性。绝对值小的误差出现的概率大，而绝对值大的误差出现的概率小。

c．对称性。绝对值相等的正误差和负误差，其出现的概率相同。

d．抵偿性。将全部误差相加时，具有相互抵消的特性。

特性 d 可由特性 c 推导出来，因为绝对值相等的正误差和负误差之和可以互相抵消。对于有限次测量，随机误差的算术平均值是一个有限小的量，而当测量次数 n 无限增大时，则趋近于零。在精密测量中，有时采用取多次测量测得值的算术平均值的方法来消除随机误差。

③ 粗大误差（简称粗差），是指明显超出规定条件下预期的误差。

这种误差是由于实验者的粗心错误读取示值，使用有缺陷的计量器具，计量器具使用不正确或环境的干扰等引起的，例如，用了有毛病的仪器，读错、记错或算错测量数据等。含有粗差的测量值称为坏值，应该剔除。

4．测量误差的估计

（1）直接测量中的误差估算

直接测量产生的最大可能误差主要取决于测量仪器的最大相对误差。例如用准确度为 1.5 级的电压表测量电压，若其满刻度值为 100V，示数为 90V，此时最大绝对误差为 $100 \times (\pm 1.5\%) = \pm 1.5V$，则测量值的相对误差为 $\pm 1.5 / 90 = \pm 1.67\%$，如果用此挡测量 15V 的电压（表的示数为 15V），则测量值的相对误差为 $\pm 1.5 / 15 = \pm 10\%$，这说明要提高测量准确度，减少测量误差，应该根据被测量的大小选择合适的量程。对于指针式仪表，要求指针指示于仪表刻度盘的 2/3 以上。

（2）间接测量中的误差估算

间接测量是由多次直接测量组成，其测量的最大相对误差可按以下几种形式进行计算。

① 被测量为几个测量量的和（或差）

$$y = x_1 + x_2 + x_3 \tag{2.1.10}$$

取微分，得

$$dy = dx_1 + dx_2 + dx_3 \tag{2.1.11}$$

近似地以改变量代替微分量，即

$$\Delta y = \Delta x_1 + \Delta x_2 + \Delta x_3 \tag{2.1.12}$$

若将改变量看成绝对误差，则相对误差为

$$\gamma_y = \frac{\Delta y}{y} \times 100\% = \frac{\Delta x_1 + \Delta x_2 + \Delta x_3}{y} \times 100\% \tag{2.1.13}$$

或写成

$$\gamma_y = \frac{x_1}{y}\gamma_1 + \frac{x_2}{y}\gamma_2 + \frac{x_3}{y}\gamma_3 \tag{2.1.14}$$

式中，$\gamma_1 = \dfrac{\Delta x_1}{x_1} \times 100\%$，$\gamma_2 = \dfrac{\Delta x_2}{x_2} \times 100\%$，$\gamma_3 = \dfrac{\Delta x_3}{x_3} \times 100\%$，分别为直接测量 x_1、x_2、x_3 的相对误差。

被测量的最大相对误差为

$$\gamma_{y\,\text{max}} = \pm \frac{|\Delta x_1| + |\Delta x_2| + |\Delta x_3|}{y} \times 100\% \tag{2.1.15}$$

或

$$\gamma_{y\,\text{max}} = \pm \left[\left| \frac{x_1}{y} \gamma_1 \right| + \left| \frac{x_2}{y} \gamma_2 \right| + \left| \frac{x_3}{y} \gamma_3 \right| \right] \tag{2.1.16}$$

例：两个电阻串联，$R_1=1000\Omega$，$R_2=3000\Omega$，其相对误差均为 1%，求串联后总的相对误差。

解：串联后总的电阻 $\qquad\qquad\qquad R=4000\Omega$

绝对误差 $\qquad\qquad\qquad\qquad \Delta R_1=1000\times 1\%=10\Omega$

$$\Delta R_2=3000\times 1\%=30\Omega$$

相对误差 $\qquad\qquad\qquad \gamma_R = \left(\left| \frac{\Delta R_1}{R} \right| + \left| \frac{\Delta R_2}{R} \right| \right) = 1\%$

可知，相对误差相同的电阻串联后总电阻的相对误差与单个电阻的相对误差相同。

② 被测量为多个测量量的积（或商）

$$y = x_1^m \Box x_2^n \tag{2.1.17}$$

式中 m、n 分别为 x_1、x_2 的指数。

对上式两边取对数，得

$$\ln y = m \ln x_1 + n \ln x_2 \tag{2.1.18}$$

再微分，得

$$\frac{\mathrm{d}y}{y} = m \frac{\mathrm{d}x_1}{x_1} + n \frac{\mathrm{d}x_2}{x_2} \tag{2.1.19}$$

于是得被测量相对误差为

$$\gamma_y = \left(\frac{\mathrm{d}y}{y} \times 100\% \right) = m \left(\frac{\mathrm{d}x_1}{x_1} \right) \times 100\% + n \left(\frac{\mathrm{d}x_2}{x_2} \right) \times 100\% = m\gamma_1 + n\gamma_2 \tag{2.1.20}$$

则被测量的最大测量相对误差为

$$\gamma_{y\,\text{max}} = \pm \left[|m\gamma_1| + |n\gamma_2| \right] \tag{2.1.21}$$

由式（2.1.16）可见，当各直接测量量的相对误差大致相等时，指数较大的量对测量结果误差影响较大。

5．消除系统误差的基本方法

在测量过程中，应对测量误差的产生原因进行深入的分析和研究，采取相应措施，设法减少或消除，这样才能获得准确的实验结果。消除系统误差的一般原则和最基本的方法如下。

（1）从误差的来源上消除系统误差

这是消除系统误差的根本方法，它要求测量人员对测量过程中可能产生系统误差的各种因素进行仔细分析，并在测量之前从根源上加以消除。例如，仪表仪器的调整误差，在实验前应正确地仔细调整好测量用的一切仪表仪器；为了防止外磁场对仪表仪器的干扰，应对所有实验设备进行合理的布局和接线等。

（2）用修正方法消除系统误差

这种方法是预先将测量设备、测量方法、测量环境（如温度、湿度、电源电压、频率、波形、外界磁场等）和测量人员等因素所产生的系统误差通过检定、理论计算及实验方法确定下来，并取其反号作出修正表格、修正曲线或修正公式。在测量时，就可根据这些表格、曲线或公式，对测量所得到的数据引入修正值。这样由以上原因所产生的系统误差就能减小到可以忽略的程度。

（3）应用测量技术消除系统误差

在测量过程中，经多次测量，并对测量数据进行认真、仔细的分析，往往可以发现由于某些特殊原因而引起的系统误差。这时可以针对不同的情况，采取相应的特殊测量方法，来消除和削弱系统误差对测量结果的影响。

① 等值替代法。这种方法是在测量条件不变的情况下，用一个数值已知且可调的标准量来替代被测量。在替代时，仪器的工作状态应保持不变。这样由仪器所引起的恒定系统误差将被消除。

② 正负误差补偿法。在测量过程中，当发现系统误差为恒定误差时，可以对被测量在不同的测量条件下进行两次测量，使其中一次所包含的误差为正，而另一次所包含的误差为负，取这两次测量数据平均值作为测量结果，从而就可以消除这种恒定系统误差。

例如，用安培表测量电流时，考虑到外磁场对仪表读数的影响，可以将安培表转动 180°再测量一次，取这两次测量数据的平均值作为测量结果。如果外磁场恒定不变，那么其中一次的读数偏大，而另一次读数偏小，这样在求平均值时，其正负误差就相互抵消，从而消除了外磁场对测量结果的影响。

③ 对称观测法。对称观测法是消除测量结果随某影响量线性变化的系统误差的有效方法，对称观测法就是在测量过程中，合理设计测量步骤以获取对称的数据，配以相应的数据处理程序，以得到与该影响无关的测量结果，从而消除系统误差。此外还有差值法、微差替代法等。

2.2 实验数据的处理

实验数据的处理包括正确记录实验数据，对实验数据进行计算，绘制曲线等。

一、测量读数的处理

1. 有效数字

测量所得到的数据都是近似数。近似数由两部分组成：一部分是可靠数字，另一部分是欠准数字。例如，某仪表的读数为 106.5（格），从标尺上的刻度看，共 150 格，即只刻到个位数，十分位上是估计数。所以 106 是可靠数字，而末位数 5 是估读的欠准数字。通常测量时，只应保留一位欠准数字（一般估读到最小刻度的十分位），其余数字均为可靠数字。一个近似数中的可靠数字和末位的欠准数字都是有效数字。例如，上面的 106.5 均是有效数字，其有效数字的位数是四位。

2. 有效数字的正确表示

（1）有效数字的位数与小数点无关，小数点的位置仅与所用单位有关。例 2468Ω 与 $2.468k\Omega$ 都是四位有效数字。

（2）只有在数字之间或在数字之后的"0"才是有效数字，在数字之前则不是有效数字。

（3）若近似数的右边带有若干个 0，通常把这个近似数写成 $\alpha \times 10^n$ 形式，而 $1 \leqslant \alpha < 10$。利用这种写法，可从 α 含有几个有效数字来确定近似数的有效位数，如 5.2×10^3 和 7.10×10^3 分别表示 2 位和 3 位有效数字；4.800×10^3 表示 4 位有效数字。

在计算中，对常数 π、e、$\sqrt{2}$ 等的有效数字位数，可认为无限制，在计算中根据需要取位。

3．数值修约规则

若近似值的位数很多，则确定有效位数后，其多余的数字应按下面的规则进行修约。

若以保留数字的末位为单位，它后面的数字大于 0.5 单位者，末位进一；小于 0.5 单位者，末位不变；恰为 0.5 单位者，则使末位数凑成偶数，即末位为奇数时进一，末位为偶数时则末位数不变。

还要注意，拟舍弃的数字若为两位以上数字，不能连续地多次修约，而只能按上述规则一次修约出结果来。

例如，按上述修约规则，将下面各个数据修约成 3 位有效位数：

拟修约值	修约值
32.6491	32.6（5 以下舍）
472.501	473（5 以上入）
4.21500	4.22（5 前奇数进 1）
4.22500	4.22（5 前偶数舍去）

4．有效数字的运算规则

（1）加减运算

各运算数据以其中小数点后位数最少的数据位数为准，其余各数据修约后均保留比它多一位数。所得的最后结果与小数点后位最少的数据相同。

例如，13.6+0.0812+1.432 可写成

13.6+0.08+1.43=15.1

（2）乘除运算

各运算数据以各数中有效位数最少的为准，其余各数或乘积（或商）均修约到比它多一位，而与小数点位置无关。最后结果应与有效数最少的数据位数相同。

例如：0.0212×46.52×2.07581 可写成

0.0212×46.52×2.076=2.05

5．测量结果的填写

测量结果是指由测量所得到的被测量值。

在测量结果完整的表述中，应包括测量误差和有关影响量的值。

电路实验中，对于测量结果最后的表示，通常用测得值和相应的误差共同来表示。

在 150mA 挡可能出现的最大绝对误差为 $\Delta I_m = \pm a\% \times I_m = \pm 0.5\% \times 150mA = \pm 0.75mA$。工程测量中误差的有效数字一般只取一位，并采用的是进位法（即只要后面该舍弃的数字是 1～9，都应进一位），则 ΔI_m 应记为 0.8mA。所以最后结果应记为：$I_1=(0.6\pm0.8)mA$，$I_2=(9.5\pm0.8)mA$，$I_3=(84.3\pm0.8)mA$，$I_4=(106.5\pm0.8)mA$。

可见测得值的有效数字取决于测量结果的误差，即测得值的有效数字的末位数与测量误差末位数同一个数位。

二、实验数据的处理方法

1．单次测量数据的处理

在大多数以工程为目的的测量中，对被测量只需进行一次测量。这时测量误差大小与测

量方法、仪器选用有直接关系。这种单次测量结果的表达，除测量值外还需标明测量的百分误差。分几种情况简述如下。

（1）在已知被测量实际值 A 的情况下，单次测量的百分误差为 $r_x = \dfrac{X-A}{A} \times 100\%$（$X$ 为测得值）。

（2）当被测量的实际值未知时，对直接测量法，单次测量的最大可能误差应取仪器的容许误差。其相对误差的计算举例如下。

例1 用量程为 50V，1.5 级的电压表测量两个电压，读数分别为 7.5V 和 10V。求各自的相对误差。

因为 1.5 级电压表的容许误差为±1.5%，它引入的最大绝对误差为 $\Delta V = 50 \times (\pm 1.5\%) = \pm 0.75V$，故相对误差分别为

对于 7.5V，$r = \dfrac{\pm 0.75}{7.5} \times 100\% = \pm 10\%$

对于 10V，$r = \dfrac{\pm 0.75}{10} \times 100\% = \pm 7.5\%$

可见，一般情况下，用同一个电压表测量不同电压时，指针偏转越接近满度值，测量越准确。

（3）对于用间接法得到的测量结果，需根据测量时依据的函数关系及对中间量的最大误差估值（利用上述直接法估出）作具体处理。

例2 设被测量 $X = A \pm B$，式中 A 和 B 是直接测得的中间量。试估算其相对误差。

设被测量 X 以及 A 和 B 的绝对误差分别为 ΔX，ΔA 和 ΔB，则有

$$X + \Delta X = (A + \Delta A) \pm (B + \Delta B)$$

$$\Delta X = \Delta A \pm \Delta B$$

考虑最坏情况

$$\Delta X = |\Delta A| + |\Delta B|$$

即 X 的最大可能绝对误差等于 A 和 B 的最大误差之算术和。其相对误差

$$r_x = \frac{\pm \Delta X}{X} \times 100\% = \pm \left(\frac{|\Delta A| + |\Delta B|}{A \pm B} \times 100\% \right)$$

必须指出，若 $X = A - B$ 且 A 与 B 二量很接近时，相对误差 r_x 值将很大。故在设计 X 的测量方法时，应避免采用 A 与 B 之差的方法。

例3 对于 $X = A \times B$ 的情况，可将等式两边取对数

$$\ln X = \ln A + \ln B$$

微分得

$$\frac{\mathrm{d}X}{X} = \frac{\mathrm{d}A}{A} + \frac{\mathrm{d}B}{B}$$

可表示为

$$\frac{\Delta X}{X} = \frac{\Delta A}{A} + \frac{\Delta B}{B}$$

即得

$$r_x = r_A + r_B$$

考虑最坏情况，r_x 应取最大绝对值。

2. 重复多次测量数据的处理

当对测量精度要求较高时，通常要采用多次等精度测量并求取平均值的方法。这种方法对"中和"随机误差有效，却不能减弱系统误差。因此，在测量前应尽可能消除能引入系统误差的各种影响因素，以求提高测量准确度。现假定不存在粗差，且系统误差已减弱到可以忽略的程度，在这样的条件下来讨论随机误差对等精度测量的影响及数据处理方法。

设对某一物理量做 n 次等精度测量，由于随机误差的存在使每次测量的值各不相同，得到 n 个离散的测量数据 $X_1, X_2, X_3, \cdots, X_n$。它们的算术平均值为

$$\overline{X} = \frac{1}{n} \sum_{i=1}^{n} X_i \qquad (2.2.1)$$

随机误差对测量数据的影响可用标准偏差 σ 来估计。我们取各次测量值 X_i 与算术平均值 $\overline{x}$ 之差为各次测量的剩余误差，表示为

$$V_i = X_i - \overline{x} \qquad (2.2.2)$$

则标准偏差定义为

$$\sigma = \sqrt{\frac{1}{n-1} \sum_{i=1}^{n} V_i^2} \qquad (2.2.3)$$

σ 大则表明各测量值对于平均值的分散性大，测量精密度低。反之，σ 小则表明各测量值对于平均值的分散性小，测量精密度高。

由随机误差的正态分布规律得知，在一列等精度测量值中，当 n 足够大时，误差绝对值小于 σ 的数据占总数据的 2/3 以上，误差绝对值小于 2σ 的数据占总数据的 95%，误差绝对值小于 3σ 的数据占总数据的 99.7%。由此可见，只要求出某列等精度测量数据的标准偏差 σ，就可得知其中的任一测量值大致不会超出的误差范围。我们称此误差范围为误差限，表示为

$$\Delta X_m = K_\sigma \qquad (2.2.4)$$

式中，系数 K_σ 称为置信因数，它与测量次数 n 及所要求的置信概率有关（可参阅误差理论书籍），其常用值为 2~3。于是任一次测量值可表示为

$$X_i \pm \Delta X_m = \overline{X}_i \pm K_\sigma \qquad (2.2.5)$$

前已述及，算术平均值 $\overline{x}$ 可作为被测量实际值 A 的最佳估值。故用 $\overline{x}$ 代替 $\overline{x}_i$ 来作为测量结果将具有更高的精度和可靠性。同时，在误差理论中已经证明，算术平均值 $\overline{x}$ 的标准偏差为

$$\sigma_{\overline{X}} = \frac{\sigma}{\sqrt{n}} \qquad (2.2.6)$$

故此测量结果可最终表示为

$$X = \overline{X} + \overline{K} \sigma_{\overline{X}} \qquad (2.2.7)$$

从上式可知，被测量实际值的可能范围是

$$\overline{X} - \overline{K} \sigma_{\overline{X}} \leqslant A \leqslant \overline{X} + \overline{K} \sigma_{\overline{X}} \qquad (2.2.8)$$

3. 用计算机处理测量数据

一列等精度测量数据往往在 20~50 个数据之间。一般函数计算器虽有求 $\overline{x}$ 和 σ_{n-1} 等功能，但剩余误差需一个个计算。运算次数过多难免出现错误，故常借助于计算机解决此类问题。等精度测量数据的一般分析步骤如下：

（1）判断有无恒值系统误差。如有，应查明原因并设法消除或修正它。

（2）求测量数据的算术平均值

$$\overline{X} = \frac{1}{n}\sum_{i=1}^{n} X_i \tag{2.2.9}$$

式中，X_i 为第 i 次测量值，n 为本列测量数据总数。在此 n 个数据内可能含有粗差。

（3）求剩余误差

$$V_i = X_i - \overline{x} \tag{2.2.10}$$

（4）求标准偏差

$$\sigma = \sqrt{\frac{1}{n-1}\sum_{i=1}^{n} V_i^2} \tag{2.2.11}$$

（5）判断有无粗差。若有，则

$$|V_i| > |3\sigma| \tag{2.2.12}$$

的数据，即认为相应的测量值为坏值，应予剔除。

（6）剔除坏值后，重复步骤 3～5，至无坏值时止。剔除坏值后求算术平均值 $\overline{x}'$、剩余误差 V_i' 和标准偏差 σ' 时，计算式稍有变化，分别为

$$\overline{X}' = \frac{1}{n-a}\sum_{i=1}^{n-a} X_i \tag{2.2.13}$$

$$v_i' = x_i - \overline{x}' \tag{2.2.14}$$

$$\sigma' = \sqrt{\frac{1}{n-a-1}\sum_{i=1}^{n-a} (V_i')^2} \tag{2.2.15}$$

式中，a 是坏值个数，X_i 中不含坏值。即 $\sum X_i$ 和 $\sum (V_i')^2$ 中不含与坏值相对应的项。

（7）判断有无变值系统误差（误差理论中有各种判据供引用，本书从略）。若存在变值系统误差时则上述数据无效，需消除误差根源后重新测量数据。

（8）求 $\overline{x}'$ 的标准偏差

$$\sigma_{\overline{X}'} = \frac{\sigma'}{\sqrt{n-a}} \tag{2.2.16}$$

（9）最终测量结果

$$X = \overline{X}' \pm 3\sigma_{\overline{X}'} \tag{2.2.17}$$

以上坏值判据取 3σ（步骤 5）。事实上根据 n 值及对测量的精密度要求，可选（2～3）σ。依照上述流程，读者可自行编制程序，上机实习。

4. 实验数据的列表处理

列表法是记录实验数据最常用的方法，测量时将测量结果填写在一个经过设计的数据间有一定对应关系的表格中，以便能从表格中清楚地反映各个数据间的相互关系。列表法的关键是表格中测试点的选取，选取的测试点应该能够准确反映被测量之间的关系，例如逐点法测量低通滤波器的频率特性曲线时，所设计的数据表格中各个频率点的选取，应该能够全面反映低通滤波器的频率特性，特别是在曲线拐点和截止频率点附近，要多选几组测试点。

5. 实验结果的图示处理

实验测量的最终结果除可像前节所述，用经过处理的各种数据表达外，有时还需要从

一系列测量数据中求得表明各量之间的关系曲线。利用各种关系曲线表达实验结果的方法属于图示处理方法，这种方法对于研究电网络各参数对其特性（如传输特性）的影响是十分有用的。

以直角坐标系为例，欲根据 n 对离散的测量数据$(x_i, y_i)(i=1, 2, 3, \cdots, n)$绘制出表明这些数据变化规律的曲线，并不是简单地在坐标图上把所相邻的数据点用直线相连即可。由于测量数据中总会包含误差，要求所求之曲线通过所有数据点(x_i, y_i)，无疑会保留一切测量误差，显然这不是我们所希望的。因此，曲线的绘制要求不是保证它必须通过每一数据点，而是要求寻找出能反映所给数据的一般变化趋势的光滑曲线来，我们称为"曲线拟合"。在要求不严的情况下，通常所用拟合曲线的最简方法是利用观察法，人为地画出一条光滑曲线，使所给数据点均匀地分布于曲线两侧。这种方法的缺点是不精确，不同人画出的曲线可能会有较大差别，如图 2.2 所示。

工程上最常用的曲线拟合方法是"分段平均法"。先把所有数据点在坐标图上标出，再根据数据分布情况，把相邻的 2～4 个数据点划为一组，共得 m 组数据。然后求取每组数据的几何中心，把它们标于坐标图上。最后根据它们绘制出光滑曲线，如图 2.3 所示。这种分段平均法可以抵消部分测量误差，具有一定的精度。

图 2.2　观察法拟合曲线　　　　　　　图 2.3　分段平均法拟合曲线

在精度要求相当高的情况下，可采用最小二乘法求数据的曲线拟合。

用最小二乘法，数据的曲线拟合问题可表述为：根据测量得到的 n 组数据(x_i, y_i) $(i=1, 2, 3, \cdots, n)$确定一个近似函数式

$$y=f(x_i; a_0, a_1, a_2, \cdots, a_m) \tag{2.2.18}$$

此函数的图像即所求曲线。式中 a_j $(j=0, 1, 2, \cdots, m)$为待定系数。确定式(2.2.18)的工作步骤如下：

（1）确定函数 y，即式（2.2.18）的类型

y 的类型通常需根据专业知识选择。当不知函数类型时，可把数据点在坐标图上大致描出一条曲线，找出与此曲线相近的数学表达式。若仍不能写出表达式 y 时，还可用幂级数来逼近。

$$y=a_0+a_1x+a_2x^2+\cdots+a_mx^m \quad (m<n) \tag{2.2.19}$$

（2）根据测量数据求待定系数 a_j

使函数 y 对于给定数据有"最好的满足"（用最小二乘法）。

（3）将求出的系数代入 y，画出它的图像即得所求曲线

以多项式（2.2.19）为例，具体说明如下：

将式（2.2.19）改写为

$$y = \sum_{j=0}^{m} a_j x^j \qquad (m < n) \qquad (2.2.20)$$

把点（x_i, y_i）代入上式，应有

$$y_i = \sum_{j=0}^{m} a_j x_i^j \qquad (i = 1,2,3,\cdots,n) \qquad (2.2.21)$$

因为曲线不通过所有数据点，故式（2.2.21）可改写为

$$\sum_{j=0}^{m} a_j x_i^j - y_i = R_i \qquad (2.2.22)$$

而 R_i 不完全为零，称剩余误差。式（2.2.22）即为 n 个误差方程。

最小二乘原理（证明见有关参考书）指出，对于 n 对数据(x_i, y_i)去求系数 a_j 的最佳值就是能使剩余误差 R_i 的平方和为最小的那些值。即使

$$\sum_{i=1}^{n} R_i^2 = \sum_{i=1}^{n}\left[\sum_{j=0}^{m} a_j x_i^j - y_i\right]^2 = \varphi(a_0,a_1,a_2,\cdots,a_m) \qquad (2.2.23)$$

的值为最小。根据最小值求法，对上式求偏导数并令其为零，即可求得各系数，于是

$$\frac{\partial \varphi}{\partial a} = 2\sum_{i=1}^{n}\left(\sum_{j=0}^{m} a_j x_i^j - y_i\right)x_i^k = 0 \quad (j = 0,1,2,3,\cdots,m) \quad (k = 0,1,2,3,\cdots,m) \qquad (2.2.24)$$

或

$$\sum_{i=1}^{n} y_i x_i^k = \sum_{j=1}^{m} a_j \sum_{i=1}^{n} x_i^{k+j} \qquad (2.2.25)$$

设：

$$\begin{cases} \sum_{i=1}^{n} x_i^k = S_k \\ \sum_{i=1}^{n} y_i x_i^k = T_k \end{cases} \qquad (2.2..26)$$

则方程（2.2.25）简化为

$$\sum_{j=0}^{m} a_j S_{k+j} = T_k \qquad (k = 0,1,2,\cdots,m) \qquad (2.2.27)$$

上述方程组共有方程$(m+1)$个，称"正规方程组"，用来求解$(m+1)$个待定系数 a_j。求解方程组（2.2.26）的工作是相当烦琐的，故多用计算机求解。

2.3 电路基本参数和基本电量的测量

一、电阻的测量

电阻是电路的基本参数之一，常在直流条件下测量。一般测量可用指示仪表，精确测量则多用电桥或电位差计。

1. 用直读仪表直接测量

万用表、欧姆表和数字欧姆表都可用来直接测量电阻。

（1）万用表测量

由于万用表的误差是以全标尺长度的百分数计，所以选择合适的量限十分重要。测量时应选中值电阻最接近被测电阻阻值的欧姆挡，也即使仪表指针尽可能指在标尺的中间。

（2）欧姆表测量

欧姆表是一种磁电式流比计。这种仪表的测量原理是：测量机构中永久磁铁和其间的柱形铁芯的配置，在气隙中产生一不均匀的辐射形磁场，气隙上放置着两个固定在同一转轴上的活动线圈，这两个线圈都可在气隙磁场中转动，但它们相对位置却是固定不变的。每个活动线圈通过电流产生力矩使转轴转动，并由连在转轴上的指针指出偏转。

决定仪表活动部分偏转的两线圈电流之比与仪表供电电源的电压无关，这也是它比万用表的欧姆挡准确度高的主要原因。

（3）数字欧姆表的测量

数字欧姆表是精度高测量速度快的直接测量电阻的仪表，适用于在自动控制中快速多点测量。

2．用间接测量法测量电阻

（1）用电压表、电流表测量

先测出被测元件两端的电压和通过的电流，然后根据欧姆定律求出被测元件的电阻值。测量电路如图 2.4 所示。

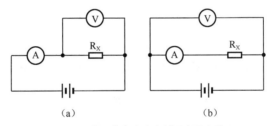

图 2.4 用电压表、电流表测量电阻电路图

对图（a）的线路有：
$$R_X = \frac{U}{1 - \frac{U}{R_V}}$$

式中 I 和 U 分别为电流表和电压表的读数，R_V 是电压表的内阻。

对于图（b）的电路有：
$$R_X = \frac{U}{I} - R_A$$

式中 R_A 是电流表的内阻，当 $R_A \Box R_X$，或 $R_A/(U/I)$ 小于测量要求的相对误差的 1/20 时，可有 $R_X \approx U/I$。这种测量的误差主要取决于电压表和电流表的误差，由于测量误差包括了电压和电流的测量误差，所以一般其准确度不高，仅作为一般测量。

（2）用比较法测量

测量电路如图 2.5（a）所示，图中 R_X 为被测电阻，R_S 是标准电阻，R 是用以调节工作电流的可调电阻。当用 R 调节好电流后，将双刀双掷开关 K 投向 11'，读出指示仪表的偏转 α_S，它即代表 R_S 两端的电压，再将 K 投向 22'，读取指示仪表的偏转 α_S，则被测电阻 $R_X = \frac{\alpha_X}{\alpha_S} R_S$。

读取 α_S 和 α_X 的指示仪表可以是检流计、毫伏表或伏特表。这种测量方法要求电压 U_S 要稳定，R_S 和 R_X 为同一数量级，且指示仪表的内阻比 R_S 和 R_X 大得多，以避免仪表接入对测量电路发生影响。当 R_S 和 R_X 十分接近时，仪表的接入以及仪表的误差对测量结果的影响都大为减小，这时 R_X 的测量误差就主要决定于标准电阻 R_S 的精度。

另一种比较法的测量电路如图 2.5（b）所示，这是为测量大电阻用的测量电路。在测量大电阻时，电源电压 U_S 一般选取得比较高，而工作电流又比较小，因此安全防护和测量防护要特别注意。例如为避免漏泄电流通过检流计，测试电路中的检流计部分要加屏蔽保护，其屏蔽范围如图 2.5（b）中的虚线部分所示。

(a)　　　　　　　　　　　　　　　　(b)

图 2.5　比较法测电阻电路图

3．直流电阻的精确测量

（1）用单电桥测量

测量线路如图 2.6 所示，当电桥平衡时，被测电阻可由下式求得

$$R_X = \frac{R_1}{R_2} R$$

式中，R_1 和 R_2 称比率臂电阻，R 称比较臂（调节臂）电阻。为提高测量准确度，测量时应正确选取比率 R_1/R_2。保证用上 R 并尽可能使电桥接近于等臂条件。一般用于测量中值电阻。

（2）用双电桥测量小量值的电阻

在小量值电阻的测量中，接触电阻和引线电阻的影响将是测量的主要问题。为此小量值的被测电阻应制作成四端电阻，并用双比电桥测量，双比电桥的测量线路可将接触电阻和引线电阻并入电源支路和大电阻桥臂中去。双电桥的测量电路如图 2.7 所示。

图 2.6　单电桥测量法

图 2.7　双电桥测量法

（3）用电位差计测量

电路如图 2.8 所示，R_X 是被测电阻，R_S 是标准电阻，在 R_S 和 R_X 串联电路中流入电流 I，R_P 用来调节工作电流 I，使之不超过 R_S 和 R_X 的允许电流。当双刀双掷开关 K 投向 11'时，用电位差计测出 R_S 上的电压 U_S，然后再将 K 投向 22'，用电位差计测 R_X 的端电压 U_X，可得被测电阻 $R_X = \dfrac{U_X}{U_S} R_S$。

此法要求试验电源和电位差计电源电压必须稳定，但对电位差计的标准电池的准确度却要求不高，测量时 R_S、R_X 越接近，测量误差越小。

图 2.8　电位差计测量法

二、电容的测量

1．万用表法

用万用表可以检测电容器的短路、开路和漏电流情况。数字万用表有电容测量挡，可以估测电容量的大小。将万用表放置合适的电阻挡位，红黑表棒分别接触被测电容的两个电极，此时万用表屏幕上的示数会从一个较小的数逐渐增加，直至现实溢出符号"1"。在测量电容时，首先必须将电容器短接放电。若万用表显示屏显示"000"，表明电容器已经被击穿、短路，若显示"1"，则说明该电容器断路。但也有可能是所选的电阻挡位不合适。测量电解电容时，要注意用红表笔接电容的正极，黑表笔接电容的负极。

2．交流电桥法测量电容

交流电桥法根据待测电容介质损耗的大小选择串联电桥或并联电桥。如图 2.9（a）、（b）所示，串联电桥适用于测量损耗小的电容，并联电桥适用于测量损耗大的电容。

（a）串联电桥　　　　　　　（b）并联电桥

图 2.9　测量电容的交流电桥

3．用通用仪器测量

测量方法详见实验：工频交流参数的测量。

三、电感的测量

1．交流电桥法

常用测量电感的电桥有海氏电桥和马氏电桥，如图 2.10（a）、（b）所示。海氏电桥适用于测量 $Q>10$ 的电感，马氏电桥适用于测量 $Q<10$ 的电感。所以测量电感时，应先估计被测

电感的 Q 值，选用不同的电桥来测量，再根据电感量的范围选择量程。电桥法测量的电感一般适用于低频的大电感。

（a）海氏电桥　　　　　　　（b）马氏电桥

图 2.10　测量电感量的交流电桥

2．用通用仪器测量

测量方法详见实验：工频交流参数的测量。

四、电流的测量

通常把直流电流 10^{-7} 级称为小电流，$10^{-5} \sim 10^2$ 级称为中等量级电流，$10^2 \sim 10^5$ 级称为大电流。中等量级电流常采用指示仪表直接测量。

1．中等量级电流测量

用直读仪表测量是测量电流最常见的方法，虽准确度不高，但却十分简便。测量电流时，电流表应与负载串联，测量直流时测量电路如图 2.11（a）所示，串入测量的仪表内阻 R_A 应远小于负载电阻，否则仪表串入将改变被测电流值。选用的测量仪表的误差应远小于测量允许的误差的 $1/3 \sim 1/5$。

（a）电流表直流测量电路　　　　　（b）电位差计测量电路

图 2.11　电流的测量电路

（1）用直流电位差测直流电流

接线如图 2.11（b）所示，图中 p_1、p_2 是标准电阻的电位端钮，c_1、c_2 是其电流端钮。用电位差计测此电位差 U_X，即可求得被测电流。使用电流电压转换标准电阻 R_A 时应注意：通过 R_A 的电流不超过其允许电流；R_A 电流端钮接被测电流，而电位端钮则接电位差计。

（2）交流电流的有效值精确测量

由于直流量的单位的传递可由基准开始，所以有较高的准确度，而交流量却没有实物基准，对于交流量有效值的精确测量，可先用交直流比较仪将交流量与直流量进行比较，然后再对与其等效的直流量进行测量，而得到交流量的精确值。

常用的交直流比较仪有：热电式比较仪、电动式比较仪、静电式比较仪和电子变换器。

2．小电流测量

小电流测量通常采用检流计及各类放大器来达到所需要的灵敏度。

3．大电流的测量

大电流通常指百安以上的电流。这种数量级的电流目前测量的精度还不高。测量直流大电流可用分流电阻来扩大指示仪表的量程，或用专门的大电流测量仪器（如霍尔大电流测量仪）来测量。测量交流工频大电流通常用电流互感器来扩大仪表的测量范围。

五、电压的测量

小电压的测量：小电压的测量指测量毫伏级以下直至微伏级以下的测量。通常采用检流计及各类放大器来达到所需要的灵敏度。

中等量级电压的测量：中等量级电压的测量类似于中等量级电流的测量。

交流电压的有效值的精确测量类似于交流电流的测量。

高电压的测量：高电压是指千伏以上的电压，交、直流高电压的测量都可用附加电阻或电阻分压器来扩大电压的测量范围。交流电压还可用电容分压器或电压互感器来扩大测量范围。若用静电系电压表，则直接可测高达 250kV 的交直流电压。

1．用附加电阻测量

该方法适用于直流及低频交流电路，一般被测电压不超过 1500V，测量电路如图 2.12（a）所示，其中 R 为附加电阻，R_0 为毫安表的内阻。设毫安表内阻为 R_0，则 $U=I（R+R_0）$，当电压较高时，则 $U=IR$。

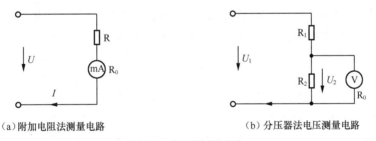

（a）附加电阻法测量电路　　　　　　　（b）分压器法电压测量电路

图 2.12　电压的测量电路

2．用电阻分压器扩大仪表量限

如图 2.12（b）所示，R_1 和 R_2 为分压电阻，U_1 为被测电压，U_2 为接到测量仪表的分电压。U_1 和 U_2 的关系为：

$$U_1 = \frac{R_1 + R_2}{R_2} U_2$$

测出 U_2 即可求得 U_1。

六、功率的测量

直流功率 $P=UI$，为电压 U 与电流 I 的乘积，可利用电压表和电流表间接测量，其接线如图 2.13（a）、（b）所示。接法不同，其结果也略有差别。图（a）中电压表所测的是负载和电流表的电压之和；图（b）中电流表所测的是负载和电压表的电流之和，一般情况下电流表的压降很小，所以多用图（a）的接法。在低压大电流电路中，电流表的电压降就比较显著，要用图（b）的接法。

（a）电流表内接法　　　　　　　　（b）电

图 2.13　直流功率的测定

交流电路的功率一般分为有功功率 P、无功功率 Q 和视在功率 S。当电路中负载端电压的相量为 $\dot{U}$，电流相量为 $\dot{I}$，且 $\dot{I}$ 滞后于 $\dot{U}$ 的相位为 $\varPsi$，则负载吸收的有功功率为 $P=UI\cos\varPsi$，无功功率为 $Q=UI\sin\varPsi$，视在功率 $S=UI=\sqrt{P^2+Q^2}$。

视在功率的测量仍用图 2.13 的接法，只需将直流仪表改成交流仪表，但是不管用接法（a）还是接法（b），电流表或电压表影响的修正都较麻烦。

有功功率的测量常用电动系或铁磁电动系瓦特表，类似接法如图 2.14 所示。瓦特表的接法也有两种，如图 2.14（a）、（b）所示，图（a）接法称为"功率表电压线圈支路前接法"。此时，功率表电流线圈中的电流等于负载中的电流，功率表电压线圈支路两端的电压等于负载电压与功率表电流线圈电压之和，所以功率表的读数中包含了电流线圈的损耗。图（b）接法称为"功率表电压线圈支路后接法"。此时，功率表电流线圈中的电流等于负载中的电流与功率表电压线圈中电流之和，功率表电压线圈支路两端的电压等于负载电压，所以功率表的读数中包含了电压线圈的损耗。当功率测量的精度要求较高时，应合理选择测量电路，并设法扣除相应的附加损耗。在图 2.14 中，1、2 表示电流端钮，3、4 表示电压端钮，*号表示电压线圈和电流线圈间的同名端。接线时，电流端钮是串联接入电路的，应将电流线圈非*号端接负载，功率表的电压线圈是并联接入电路的，标有*号的电压端钮可以接在电流端钮的任意一端，而非*号端应跨接在负载的另一端。选择功率量程时，必须使电流量程大于或等于负载电流，电压量程大于或等于负载电压。选择功率表的量程必须使电流量程大于或等于负载实际电流，电压量程大于或等于负载电压。

（a）电压线圈支路前接法　　　　　　（b）电压线圈支路后接法

图 2.14　交流功率的测定

3.1　线性电阻和非线性电阻伏安特性

一、实验目的

1. 掌握稳压电源和万用表的正确使用方法；
2. 加深对线性电阻和非线性电阻特性的理解；
3. 学习并掌握线性电阻和非线性电阻的伏安特性的测量方法；
4. 初步掌握万用表等效内阻对被测电路的影响及其分析方法。

二、实验原理

　　一个二端元件的特性可用该元件两端的电压 u 与通过该元件的电流 i 之间的函数关系 $f(u，i)=0$ 来表示，我们把这个函数关系称为二端元件的伏安特性，伏安特性用 u-i 平面上的一条曲线来表示，该曲线称为元件的伏安特性曲线。线性电阻的伏安特性符合欧姆定律，它在 u-i 平面上的伏安特性曲线是一条通过坐标原点的直线，其伏安特性曲线如图 3.1（a）所示。非线性电阻的伏安特性曲线不是一条通过坐标原点的直线。也就是说其电压与电流的比值不是常数，而是随着工作点的变动而变化的。半导体二极管是一个非线性元件，其正向压降很小（一般锗管为 0.2～0.3V，硅管为 0.5～0.7V），正向电流随正向电压的升高而急剧增大，反向电压从 0 一直增加到几伏或十几伏，而反向电流增加很小，近似为 0，可见二极管具有单向导电性，如果反向电压加得太高，超过管子的极限值，会导致管子反向击穿而损坏。稳压二极管是一种特殊的二极管，其正向特性与普通二极管相似，接正向电压时其等效电阻很小，且电流在较大范围内变化时，其正向电压变化量很小。其反向特性比较特别，接反向电压时等效电阻很大，且电压在较大范围内变化时，反向电流变化量很小，当反向电压达到某一电压（称为该稳压管的稳压值）时，电流增加很快，此时电压在一定范围内基本不变，不随外加反向电压的升高而增大。伏安特性曲线如图 3.1（b）所示。图中 U_z 为稳压值，I_z 为进入稳压区的最小电流值，I_{zm} 为不至于损坏的最大电流值。

（a）线性电阻的伏安特性曲线　　　（b）稳压管的伏安特性曲线

图 3.1

测量元件伏安特性曲线的方法：将需测量的元件接成如图 3.2（a）、（b）所示电路，采用逐点测量法，在一定范围内逐渐增加电源电压，测量该元件两端的电压和流过该元件的电流，将所测得的数据在 $u\text{-}i$ 平面上的描点画线，得到该元件的伏安特性曲线，其中的 R 为限流电阻。

（a）电流表内接法　　　　　　　　（b）电流表外接法

图 3.2　测量元件伏安特性曲线的实验电路

图 3.3　线性电阻测量电路

三、实验内容

1. 测量电阻的伏安特性

按图 3.3 所示电路图接线，调节稳压电源的输出电压，使电阻两端的电压缓慢增加，按表 3.1 给定的电压值测量对应的流过电阻的电流值，数据记录于表 3.1 中。

表 3.1　　　　　　　　　　　　测量电阻的伏安特性

$U_R(V)$	0	0.5	1	1.5	2	2.5	3	3.5	4	4.5
$I_R(mA)$	0									

2. 测量发光二极管的正反向伏安特性

（1）测量发光二极管的正向伏安特性：按图 3.4（a）所示电路接线，图中 R 为限流电阻，发光二极管的正向工作电压为 1.5～3V，允许流过的电流为 2～20mA，测量发光二极管的正向特性时，其正向电流不能超过发光二极管允许通过的最大电流，否则发光二极管会被烧坏。

（a）发光二极管正向特性测量电路　　（b）发光二极管反向特性测量电路

图 3.4　发光二级管测量电路

调节稳压电源的输出电压，使发光二极管两端的电压缓慢增加，按表 3.2 给定的发光二极管两端的电流值测量对应的电压值，数据记录于表 3.2 中。

表 3.2   测量发光二极管的正向伏安特性

U_d(V)	0											
I_d(mA)	0	1	2	3	4	5	10	15	20			

（2）测量发光二极管的反向特性：按图 3.4（b）所示电路接线，调节稳压电源的输出电压，使发光二极管两端的电压缓慢增加，根据表 3.3 给定的发光二极管两端的电压值测量对应的流过发光二极管的电流值，数据记录于表 3.3 中。

表 3.3   测量发光二极管的反向伏安特性

V_d(V)	0	−1	−2	−3	−5	−10	−20
I_d(μA)	0						

3．测稳压管的正反向伏安特性

（1）测量稳压二极管的正向特性：按图 3.5（a）所示电路接线，调节稳压电源的输出电压，使稳压二极管两端的电压缓慢增加，根据表 3.4 给定的电流值，测量对应的稳压二极管的正向电压值，数据记录于表 3.4 中。

（a）稳压管正向特性测量电路   （b）稳压管反向特性测量电路

图 3.5 稳压管测量电路

表 3.4   测稳压管的正向伏安特性

U_d(V)	0										
I_d(mA)	0	1	2	3	4	5	8	10	15	20	

（2）测量稳压二极管的反向特性：按图 3.5（b）所示电路接线，调节稳压电源的输出电压，使稳压二极管两端的电压缓慢增加，按表 3.5 给定的电压值，测量对应的稳压二极管的反向电流，然后按给定的电流值测量对应的反向电压，数据记录于表 3.5 中。

表 3.5   测稳压管的反向伏安特性

V_d(V)	0	−1	−3								
I_d(μA)	0			−1	−2	−3	−4	−5	−7	−10	−12	−15

4．绘制伏安特性曲线

根据实测数据，绘制电阻、发光二极管和稳压二极管的伏安特性曲线。

四、注意事项

1．正确选择万用表的量程和挡位，以免造成万用表的损坏。

2．接线过程中，稳压源不能短路。调节稳压电源的输出电压时，应从零缓慢增加，并适时调整万用表的量程，以免因电流电压过大而损坏万用表。

3．注意电流表和电压表的正确接法，减少仪表内阻对测量结果的影响。

五、预习要求

1．了解实验原理及实验步骤，列出实验操作注意事项。

2．阅读相关内容，说明如何用万用表判断稳压管的极性及好坏。

3．自拟实验数据表格。

4．回答问题：

（1）测量发光二极管正向伏安特性的电路图 3.4（a）与测量反向伏安特性的电路图 3.4（b）有什么不同，试分析原因。

（2）稳压二极管与普通二极管有什么区别？

六、实验报告要求

1．整理实验数据，根据实验数据在 u-i 坐标系下画出电阻、发光二极管、稳压管的伏安特性曲线。

2．根据实验数据结果总结元件的特性。

七、思考题

1．稳压管的稳压功能是利用伏安特性曲线的哪一部分，为什么？

2．现用万用表直流 5mA 挡和 50mA 挡分别测量一个真值为 5mA 的电流。万用表的准确度为 0.5 级，试分析每次测试结果可能的最大绝对误差（假定无读数误差且不考虑电流表内阻的影响）。

八、实验仪器与器材

1．直流稳压电源　　2．万用表　　3．实验箱　　4．导线若干

3.2　基尔霍夫定律、叠加定理的验证

一、实验目的

1．掌握用万用表测量电路电流和电压的方法；

2．加深对电流、电压参考方向的理解；

3．加深对基尔霍夫定律、叠加定理的内容和适用范围的理解。

二、实验原理

1．基尔霍夫定律

基尔霍夫定律是电路普遍适用的基本定律。无论是线性电路还是非线性电路，无论是非

时变电路还是时变电路。

基尔霍夫电流定律：集总参数电路中任意时刻，对于任一节点，流进流出该节点的各支路电流的代数和为零。

基尔霍夫电压定律：集总参数电路中任意时刻，沿任一回路方向，回路中的所有支路的电压降代数和为零。

2．叠加定理

叠加定理：在线性电路中每一个元件的电流或电压可以看成电路中每一个独立源单独作用于电路时在该元件上所产生的电流或电压的代数和。叠加定理只适用于线性电路中的电压和电流。功率是不能叠加的。

三、实验内容

1．基尔霍夫定律的验证

（1）根据图 3.6 所示电路图接线，并标出每个支路电流参考方向和电阻压降的正负号。图中参数为 $U_{S1}=4V$，$U_{S2}=6V$，$R_1=200\Omega$，$R_2=200\Omega$，$R_3=100\Omega$，$R_4=220\Omega$，$R_5=100\Omega$。

表 3.6　　　　　　　　　　　　验证基尔霍夫电流定律实验数据表格

测量项目	节点 B				节点 C			
	I_{AB}	I_{BC}	I_{BD}	$\sum I$	I_{BC}	I_{AC}	I_{CE}	$\sum I$
理论值								
实测值								

（2）在电路中任选两个节点，测量与这个节点相连的各条支路的电流值。例如：要验证 B 节点，用电流表测量这 3 个支路的电流 I_{AB}，I_{CD}，I_{BD}，实验数据填入表 3.6 中，验证基尔霍夫电流定律 $\sum I=0$。

（3）在图 3.6 所示电路中任选两个回路，标出回路方向，测量这两个回路中各条支路的电压降，例如要验证 ABDA 回路，则分别测量 U_{S1}、U_{AB}、U_{BD} 的电压，实验数据填入表 3.7，验证基尔霍夫电压定理 $\sum U=0$。

图 3.6　基尔霍夫定律和叠加定理实验电路图

表 3.7　　　　　　　　　　　　验证基尔霍夫电压定律实验数据表格

测量项目	回路 ABDA				回路 CBDC			
	U_{AB}	U_{BD}	U_{S1}	$\sum U$	U_{BC}	U_{CE}	U_{S2}	U_{BD}	$\sum U$
理论值								
实测值								

（4）根据电路的元件值计算电路中各元件上的电流和电压的理论值，与实验测量值进行比较，分析误差产生的原因。

2. 叠加定理的验证

（1）U_{S1} 单独作用，测量各支路电流，电阻压降，将测量值填入表 3.8 中。

（2）U_{S2} 单独作用，测量各支路电流，电阻压降，将测量值填入表 3.8 中。

（3）U_{S1}、U_{S2} 共同作用，测量各支路电流，电阻压降，将测量值填入表 3.8 中。

（4）按表 3.8 测量结果值分析，验证叠加定理。

表 3.8　　验证叠加定理（表中 I_1, I_2, I_3 可以是任意支路的电流，U_1, U_2, U_3 是对应支路的两端电压）

	U_{S1} 单独作用			U_{S2} 单独作用			叠加后电流、电压			U_{S1}、U_{S2} 共同作用		
单位（mA）	I_1'	I_2'	I_3'	I_1''	I_2''	I_3''	$I_1'+I_1''$	$I_2'+I_2''$	$I_3'+I_3''$	I_1	I_2	I_3
理论值												
实测值												
单位（V）	U_1'	U_2'	U_3'	U_1''	U_2''	U_3''	$U_1'+U_1''$	$U_2'+U_2''$	$U_3'+U_3''$	U_1	U_2	U_3
理论值												
实测值												

*3. 研究基尔霍夫定律对含有非线性元件网络的适用性，用一个非线性元件二极管代替电路中的一个电阻，实验步骤及数据表格自拟，根据实验结果得出基尔霍夫定律的适用范围。

*4. 研究叠加定理对含有非线性元件网络的适用性，用一个非线性元件二极管代替电路中的一个电阻，实验步骤及数据表格自拟，根据实验结果得出叠加定理的适用范围。

四、注意事项

1. 在测量前，先设定电路中各被测电流、电压的参考方向，万用表的正负极和电流、电压的参考方向一致，万用表的示数为正时取正值，反之取负。为了减小测量误差，电压、电流不能同时测量。

2. 验证基尔霍夫定律和叠加定理时，所有需要测量的电压值都以万用表测量的读数为准，包括电源电压也要测量，不能把稳压源上的示数作为测量值。

3. 注意万用表的内阻对测量值的影响，使用万用表时，选用合适的挡位和量程。

4. 一个电压源单独作用时，另一个电压源不接入电路，用一根短路线代替电压源接入原电路。避免稳压源短路。

五、预习要求

1. 认真复习基尔霍夫定律和叠加定理的内容及其适用范围。

2. 在图 3.6 所示电路图上标出各个支路的电流、电压的参考方向和回路方向。根据所给元件参数计算各支路的电流、电压的理论值（包含两个电源单独作用和共同作用这 3 种情况的理论值），填入数据表格。

*3. 用一个非线性元件二极管代替图 3.6 电路中的电阻，自拟实验方案、实验步骤及数据表格，实验验证基尔霍夫定律的适用范围。

*4. 用一个非线性元件二极管代替图 3.6 电路中的电阻，自拟实验方案、实验步骤及数据表格，实验验证叠加定理的适用范围。

5. 运用 EDA 仿真软件进行仿真，记录仿真结果，以便与实验结果分析比较。

六、实验报告要求

1. 根据表 3.6 和 3.7 的实验数据验证基尔霍夫电流定律与基尔霍夫电压定律，分析万用表的内阻对测量结果的影响。

2. 根据表 3.8 的实验数据验证叠加定理。

3. 分析实验内容 3 数据，说明基尔霍夫定律的适用范围。

4. 分析实验内容 4 数据，说明叠加定理的适用范围。

5. 比较实验测量值和理论值之间的差异，分析误差产生的原因。

七、思考题

1. 如果不标出每个支路电流电压参考方向，从理论计算和实验测量能否得出正确的结论？为什么？

2. 如图 3.6 所示电路图，将电阻 R_3 改接二极管 1N4148，实验结果是二极管支路电流和电压不符合叠加定理，还是所有支路电流和电压均不符合叠加定理？

八、实验仪器与器材

1. 实验箱　　　　 2. 直流稳压电源　　　 3. 万用表　　　　 4. 导线若干

3.3 戴维南定理与诺顿定理的实验验证

一、实验目的

1. 加深对戴维南定理和诺顿定理的理解；

2. 掌握线性有源二端网络等效电路参数的测量方法；

3. 掌握实验设计的一般方法与步骤；

4. 学习自拟实验方案，正确选用元件和仪器。

二、实验原理

1. 戴维南定理

戴维南定理是指任何一个线性含源二端网络 Ns，对外电路而言，可以用一个电压源与电阻串联的支路作为等效电路。其电压源的电压等于该网络的开路电压 U_{oc}，电阻等于该网络所有独立源置零时所得的无源单口网络 No 的等效电阻 R_{eq}。

2. 诺顿定理

诺顿定理是指任何一个线性含源二端网络 Ns，对外电路而言，可以用一个电流源与电阻并联的支路作为等效电路。其电流源的电流等于该网络的短路电流 I_{sc}，电阻等于该网络所有独立源置零时所得的无源单口网络 No 的等效电阻 R_{eq}。

3. 测量线性有源二端网络等效参数的方法

（1）线性有源二端网络的开路电压 U_{oc} 及短路电流 I_{sc} 的测量

① 用电压表、电流表直接测出开路电压 U_{oc} 或短路电流 I_{sc}。

测量开路电压的方法是：将负载电路拆去，用电压表测量此端口的电压，即为电路的开路电压。

测量短路电流的方法是：将负载电路短路，用电流表串接在端口之间测量电流，即为短路电流。如果该二端网络等效电阻较小，短路电流较大，容易损坏网络内部元件，所以此方法不宜用于等效电阻小的二端网络。

由于电压表及电流表的内阻会影响测量结果，为了减少测量的误差，尽可能选用高内阻的电压表和低内阻的电流表，若仪表的内阻已知，则可以在测量结果中引入相应的校正值，以免由于仪表内阻的存在而引起的方法误差。

图 3.7　零示法的测量电路

② 在测量具有高内阻有源二端网络的开路电压时，用电压表进行直接测量会造成较大误差，为消除电压表内阻的影响，采用零示法测量，如图 3.7 所示。零示法的测量原理：用一个低内阻的稳压电源与被测有源二端网络并接在电压表两端，当稳压电源的输出电压与有源二端网络的开路电压相等时，电压表的读数为零，然后将电路断开，测量此时的稳压电源的输出电压，即为被测有源二端网络的开路电压。

（2）线性有源二端网络等效电阻 R_{ep} 的测量方法

① 直接法：对于不含受控源的单口网络，只需独立源置零，用万用表欧姆挡直接测量端口电阻即可，但此法忽略了电源内阻，所以误差大。

② 外加电压法：独立源置零的单口网络两端接入电压源 U，测量电流 I，则等效电阻为 $R_o=U/I$，此法也忽略了电源内阻，所以误差大。

③ 测量开路电压 U_{co} 及短路电流 I_{sc}，则等效电阻为 $R = \dfrac{U_{oc}}{I_{sc}}$，这种方法比较简便。但是，对于不允许将外部电路直接短路或开路的网络（例如有可能因短路电流过大而损坏内部的器件），不能采用此法。对含有受控源的网络常用此方法。

④ 半电压法：用一内阻足够大的电压表测出线性有源一端口网络开路电压，然后将电压表与一个可调标准电阻一起并接在该端口上，改变可调电阻的阻值，使电压表的读数降至开路电压的一半，则此时的可调电阻的阻值即为 R_{eq}。

三、实验内容

1. 按要求设计一个能验证戴维南定理和诺顿定理的线性有源二端网络，设计时先确定电源大小，再确定电阻阻值，例如，图 3.8 的电路结构形式，电源电压取值范围 3～10V，各个电阻的取值为 510Ω，620Ω，1kΩ，2kΩ（或根据实验箱上提供的电阻选取）。画出设计的电路图，并标明电路各参数，计算所设计电路的开路电压和等效电阻的理论值。

（a）　　　　　　　　　　　（b）

图 3.8　验证戴维南定理实验电路形式

2．测出所设计电路的端口伏安特性，数据填入表 3.9，测量方法可参考图 3.9。图中 R_L 为可调电位器。

表 3.9　　　　　　　　　　　　　　验证戴维南定理实验数据

R_L (kΩ)		0	1	2	5	10	20	∞
原电路	U(V)							
	I(mA)							
等效电路	U(V)							
	I(mA)							

3．分别用两种方法测量所设计网络的开路电压 U_{oc}，画出相应的测量电路图。将实测值与理论值进行比较，分析误差的产生原因。

4．分别用三种方法测量所设计网络的等效电阻 R_o，画出相应的测量电路图。将实测值与理论值进行比较，分析误差的产生原因。

*5．用测得的开路电压和等效电阻组成等效电路，测量该电路的端口伏安特性。数据填入表 3.9 中测量电路如图 3.10 所示，图中 R_L 为可调电位器。

图 3.9　测量原电路伏安特性的电路　　　图 3.10　测量等效电路伏安特性的电路

*6．比较表 3.9 实验数据，验证戴维南定理。

*7．自拟实验步骤和数据表格验证诺顿定理。

四、注意事项

1．若设计的有源二端网络含有两个独立电源，应注意直流稳压源只能向外提供功率而不能吸收功率。

2．在测量前先设定电路中各被测电流、电压的参考方向，测量时万用表的正负极和电流、电压的参考方向一致。为了减小测量误差，电压、电流不能同时测量。

3．注意适时调节万用表的量程，以免仪表过载。

五、预习要求

1．有几种方法测量有源二端网络的开路电压？分析这几种方法各有哪些优缺点。

2．有几种方法测量有源二端网络的等效电阻？分析这几种方法各有哪些优缺点。

3．根据实验内容要求设计满足要求的一个线性有源二端网络。

（1）画出设计的有源二端网络的电路图，并标出电路参数。

（2）计算该网络等效参数的理论值。

4．画出实验电路图，设计好实验方案，写出简要实验步骤，拟定数据记录表格。

5．运用 EDA 仿真软件进行仿真，记录仿真结果，以便与实验结果分析比较。

六、实验报告要求

1. 将实验内容 3、4 测得的开路电压和等效电阻与理论计算结果进行比较，分析误差产生原因。

2. 根据实验内容 2 和 5 所得的实验数据，在同一坐标平面上作出原电路及等效电路的端口伏安特性曲线。

3. 分析实验内容 2 和 5 所得的实验数据，验证戴维南定理。

4. 分析四种测量等效电阻的方法的特点。

七、思考题

1. 当电源含有不可忽略的内电阻或内电导时，实验中应如何处理？

2. 还有什么方法可以测量线性二端网络的等效参数？试简述实验原理，并画出实验电路。

八、实验仪器与器材

1. 直流稳压电源　　　2. 实验箱　　　　3. 万用表　　　　4. 导线若干

3.4　受控源电路的研究

一、实验目的

1. 获得运算放大器和有源器件的感性知识，熟悉运算放大器的使用方法；

2. 学会含有运算放大器电路的分析方法，了解由运算放大器构成 4 种受控源的原理和方法，理解受控源的实际意义；

3. 掌握测试受控源的特性测量方法；

4. 通过测试受控源的特性加深对受控源概念的理解和认识。

二、实验原理

运算放大器是一种有源多端元件，图 3.11 表示它的电路符号。它有两个输入端，一个输出端，还有一个相对输入、输出信号的参考地端。信号从"−"端输入时，输出信号与输入信号反相，故称"−"端为反相输入端。从"+"端输入时，输出信号与输入信号同相，故称"+"端为同相输入端。除了两个输入端一个参考地端外，运算放大器还有相对地端的工作电源端。多数运算放大器具有正电源端和负电源端，运算放大器只有在接有正、负电源的情况下才能正常工作。也有些运算放大器只有一个工作电源端，即单电源工作的运算放大器。不管是双还是单电源工作的运算放大器，其基本电路模型是一样的，如图 3.12 所示。其中 U_+ 和 U_- 分别为同相输入端和反相输入端的对地电压，U_o 是输出端对地电压，A_o 是运算放大器的开环电压放大倍数，在理想情况下，A_o 和输入端的电阻 R_i 为无穷大，输出电阻 R_o 为零。根据输出电压 $U_o=(U_+-U_-)A_o$ 式可见，当输出电压 U_o 为有限值时，则有 $U_+=U_-$，且有

$$i_+=U_+/R_i=0, \quad i_-=U_-/R_i=0$$

上式表明：

（1）运算放大器的"+"端和"−"端之间等电位。若其中一个输入端是接地的，则另一个输入端虽未接地，也可以认为是零电位。故称此端为"虚地"，或把同相输入端和反相输入

图 3.11 运算放大器的电路符号

图 3.12 运算放大器的电路模型

端之间标为"虚短路"。

（2）运算放大器的输入端电流等于零。

这两个重要性质是简化分析含有运算放大器网络的依据。

理想运算放大器的电路模型为一个受控源。当它的外部接入不同的电路元件，可以实现对信号的模拟运算或模拟变换，所以它的应用极其广泛。

因为运算放大器具有工作电源端，只有在一定工作电压情况下才能正常工作，所以含有运算放大器的电路是一种有源网络，在电路实验中主要研究它的端口特性，以了解其功能。本实验将研究由运算放大器组成的 4 种受控源电路的端口特性。

受控源是一种非独立电源，这种电源的电压或电流是电路中其他部分的电压或电流的函数，或者说它的电流或电压受到电路中其他部分的电压或电流的控制。根据控制量和受控量的不同组合，受控源可分为电压控制电压源（VCVS），电压控制电流源（VCCS），电流控制电压源（CCVS），电流控制电流源（CCCS）。

实际的受控源，其控制量与被控量之间不是线性关系，它们可用一条曲线来表示。通常，曲线在某一范围内比较接近直线，即在直线范围内，受控量的大小与控制量成正比，其斜率（μ，g，γ，β）为常数。若超出直线范围就不能保持这一关系。

1. 如图 3.13 所示是一个电压控制电压源（VCVS）

由理想运算放大器的性质可知：$U_-=U_+=U_i$

$$I_{R1}=U_i/R_1 \qquad I_{R2}=I_{R1}$$

$$U_o=I_{R1}R_1+I_{R2}R_2=I_{R1}(R_1+R_2)=(U_i/R_1)(R_1+R_2)=(1+R_2/R_1)U_i$$

$$\mu=U_o/U_i=1+R_2/R_1$$

该电路的电压控制系数 μ 反映了输入电压对输出电压的控制，它的等效电路模型为图 3.14。

图 3.13 电压控制电压源（VCVS）

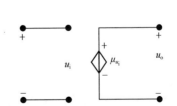

图 3.14 电压控制电压源的电路模型

μ 的大小由 R_1/R_2 控制，μ 称为电压放大系数

$$\mu=1+R_2/R_1 \tag{3.4.1}$$

2. 将图 3.13 中 R_2 看成负载电阻，该电路就成为电压控制型电流源（VCCS）（见图 3.15）。由理想运算放大器的性质可知

$$I_o=I_{R1}=U_i/R_1$$

$$g=I_o/U_i=1/R_1 \tag{3.4.2}$$

g 受 R_1 的控制，而与负载无关。g 称为转移电导，其等效电路模型为图 3.16。

图 3.15　电压控制电流源图　　　　　图 3.16　电压控制电流源电路模型

3. 如图 3.17 所示为电流控制电压源（CCVS）
由理想运算放大器的性质可知

$$I_i=U_i/R_1=-U_o/R_2$$

$$r=U_o/I_i=-R_2 \tag{3.4.3}$$

输出电压受 R_2 的控制，而与负载无关。r 称为转移电阻，其等效电路模型为图 3.18。

图 3.17　电流控制电压源　　　　图 3.18　电流控制电压源电路模型

4. 如图 3.19 运算放大器组成一个电流控制电流源（CCCS）
由理想运算放大器的性质可知：

$$I_i= -U_a/R_2=U_S/R_1$$

$$I_2=-U_a/R_3=I_iR_2/R_3$$

$$I_o=I_i+I_2=I_i+I_iR_2/R_3=I_i(1+R_2/R_3)$$

$$\alpha=I_o/I_i= 1+R_2/R_3 \tag{3.4.4}$$

输出电流受输入电流的控制而与负载无关，只与组成电路的参数有关，α 称为电流放大系数，其等效电路模型如图 3.20 所示。

图 3.19 电流控制电流源

图 3.20 电流控制电流源电路模型

三、实验任务

1. 测试电压控制电压源

如图 3.21，运放选用 LM358，图中元件参数：$R_1=R_2=10\text{k}\Omega$，$U_S=2\text{V}$。

（1）保持 U_S 为 2V，按照表 3.10 中的要求改变 R_L 的值，分别测量相应的 U_o，数据记录于表 3.10，画 U_o-R_L 的关系曲线。

（2）将输入电压 U_S 从 1V 继续增加至 6V 左右，测 U_o，数据记录于表 3.10，画 U_o-U_S 的关系曲线，并求出电压转移比 μ。

2. 测试电压控制电流源的特性

如图 3.22，运放选用 LM358，$R_1=R_2=10\text{k}\Omega$，$U_S=2\text{V}$。

图 3.21 测试电压控制电压源

图 3.22 测试电压控制电流源

（1）保持 U_S 为 2V，按照表 3.10 中的要求改变 R_L 的值，分别测量相应的电流值 I_o，数据记录于表 3.10，画 I_o-R_L 的关系曲线。

（2）给定 R_L 为 10kΩ，按照表 3.10 中的要求改变 U_S 的值，分别测量相应的电流值 I_o，数据记录于表 3.10，画 I_o-U_S 的关系曲线，并求出转移电导 g_m。

3. 测试电流控制电压源特性

如图 3.23 所示，运放选用 LM358，图中元件参数：$R_1=R_2=10\text{k}\Omega$，$U_S=2\text{V}$。

（1）保持 U_S 为 2V，图中毫安表示数为 I_s，按照表 3.10 中的要求改变 R_L 的值，分别测量相应的 R_L 两端的电压，数据记录于表 3.10，画 U_o-R_L 的关系曲线。

（2）固定 R_L 为 10kΩ，按照表 3.10 中的要求改变 U_S 的值，分别测量相应的 R_L 两端的电压，数据记录于表 3.10，画 U_o-I_s 的关系曲线，并求出转移电阻 r_m。

4．测试电流控制电流源特性

在图 3.24 中，运放选用 LM358，图中元件参数：$R_1=R_2=10\text{k}\Omega$，$U_\text{S}=2\text{V}$。

图 3.23　测试电流控制电压源　　　　　图 3.24　测试电流控制电流源

（1）保持 U_S 为 2V，图中毫安表示数为 I_s，按照表 3.10 中的要求改变 R_L 的值，分别测量相应的电流值 I_o，数据记录于表 3.10，画 I_o-R_L 的关系曲线。

（2）给定 R_L 为 10kΩ，按照表 3.10 中的要求改变 U_S 的值，使 I_s 的示数符合表 3.10 的要求，分别测量相应的电流值 I_o，数据记录于表 3.10，画 I_o-I_s 的关系曲线，并求出电流放大系数 α。

表 3.10　　　　　　　　　测量 4 种受控源的特性数据表格

步骤	参　数	测试条件和测量值							
1-1	$R_\text{L}(\text{k}\Omega)$	1	2	4	8	10	20	50	
	$U_\text{O}(\text{V})$								
1-2	$U_\text{S}(\text{V})$	0	1	2	3	4	5	6	
	$U_\text{o}(\text{V})$								
2-1	$R_\text{L}(\text{k}\Omega)$	1	2	4	8	10	20	50	
	$I_\text{o}(\text{mA})$								
2-2	$U_\text{S}(\text{V})$	1	2	4	6	8	10	12	
	$I_\text{o}(\text{mA})$								
3-1	$R_\text{L}(\text{k}\Omega)$	10	20	30	40	50	60	70	
	$U_\text{o}(\text{V})$								
3-2	$I_\text{s}(\mu\text{A})$	50	100	200	300	400	500	600	
	$U_\text{o}(\text{V})$								
4-1	$R_\text{L}(\text{k}\Omega)$	0	0.1	0.4	0.8	1.5	2.5	4	
	$I_\text{o}(\text{mA})$								
4-2	$I_\text{s}(\mu\text{A})$	50	100	200	300	400	500	600	
	$I_\text{o}(\text{mA})$								

四、注意事项

1．运算放大器必须外接一组直流工作电源才能正常工作，电源电压不能超过规定值，电源极性不能搞错，以免损坏运放。

2．运放的输出端不能与地端短接，以免损坏运放。

3．实验电路应检查无误后方可接通供电电源，当运放外部换接元件时，要先断开供电电源。

4．做电流源实验时，不要使电流源负载开路。

5．实验中数据有问题时，应首先检查供电电源是否工作正常，再用万用表检查运放是否工作在线性区。

五、预习要求

1．复习运算放大器及受控源的有关理论知识。

2．根据图 3.21、图 3.22、图 3.23 和图 3.24 中各元件参数值，计算出实验任务 1，2，3，4 中的每个控制系数的理论值。

3．运用 EDA 仿真软件进行仿真，记录仿真结果，以便与实验结果分析比较。

六、实验报告要求

1．整理各组实验数据，并对表中的测量数据变化规律作出解释。

2．分析测量值误差的产生原因。

七、思考题

1．写出受控源与独立源的相同点与不同点。

2．简述四种受控源中 μ、g、γ、α 的意义，如何测量这几个量？

3．受控源的控制特性是否适用于交流信号？

八、实验仪器与器材

1．直流稳压电源　　2．实验箱　　　　3．万用表　　　　4．导线若干
5．运算放大器 LM358

3.5　常用电子仪器的使用

一、实验目的

1．掌握交流毫伏表、函数信号发生器、双踪示波器的基本使用方法；

2．理解电平的概念；

3．初步掌握使用示波器观测交流信号基本参数的方法；

4．了解使用万用表测量正弦交流信号的适用范围。

二、实验原理

在电子电路测试和实验中，常用的电子仪器有交流毫伏表、函数信号发生器、双踪示波器、直流稳压电源、万用表以及其他仪器，它们与被测（实验）电路的关系如图 3.25 所示。直流稳压电源为实验电路提供必需的直流电压。函数信号发生器为实验电路提供所需交流信号，如方波信号、正弦信号。示波器用来观测输入、输出的信号波形，并且可以测量信号的

幅度、周期和输入、输出信号之间的相位差，交流毫伏表用来测量正弦输入信号和输出信号的有效值，万用表用来进行直流量的测量。在电子测量中，应特别注意各仪器的"共地"问题，即各台仪器与被测电路的"地"应可靠地连接在一起。合理的接地是抑制干扰的重要措施之一，否则，可能引入外来干扰，导致参数不稳定，测量误差增大。

图 3.25　常用电子仪器接线框图

电平是电学理论中一个常用的计量方法。将电路中某点的功率（或电压，或电流）与某一基准值的比值的对数关系称为电平，以分贝（dB）来表示。由于选取基准值的不同，电平又有绝对电平和相对电平之分。

1. 绝对电平

在电信技术中，以某一阻抗上获得 1mW 功率为基准值的电平称为绝对电平。用公式表示为：

$$功率绝对电平 = 10 \times \lg[P(\text{mW})/1(\text{mW})] \quad (\text{dB}) \qquad (3.5.1)$$

式中，P 为被测点的功率值。

由于绝对电平的参考功率是以 1mW 为标准的，所以当用电压或电流关系来确定电平时，由于阻抗的不同，虽然消耗在该阻抗上的功率都是 1mW，而其对应的电压值 U_O 和电流值 I_O 是不同的。用公式表示为：

$$电压绝对电平 = 20 \times \lg(U/U_O) \quad (\text{dB}) \qquad (3.5.2)$$
$$电流绝对电平 = 20 \times \lg(I/I_O) \quad (\text{dB}) \qquad (3.5.3)$$

式中，U，I 分别为被测点的电压、电流值，U_O，I_O 分别为被测点负载消耗 1mW 功率时对应的电压、电流基准值。

很多实际应用中，常定义负载电阻为 600Ω，其对应的 $U_O = 0.7746\text{V}$，$I_O = 1.29\text{mA}$。

SX2172 型交流毫伏表作电平测量时的测量值为绝对电平。

2. 相对电平

从广义上来讲，相对电平就是用分贝（dB）来表示两功率的相对大小。用公式表示为：

$$功率相对电平 = 10 \times \lg(P_2/P_1) \quad (\text{dB}) \qquad (3.5.4)$$

式中，P_1 为基准点的功率值，P_2 为被测点的功率值。由于在相同功率情况下，不同负载上的电压值和流过的电流值是不同的，因此用电压或电流的关系来确定相对电平时，必须要看被测点的阻抗与基准点的阻抗是否相同。如果相同，则有：

$$电压相对电平 = 20 \times \lg(U_2/U_1) \quad (\text{dB}) \qquad (3.5.5)$$

式中，U_1 为基准点电压值，U_2 为被测点电压值。

$$电流相对电平 = 20 \times \lg(I_2/I_1) \quad (\text{dB}) \qquad (3.5.6)$$

式中，I_1 为基准点电流值，I_2 为被测点电流值。

如果阻抗不同，则电压（或电流）相对电平要用电压（或电流）绝对电平的差来表示或计算，即相对电平等于两点的绝对电平之差。

三、实验内容

1. 用直流稳压源输出 5V 电压，用示波器观测该直流信号。测量电路如图 3.26 所示。用自动测量方法测量该直流信号的幅值。画出该信号的波形。

2. 函数信号发生器输出频率为 1000Hz、峰峰值为 0.5V 的方波信号，用示波器观测该信号，测量电路如图 3.27 所示。调节示波器 Volts/Div 旋钮，使波形高度大于 3 格，调节示波器 Sec/Div 旋钮，使示波器屏幕上只显示 1～2 个信号周期，记录此时 Volts/Div 和 Sec/Div 的值。用光标手动测量该信号的周期 T =_____ms，脉宽 τ =_____ms，峰峰值=_____，占空比=_____。画出该信号的波形图。

图 3.26　示波器观测直流信号　　　　图 3.27　示波器观测交流信号

3. 函数信号发生器输出频率为 10kHz、峰峰值为 1V 的三角波信号，用示波器观测该信号，测量电路如图 3.27 所示。调节示波器 Volts/Div 旋钮，使波形高度大于 3 格，调节示波器 Sec/Div 旋钮，使示波器屏幕上只显示 1～2 个信号周期，记录此时 Volts/Div 和 Sec/Div 的值。用自动测量方法测量该信号的频率 f =_____Hz，周期 T =_____ms，峰峰值=_____V。画出该信号的波形图。

4. 函数信号发生器输出脉冲信号，频率为 1MHz，高电平为 5V，低电平为 0V，占空比为 50%，用示波器观测该信号，测量电路如图 3.27 所示。调节示波器 Volts/Div 旋钮，使波形高度大于 3 格，调节示波器 Sec/Div 旋钮，使示波器屏幕上只显示 0.5 个信号周期，如图 3.28 所示。脉冲波形上升时间是指从脉冲幅值的 10%上升到幅值的 90%所经历的时间。根据脉冲波形上升时间的定义，用光标手动或光标追踪测量该脉冲信号的上升时间。

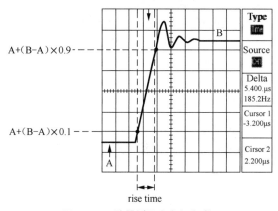

图 3.28　示波器测量脉冲上升时间

5．函数信号发生器输出频率 f 为 1kHz、峰峰值为 20V 的正弦波，用交流毫伏表测量该信号的电压有效值和电平值；用示波器测量该信号的电压峰峰值、有效值（均方根值）和周期；用万用表测量该信号的电压有效值。按表 3.11 中要求，调整函数信号发生器输出电压的频率和峰峰值，重复上述步骤，将数据记入表 3.11 中。

表 3.11 数据表格 1

函数信号发生器频率（kHz）	1	10	20	
函数信号发生器输出幅度指示值（V）	20	2	0.2	
交流毫伏表测量电压值（V）				
交流毫伏表测量电平值（dB）				
示波器测量电压峰峰值（V）				
示波器测量电压有效值（mV）				
示波器测量周期（ms）				
万用表测量电压有效值（V）				

6．用函数信号发生器输出一个信号，该信号是：电压最大值为 2V、最小值为 0V，频率为 10kHz，占空比 $\tau/T=20\%$ 的矩形脉冲信号，在示波器上显示该信号。写出各仪器的调试步骤，画出波形图，图上标出幅度、周期、占空比。

四、注意事项

注意示波器和函数信号发生器、交流毫伏表的公共端共地。

五、预习要求

1．复习周期信号频率、周期、峰峰值、有效值、脉宽、占空比、上升时间、绝对电平、相对电平等基本概念。列出相关的计算公式。

2．了解函数信号发生器各旋钮和控制开关的作用。写出使函数信号发生器输出一个频率 $f=1000Hz$、电压峰峰值 $U_{pp}=5V$ 的正弦信号的操作步骤。

3．了解交流毫伏表、双踪示波器各旋钮的作用。写出运用示波器测量交流电压峰峰值的操作步骤及注意事项。

4．什么是峰值？什么是有效值？如何换算？

5．什么是绝对电平？什么是相对电平？在交流毫伏表上如何读出电平值？这个电平值是绝对电平还是相对电平？

六、实验报告要求

1．总结示波器、交流毫伏表、函数信号发生器的使用方法和注意事项。

2．整理测试数据，画出相应的波形图。

3．根据表 3.11 的实验数据，总结用交流毫伏表和万用表交流挡测量交流信号的使用范围。

4．回答思考题。

七、思考题

1. 示波器荧光屏上的波形不断移动不能稳定,试分析其原因。调节哪些旋钮才能使波形稳定不变?

2. 测量直流电压可否用交流毫伏表,为什么?

3. 调节函数信号发生器幅度调节旋钮和调节示波器 Volts/Div 旋钮都能使示波器屏幕上显示的波形的垂直高度发生变化,请说明其实质性的差别和适用范围。

八、实验仪器与器材

1. 双踪示波器　　　2. 函数信号发生器　　　3. 交流毫伏表　　　4. 万用表

3.6　一阶电路的阶跃响应

一、实验目的

1. 研究一阶电路阶跃响应和方波响应的基本规律和特点;

2. 掌握用示波器观察一阶电路的过渡过程,正确区分响应波形中的零输入响应和零状态响应和全响应的方法;

3. 掌握测量一阶电路的时间常数的方法;

4. 了解微分电路和积分电路的电路形式和电路参数条件。

二、实验原理

将含有一个 L、C 储能元件的电路(动态电路)称为一阶电路。最简单的 RC 一阶电路如图 3.29 所示,当电路的结构或元件的参数发生变化时,电路从原来的工作状态需要经历一个过渡过程才能转换到另一种工作状态。如何用实验的方法观测这个过渡过程的变化规律呢?对于时间常数 τ 比较长的零状态响应、零输入响应和全响应的一次过程,$u_c(t)$ 和 $i_c(t)$ 的波形可以用长余辉示波器直接显示出来。

图 3.29　RC 一阶电路

对于时间常数 τ 比较小的一阶电路,要用示波器来观测过渡过程,就必须使输入信号具有可重复性,那么电路的响应也就可重复,从而可以用示波器来观测。用什么信号可以作为观测时间常数比较小的一阶电路的激励信号呢?方波信号可以看成是一系列阶跃信号 $U(t)$ 和延时阶跃信号 $U(t-t_0)$ 的叠加,电路对方波信号的响应也就是该电路的一系列阶跃响应及其延时阶跃响应的叠加。所以我们选用方波信号作为观测一阶电路响应的激励信号。工程上认为过渡过程在 $4\sim5\tau$ 时间内结束。当方波的半周期远大于电路的时间常数时,即方波周期 T 大于 10 倍的电路时间常数 τ($T\geqslant10\tau$)时,就可以认为方波某一边沿(上升沿或下降沿)到来前,前一边沿所引起的过渡过程已经结束。这样,电路对上升沿的响应就是零状态响应;电路对下降沿的响应就是零输入响应。此时,方波响应是零状态响应和零输入响应的多次过程。如图 3.30 所示,当方波信号的半周期 $T_1=T/2\geqslant5\tau$ 时,电容上的电压响应为:

$$u_c(t) = U_s(1 - e^{-t/\tau})(\text{V}) \quad (0 \leqslant t < T/2) \tag{3.6.1}$$

$$u_c(t) = U_s \times e^{-(t-T/2)/\tau}(\text{V}) \quad (T/2 \leqslant t < T) \tag{3.6.2}$$

由式（3.6.1）可知，当 $t=\tau$ 时，$U_c=0.632U_s$；

由式（3.6.2）可知，当 $t=T/2+\tau$ 时，$U_c=0.368U_s$；

（1）电容充电经过一个 τ 的时间，电容上所充的电压为电源电压的 63.2%。

（2）电容放电经过一个 τ 的时间，电容上所剩电压为最大电压的 36.8%。所以，对于一阶 RC 电路，当该电路的时间常数 τ 值满足 $T_1 \geqslant 5\tau$，可以用示波器直接测量该 RC 电路的时间常数。具体方法是：用示波器观测电容两端的电压波形，取电压波形从 0 到纵向最大高度的 63.2%（充电时）或 36.8%（放电时）在横轴（时间轴）上的投影，该段投影长度即为时间常数 τ 值，如图 3.31 所示。

图 3.30　RC 微分电路的响应波形

图 3.31　时间常数的测量

当时间常数 τ 很大（一般取 $\tau=3T \sim 5T$）时，由于 $u_c(t) \gg u_R(t)$，所以 $u_s(t) \approx u_R$，则输出电压 u_o 为电容上的电压：

$$u_o(t) = \frac{1}{C}\int i(t)\,\mathrm{d}t = \frac{1}{RC}\int u_R\,\mathrm{d}t \approx \frac{1}{RC}\int u_s(t)\,\mathrm{d}t \tag{3.6.3}$$

显然，输出电压是输入电压的积分，所以这种电路称为积分电路。积分条件是 $\tau \gg T/2$，当输入信号频率一定时，τ 越大，输出信号幅值越小，反之则幅值越大，但线性越差。输出波形如图 3.32（b）所示。

当时间常数 τ 很小，$u_c \ll u_R$ 时，$u_s \approx u_c$，则输出电压 u_o 为电阻上的电压

$$u_o = Ri = RC\frac{\mathrm{d}u_c}{\mathrm{d}t} \approx RC\frac{\mathrm{d}}{\mathrm{d}t}u_s \tag{3.6.4}$$

可见，输出电压是输入电压的微分，所以这种电路称为 RC 微分电路。微分电路的微分条件是 $\tau \ll T/2$，一般取 $\tau < T/6 \sim T/10$，当 R、C 一定时，取输入信号频率 $f \tau 10$，也满足微分条件。当输入信号频率一定时，τ 越小，脉冲越尖。输出波形如图 3.30（c）所示。

当方波的半周期等于或小于电路的时间常数时，在方波的某一边沿到来时，前一边沿所引起的过渡过程尚未结束，这样，充、放电过程都不可能完成，如图 3.32（b）所示。

因为当 $0 \leqslant t \leqslant T/2$ 时，信号源以电压 U_s 加在电路上，$t=0$ 时电容开始充电并趋向于稳态值 U_s。由于 τ 较大，当 $t=T/2$ 时充电尚未结束，但信号源的输出电压跃变为零，电容开始放电并趋于零。$t=T$ 时放电亦未结束，输入又跃变为 U_s，电容又开始充电，这次充电 $u_C(t)$ 的初始值不

为零，充电起点高了。到 $3T/2$ 时电容电压高于 $T/2$ 时的电容电压，电容又开始放电并趋于零。到 $2T$ 时电容电压高于 T 时的电容电压。这段时间内电容充电多，放电少，且随着每次充电的初始值不断提高，充电量逐次减少，随着放电的初始值不断提高，放电量逐次增大。若干周期（$t \geqslant 5\tau$）后，电容充放电量相等，进入周期性稳定状态，即如图 3.32（b）所示。

根据三要素法，电容充电电压为

$$u_C(t)=U_s+(U_1-U_s)e^{-t/\tau}$$

则

$$U_2=U_C(T_1)=U_s+(U_1-U_s)\,e^{-T_1/\tau}$$

由此可得到

$$\tau=T_1/\ln[(U_1-U_s)/(U_2-U_s)] \tag{3.6.5}$$

同理，在电容充电期间电阻上的电压为

$$u_R(t)=U_2e^{-t/\tau}$$

则

$$U_1=u_R(T_1)=U_2\,e^{-T_1/\tau}$$

可得

$$\tau=T_1/\ln(U_2/U_1) \tag{3.6.6}$$

电阻上的电压波形如图 3.32（c）所示。

所以，对于一阶 RC 电路，当该电路的时间常数 τ 值满足 $T_1 \leqslant \tau$，可以用示波器间接测量该电路的时间常数。具体方法是：用示波器观测电容两端的电压波形，如图 3.32（b）所示，从示波器上测出 U_1，U_2，U_s 值，将其代入式（3.6.5），求得电路时间常数 τ 值。或用示波器观测电阻两端的电压波形，如图 3.32（c）所示，从示波器上测出 U_1，U_2，U_s 值，将其代入式（3.6.6）求得电路时间常数 τ 值。

图 3.32 RC 积分电路的响应波形

三、实验内容

1. 观测 RC 电路的零输入响应和零状态响应，用直接法测量时间常数。

实验电路如图 3.33 所示，图中 R_o 是信号源内阻。输入信号为如图 3.34 所示的方波信号。根据图 3.33 所示元件参数，选择合适的方波信号频率，观察并记录该 RC 电路的 $u_C(t)$ 和 $u_R(t)$ 的响应波形，用示波器直接测量法测量该电路的时间常数。实验方案及步骤自拟。

图 3.33 RC 一阶电路响应的实验电路

图 3.34 方波信号

2．观测 RC 电路的全响应并用间接法测量时间常数。

实验电路如图 3.33 所示，$u_i(t)$ 是信号发生器产生的周期 T 为 1ms、电压幅度为 2V 的方波信号。改变图示元件 R 和 C 的参数，取 $C=1\mu F$，$R=3k\Omega$，观察 $u_C(t)$ 和 $u_R(t)$ 波形如何变化，记录 $u_C(t)$ 和 $u_R(t)$ 的响应波形。并用示波器间接测量法测量该电路的时间常数。

*3．观测 RL 电路的全响应，用直接法、间接法测量该电路的时间常数。

模仿实验内容 1，2，观察并记录 RL 电路的零输入响应与零状态响应波形，用示波器直接测量法和间接测量法测量该电路的时间常数。实验方案及步骤自拟。

四、注意事项

1．示波器的公共端和信号发生器的公共端要连接在一起，保证"共地"。

2．在观察 $u_C(t)$ 和 $u_R(t)$ 波形时，其幅度相差很大，注意调节 Y 轴灵敏度，使波形容易观察。

3．在用示波器观察 $u_C(t)$ 波形时，要保证电容的一端与信号发生器的地端相连。而观测 $u_R(t)$ 波形时，要保证电阻的一端与信号发生器的地端相连，这样才能保证"共地"。

五、预习要求

1．认真复习与本次实验内容有关的教材章节内容，仔细阅读实验原理部分关于时间常数测试方法的介绍。

2．根据图 3.33 所示 RC 电路的元件参数，计算该电路的时间常数的理论值。根据该理论值确定方波信号的频率，作为观测 RC 一阶电路的零输入响应、零状态响应的激励信号。

3．写出用示波器观测频率为 1000Hz、峰峰值为 2V 的方波信号的调试方法及步骤。

4．拟定用直接法和间接法两种方法测量时间常数 τ 的实验步骤。

5．运用 EDA 仿真软件进行仿真，记录仿真结果，以便与实验结果分析比较。

六、实验报告要求

1．在同一坐标纸上描绘 RC 电路的零输入响应、零状态响应两种情况下 $u_C(t)$ 和 $u_R(t)$ 的响应曲线，并标出时间常数 τ。

2．在坐标纸上画出实验内容 1 中 $u_C(t)$ 和 $u_R(t)$ 的响应波形图，图上标出幅度和周期。

3．在坐标纸上画出实验内容 2 中 $u_C(t)$ 和 $u_R(t)$ 的响应波形图，图上标出幅度和周期。

4．将 τ 的测量值与理论值比较，分析误差产生原因。

七、思考题

1．什么样的信号可以作为示波器观测 RC 一阶电路零输入、零状态和全响应的激励信号？为什么？

2．什么是积分电路和微分电路，它们满足什么条件？这两种电路有什么功用？

八、实验仪器与器材

1．双踪示波器　　　　2．函数信号发生器　　　　3．实验箱　　　　4．导线若干

3.7 二阶电路的响应

一、实验目的

1．了解 RLC 串联电路的零输入、零状态响应的规律和特点，以及元件参数的变化对响应的影响；

2．掌握用示波器观测 RLC 串联电路方波响应的方法；

3．学会用示波器测量 RLC 串联电路衰减振荡角频率和衰减系数的方法；

4．观察分析各种响应模式的状态轨迹，加深对二阶电路响应的认识和理解。

二、实验原理

1．凡是可用二阶微分方程来描述的电路称为二阶电路。图 3.35 所示的线性 RLC 串联电路是一个典型的二阶电路，它可用线性二阶常系数微分方程来描述。

图 3.35　二阶电路

$$LC\frac{\mathrm{d}^2 u_\mathrm{C}}{\mathrm{d}t} + RC\frac{\mathrm{d}u_\mathrm{C}}{\mathrm{d}t} + u_\mathrm{C} = U_\mathrm{s} \tag{3.7.1}$$

初始值
$$u_\mathrm{C}(0^+) = u_\mathrm{C}(0-) = U_0$$
$$i_\mathrm{L}(0^+) = i_\mathrm{L}(0-) = I_0$$
$$\frac{\mathrm{d}u_\mathrm{C}(t)}{\mathrm{d}t}\Big|_{t=0} = \frac{i_\mathrm{C}(0^+)}{C} = \frac{I_0}{C}$$

解微分方程可求得电容上的电压 $u_\mathrm{C}(t)$。再根据 $i_\mathrm{C}(t) = C\dfrac{\mathrm{d}u_\mathrm{C}(t)}{\mathrm{d}t}$ 求得 $i_\mathrm{C}(t)$。改变初始状态和输入激励可以得到 3 种二阶时域响应，即零输入、零状态响应和全响应，不管哪种响应，其响应模式均由微分方程的两个特征根 $S_{1,2} = -\dfrac{R}{2L} \pm \sqrt{\left(\dfrac{R}{2L}\right)^2 - \dfrac{1}{LC}}$ 决定。

定义衰减系数 $\alpha = R/2L$，谐振频率　$\omega_0 = \dfrac{1}{\sqrt{LC}}$，则

（1）当 $\alpha > \omega_0$，即 $R > 2\sqrt{\dfrac{L}{C}}$，响应是非振荡性的，称为过阻尼情况；

（2）当 $\alpha = \omega_0$，即 $R = 2\sqrt{\dfrac{L}{C}}$，响应是临近振荡性的，称为临界阻尼情况；

（3）当 $\alpha < \omega_0$，即 $R < 2\sqrt{\dfrac{L}{C}}$ 时，响应是振荡性的，称为欠阻尼情况，其振荡角频率

$$\omega_\mathrm{d} = \sqrt{\omega_0^2 - \alpha^2} = \sqrt{\frac{1}{LC} - \frac{R^2}{4L^2}} \tag{3.7.2}$$

（4）当 $R=0$，响应是等幅振荡，称为无阻尼情况，振荡频率即为 ω_0。

图 3.36 为二阶电路的 3 种响应情况的响应曲线。

2. 对于欠阻尼情况，衰减振荡角频率 ω_0 和衰减系数 α 可以从响应波形中测量出来，因为

$$u_c(t) = Ae^{-\alpha t}\sin\omega_d t \tag{3.7.3}$$

故

$$u_c(t_2) = Ae^{-\alpha t_2} = u_{cm2}$$

$$u_c(t_1) = Ae^{-\alpha t_1} = u_{cm1}$$

所以

$$\frac{u_{cm1}}{u_{cm2}} = e^{-\alpha(t_1-t_2)} = e^{-\alpha(t_2-t_1)}$$

显然

$$t_2 - t_1 = T_d, \quad 即为周期 \quad T_d = \frac{2\pi}{\omega_d} \tag{3.7.4}$$

所以

$$\alpha = \frac{1}{T_d}\ln\frac{u_{cm1}}{u_{cm2}} \tag{3.7.5}$$

因此，只要在示波器上测出 (t_2-t_1) 和 u_{cm1}、u_{cm2}，就可以求出 ω_d 和 α，如图 3.37 所示。

图 3.36　二阶电路的 3 种响应情况的响应曲线

图 3.37　测量 α 的 u_t 的响应波形

实验中采用方波信号，就能方便地观察 RLC 串联电路的零输入响应和零状态响应，当方波的半周期远大于电路的固有周期 $T_0 = \dfrac{2\pi}{\sqrt{LC}}$ 时，可以认为方波某一边沿（上升沿或下降沿）到来前，前一边沿所引起的过渡过程已经结束。这样，电路对上升沿的响应就是零状态响应；电路对下降沿的响应就是零输入响应。此时，方波响应是零状态响应和零输入响应的多次过程。调节电路中的电阻值，就可以在实验中定性观测到过阻尼、临界阻尼和欠阻尼这 3 种响应。在欠阻尼响应曲线上定量测量衰减振荡周期 T_d 和衰减系数 α。

3. 对于二阶电路，常选电感中电流 i_L 和电容上的电压 u_C 为电路的状态变量，把每个状态变量作为一个坐标形成的空间称为状态空间。二阶电路的状态空间是一个平面。对于所有 $t \geqslant 0$ 的不同时刻，都用状态空间中的一个点来描述，随着时间的变化，点的移动就形成状态空间中的一个轨迹，叫作状态轨迹。因为示波器是电压输入，所以 i_L 的变化可由 R 上电压 $u_R = i_L R$ 来反映。如将 u_C 和 u_R 分别加到示波器的 X 轴和 Y 轴，则荧光屏上将显示出状态变量轨迹。如图 3.38 所示为在阶跃信号作用下 RLC 串联电路的状态变量轨迹，（a）为振荡状态，（b）为过阻尼状态。

三、实验内容

1. 观测 RLC 串联电路的零输入和零状态响应，电路如图 3.39 所示，改变 R 的阻值，

L=5.6mH，C=0.047μF，R 用一个 100Ω 的电阻和一个 1kΩ 的电位器串联，方波信号的幅度为 3V，频率为 300 Hz，用双踪示波器分别观测信号源的输出电压和电容两端的电压波形，观察过阻尼、临界阻尼、欠阻尼情况下的零输入和零状态响应，画出响应波形。

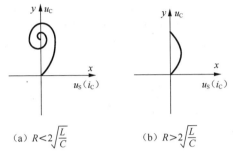

(a) $R<2\sqrt{\dfrac{L}{C}}$ (b) $R>2\sqrt{\dfrac{L}{C}}$

图 3.38 状态轨迹

图 3.39 观测二阶电路响应的实验电路

2．使电路处于欠阻尼状态，记录此时的元件参数，观测欠阻尼零输入和零状态响应波形，在响应波形上，如图 3.37 所示测量 U_{om1}、U_{om2} 和 T_d，按式（3.7.4）和式（3.7.5）计算欠阻尼情况下的振荡角频率和衰减系数 α，将测量计算值和理论值进行比较，分析误差的产生原因。

3．观察并描绘过阻尼、欠阻尼情况下的方波响应及相应的状态轨迹。电路如图 3.40 所示，r 是取样电阻，r=51Ω，示波器 CH$_1$，CH$_2$ 的接法如图 3.40 所示，适当调节 X 轴、Y 轴旋钮，示波器显示方式选为 X-Y 方式，就可在屏幕上观察到状态轨迹的图形。改变 R 的值，观测欠阻尼和过阻尼情况下的状态轨迹。

图 3.40 观测状态轨迹的实验电路

四、注意事项

1．示波器的公共端和信号发生器的公共端要连接在一起，保证"共地"。

2．在观察 $u_C(t)$ 和 $u_r(t)$ 波形时，其幅度相差很大，注意调节 Y 轴灵敏度旋钮，使波形容易观察。

3．回路总电阻包含电感线圈的内阻和电流取样电阻。

五、预习要求

1．复习二阶电路的相关基本知识，预习观测二阶电路方波响应的实验方法；

2．根据实验内容 1 中的元件参数，估算满足过阻尼、临界阻尼和欠阻尼情况的电阻值。估算欠阻尼状态时的振荡角频率和衰减系数的理论值。

3．根据实验电路中的元件参数，试确定输入方波信号的频率，以便观测过阻尼、欠阻尼响应。

4．写出测量振荡角频率和衰减系数 α 的测试步骤。

5．运用计算机仿真软件进行仿真，记录仿真结果，以便与实验结果分析比较。

六、实验报告要求

1．在坐标纸上画出过阻尼、临界阻尼、欠阻尼情况下的响应波形。

2．描绘过阻尼和欠阻尼情况下的状态轨迹，并用箭头表明轨迹运动方向。

3．整理实验数据并与仿真值、理论值比较，回答思考题 1、2，并注意在实验中观察验证。

七、思考题

1．当 RLC 串联电路处于过阻尼情况时，若减少回路电阻，u_C 衰减到零的时间变长还是变短，当电路处于欠阻尼情况时，若增加回路电阻，振荡频率变慢还是变快？电路的过渡过程与哪些参数有关？

2．当 RLC 串联电路处于欠阻尼情况时，R 阻值的增加对衰减系数 α 有何影响？

3．C 的容量的增加对欠阻尼 RLC 电路的振荡频率有何影响？

八、仪器与器材

1．双踪示波器　　　2．函数信号发生器　　　3．实验箱　　　4．导线若干

3.8　正弦信号相位差的测量

一、实验目的

1．加深理解常用 RC 网络幅频特性和相频特性的特点；

2．熟练掌握用示波器测量两个正弦信号的相位差的方法；

3．掌握用交流毫伏表和示波器测量 RC 网络的幅频特性和相频特性的方法。

二、实验原理

RC 网络的频率特性可用网络函数来描述。在二端口 RC 网络中，若在它的输入端口加频率可变的正弦信号（激励）$\dot{U}_1$，则输出端口有相同频率的正弦输出电压（响应）$\dot{U}_2$。

网络的电压传输比为

$$H(\mathrm{j}\omega)=\frac{\dot{U}_2}{\dot{U}_1}=\left|H(\mathrm{j}\omega)\right|\,\underline{/\theta(\omega)} \tag{3.8.1}$$

幅频特性 $\left|H(\mathrm{j}\omega)\right|$ 和相频特性 $\underline{/\theta(\omega)}$ 统称为网络的频率响应（频率特性）。

图 3.41（a）所示为 RC 高通网络，它的网络函数为

$$H(\mathrm{j}\omega)=\frac{\dot{U}_2}{\dot{U}_1}=\frac{R}{R+1/\mathrm{j}\omega C}=\frac{\mathrm{j}\omega RC}{1+\mathrm{j}\omega RC}=\frac{1}{\sqrt{1+\dfrac{1}{(\omega RC)^2}}}\,\underline{/90°-\arctan(\omega RC)} \tag{3.8.2}$$

可见，$\left|H(\mathrm{j}\omega)\right|$ 随着频率的降低而减小，说明高频信号可以通过，低频信号被衰减或被抑制。当 $\omega=\dfrac{1}{RC}$ 时，$\left|H(\mathrm{j}\omega)\right|$=0.707。一般将此时的 ω 定义为通频带的下限角频率 ω_c，ω_c 也称为截止角频率。$f_c=\dfrac{1}{2\pi RC}$，f_c 称为截止频率。这时电路的输出功率是最大输出功率的一半，所以该频率又称为半功率点频率。在截止频率点（半功率点），输入与输出信号的相位差为 45°。

（a）RC 高通网络　　　（b）幅频特性　　　（c）相频特性

图 3.41　RC 高通网络及其频率特性

RC 高通电路的幅频特性和相频特性分别如图 3.41（b）（c）所示。

在实验中，用函数信号发生器输出的正弦信号作为激励信号（输入信号），在保持输入信号幅值 U_1 不变的情况下，改变输入信号的频率 f，用交流毫伏表或示波器测量输出端对应于各个频率点下的输出电压的幅值，将这些数据画在以频率 f（或 ω）为横轴、$H(\mathrm{j}\omega)=U_2/U_1$ 为纵轴的坐标纸上，用一条光滑的曲线连接这些点，该曲线就是上述电路的幅频特性曲线。

将上述电路的输入和输出信号分别接入双踪示波器的两个输入端，在测量输出电压 U_2 幅值的同时，测量相应的输入和输出波形间的相位差（相位差是指两同频率正弦信号之间的相位之差）。将各个不同频率下的相位差画在以 f（或 ω）为横轴、θ 为纵轴的坐标纸上，用光滑的曲线将这些点连接起来，所得的的曲线即是被测电路的相频特性曲线。

根据截止频率的定义，截止频率有两种测量方法。

（1）用示波器观察激励电源的电压和电阻两端的电压波形，保持输入信号电压幅值（有效值）不变，改变输入信号的频率，测量激励电源的电压和电阻两端的电压波形的相位差。当两个波形的相位差等于 45°时，此时的输入信号的频率即为截止频率。

（2）保持输入信号电压幅值（有效值）不变，改变输入信号的频率，用交流毫伏表或示波器测量电阻两端的电压，当电阻两端的电压达到输入信号电压的 0.707 倍时，此时输入信号的频率就是截止频率。

双迹法测量相位差的方法：将电压 $u_1(t)$ 和 $u_2(t)$ 分别加到双踪示波器的"CH1"和"CH2"两个输入端，调节示波器 Volts/Div 旋钮，使波形高度大于 3 格，调节示波器 Sec/Div 旋钮，使示波器屏幕上只显示 1 个信号周期，调节示波器垂直位移旋钮，使两个波形的零线重合，并使这两个波形都对称于零线，如图 3.42 所示。用示波器光标手动测量，测出波形半周期的时间 T_1 和两波形过零线的时间差 t，则相位差

图 3.42　双迹法

$$\theta = 180° \times \frac{t}{T_1} \qquad (3.8.3)$$

这种方法使用方便，但测量精度主要取决于示波器 Y 通道两个输入电路自身的相移特性和视差。为了减少误差，在调整示波器时，应使波形的周期 T 在屏幕上所占长度尽量长，这样可以提高时基分辨率。

三、实验内容

1．测试 RC 高通网络的幅频特性与相频特性。电路如图 3.41（a）所示，图中元件参数

C=0.47μF，R=220Ω，保持输入正弦信号电压 U_1=1V 不变，频率从 200Hz 到 10kHz 变化，在此频率范围内采用逐点法，用交流毫伏表直接测量输出电压的有效值 U_2，并测量 U_2 为 0.707V 时的截止频率 f_c。用示波器观察输入与输出信号波形，测量相应频率的输入与输出信号波形的相位差。数据表格如表 3.12 所示。

表 3.12　　　　　　　　　逐点法测试 RC 高通电路频率特性的实验数据

频率（Hz）	200			f_0				10kHz
U_1(V)								
U_2(V)								
T_1(ms)								
T(ms)								
相位差								

*2. RC 移相电路的观测

实验电路如图 3.41（a）所示，图中电容为 C=0.1μF，电阻为可调电位器，输入信号是有效值 U_1=1V、频率 f=2000Hz 的正弦信号，调节电位器使输出信号与输入信号相位差为+45°。测出此时输出信号的幅度、周期。画出输入、输出波形，测量此时的电阻值，并与理论计算值比较。

四、注意事项

1. 由于函数信号发生器内阻的影响，注意在调节输出频率时，应同时调节输出幅度，使实验电路的输入电压幅值保持不变。在改变频率时，可用交流毫伏表监测信号源的输出电压幅值。

2. 在函数信号发生器与交流毫伏表的使用过程中，要注意量程的变换与读数，对交流毫伏表必须进行零点校正。

3. 注意信号电源与测量仪器的共地连接。

五、预习要求

1. 学习教材中的相关内容，掌握 RC 高通电路频率特性的测量方法。

2. 根据实验内容 1 所给电路元件参数，计算该电路的截止频率的理论值。画出自拟的数据表格（注意测试点的选取），写出测量截止频率 f_c 的测试步骤。

*3. 加深理解 RC 电路的移相作用，根据实验内容 2 所给参数，理论计算移相电路中的电阻值。

4. 运用 EDA 仿真软件进行仿真，记录仿真结果，以便与实验结果分析比较。

六、思考题

1. 简述测试幅频特性和相频特性的测试步骤。

2. 简述测试幅频特性和相频特性时，用仪器设备连接成测试线路，应特别注意什么？

七、实验报告要求

1. 根据实验数据，绘制 RC 高通电路的幅频特性和相频特性曲线，图上标出截止频率 f_c，

比较截止频率 f_c 的理论计算值和实测值，分析产生误差的原因。

    *2．说明 RC 移相电路的原理。

    *3．在同一个坐标系下，画出移相电路的输入、输出信号波形图，图上标出幅度和周期。

    4．简述对 RC 高通电路频率特性的认识及其在工程上的应用。

八、实验仪器与器材

1．函数信号发生器   2．交流毫伏表   3．双踪示波器   4．实验箱

5．导线若干

3.9　传输网络频率特性的研究

一、实验目的

1．加深理解低通、高通、带通、带阻电路的频率特性；

2．掌握传输网络频率特性的测试方法。

二、实验原理

    研究电路的频率特性，即分析研究不同频率的信号作用于电路所产生的响应函数与激励函数的比值关系。通常情况下，研究具体电路的频率特性，并不需要测试构成电路所有元件上的响应与激励之间的关系，只需要研究某个元件或支路的响应与激励之间的关系。本实验主要研究一阶低通、高通、带通、带阻滤波器电路的频率特性。

    1．RC 低通网络

    图 3.43（a）所示为 RC 低通网络，它的网络传输函数为

$$H(j\omega) = \frac{\dot{U}_2}{\dot{U}_1} = \frac{1/j\omega C}{R + 1/j\omega C} = \frac{1}{1 + j\omega RC}$$

$$= \frac{1}{\sqrt{1 + (\omega RC)^2}} \angle -\arctan(\omega RC) \tag{3.9.1}$$

        （a）RC 低速网络

    （b）幅频特性

    （c）相频特性

图 3.43　RC 低通网络及其频率特性

    式中，$|H(j\omega)|$ 为幅频特性，显然它随着频率的增高而减小，说明低频信号可以通过，而高频信号被衰减或抑制。

当 $\omega = 1/RC$ 时， $|H(\text{j}\omega)|_{\omega=\frac{1}{RC}} = \frac{1}{\sqrt{2}} = 0.707$ ，即 $U_2/U_1 = 0.707$ ，有

$$201\text{g}|H(\text{j}\omega)|_{\omega=\frac{1}{RC}} = 201\text{g}\frac{U_2}{U_1}\Big|_{\omega=\frac{1}{RC}} = -3(\text{dB}) \tag{3.9.2}$$

通常把 U_2 降低到 $0.707U_1$ 时的角频率 ω 称为截止角频率 ω_c，即 $\omega = \omega_c = \dfrac{1}{RC}$。图 3.43（b）（c）分别为 RC 低通网络的幅频特性曲线和相频特性曲线。低通滤波器的截止频率为 $f_c = \dfrac{1}{2\pi RC}$。此时输入、输出信号之间的相位差为 $-45°$。

2. RC 高通网络

图 3.44（a）所示为 RC 高通网络，它的网络传输函数为

$$H(\text{j}\omega) = \frac{\dot{U}_2}{\dot{U}_1} = \frac{R}{R+1/\text{j}\omega C} = \frac{\text{j}\omega RC}{1+\text{j}\omega RC} = \frac{1}{\sqrt{1+\dfrac{1}{(\omega RC)^2}}} \Big/ 90° - \arctan(\omega RC) \tag{3.9.3}$$

(a) RC 高速网络 (b) 幅频特性 (c) 相频特性

图 3.44 RC 高通网络及其频率特性

可见，$|H(\text{j}\omega)|$ 随着频率的降低而减小，说明高频信号可以通过，低频信号被衰减或被抑制。网络的截止角频率仍为 $\omega_c = \dfrac{1}{RC}$，因为 $\omega = \omega_c$ 时，$|H(\text{j}\omega)| = 0.707$。它的幅频特性和相频特性分别如图 3.44（b）（c）所示。高通滤波器的截止频率为 $f_c = \dfrac{1}{2\pi RC}$。此时输入、输出信号之间的相位差为 $45°$。

3. RC 带通网络（RC 选频网络）

图 3.45 所示为 RC 选频网络，它的网络传输函数为

$$H(\text{j}\omega) = \frac{\dot{U}_2}{\dot{U}_1} = \frac{\dfrac{R}{1+\text{j}\omega RC}}{R+\dfrac{1}{\text{j}\omega C}+\dfrac{R}{1+\text{j}\omega RC}} = \frac{1}{3+\text{j}\left(\omega RC - \dfrac{1}{\omega RC}\right)}$$

$$= \frac{1}{\sqrt{3^2+\left(\omega RC - \dfrac{1}{\omega RC}\right)^2}} \Big/ \arctan\dfrac{\dfrac{1}{\omega RC} - \omega RC}{3} \tag{3.9.4}$$

显然，当信号频率 $\omega = \dfrac{1}{RC}$ 时，对应的模 $|H(j\omega)| = \dfrac{1}{3}$ 为最大，信号频率偏离 $\omega = \dfrac{1}{RC}$ 越远，信号被衰减得越厉害。说明该 RC 网络允许以 $\omega = \omega_0 = 1/RC\,(\neq 0)$ 为中心的、一定频率范围（频带）内的信号通过，而衰减或抑制其他频率的信号，即对某一窄带频率的信号具有选频通过的作用，因此，将它称为带通网络，或选频网络，ω_0 称为中心角频率。此时输入、输出信号之间的相位差为 0°。

4．RC 带阻网络

如图 3.46 所示是一个 RC 双 T 带阻滤波器，其网络传输函数的幅频特性及相频特性自行推导。

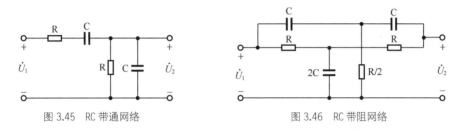

图 3.45　RC 带通网络　　　　　　　　　　图 3.46　RC 带阻网络

5．测试电路的截止频率 f_c 和 f_c 对应的相位差的方法

按图 3.43 完成电路接线，双击波特图仪图标，展开波特图仪面板。如图 3.47 所示，在波特图仪面板界面中，按下幅频特性测量选择按钮（Magnitude）；垂直坐标（Vertical）的坐标类型选择为对数（Log），其起始值（I）、终止值（F）即幅度量程设定分别设置为-100dB 和 0dB；水平坐标（Horizontal）的坐标类型选择为对数（Log），频率范围的起始值（I）和终止值（F）分别设为 1MHz 和 1GHz。

图 3.47　波特图仪

单击仿真开关，单击波特图仪读数游标移动按钮→ ←或者直接拖曳读数游标，使游标与曲线交点处垂直坐标的读数非常接近-3dB，即对应的网络函数的模值 $|H(j\omega)|$，此时交点处水平坐标的读数即为 f_c 的数值。为了提高读数的精度，将水平坐标轴的起始值（I）、终止值（F）即频率范围设置为接近初步测试 f_c 的±0.1fc 范围，展开测试段的显示曲线，重新启动仿真程序，读出 f_c 的精确值。

按下相频特性选择按钮，垂直坐标的起始值（I）、终止值（F）即相位角量程设定分别设置为-90 和 0。重新启动仿真程序，使游标与曲线交点处水平坐标的读数非常接近 f_c，此时交点处垂直坐标的读数为 f_c 点对应的相位角(φ)的值。

三、实验内容

1．测试一阶 RL 低通滤波器的频率特性

如图 3.48 所示电路，用波特图仪测试该电路的幅频特性时，将垂直坐标的坐标类型选择为线性（Lin），起始值（I）、终止值（F）分别设置 0 和 1，将水平坐标类型选为对数，起始值（I）和终止值（F）分别设为 1MHz 和 1GHz 测试相频特性时，将垂直坐标起始值（I）、终止值（F）分别设置为-90 和 0。测量该低通滤波器的截止频率 f_c 和 f_c 对应的相位差以及电压比。

$f_c=$_____ $\Phi=$_____ $|H|=$_____

2．测试一阶 RC 高通滤波器的频率特性

如图 3.49 所示电路，用波特图仪测试该电路的幅频特性时，将垂直坐标的坐标类型选择为线性（Lin），起始值（I）、终止值（F）分别设置 0 和 1，水平坐标的设置同实验内容测试相频特性时，将垂直坐标起始值(I)、终止值(F)分别设置为 0 和 90。测试该电路的截止频率 f_c 和 f_c 对应的相位差以及电压比。 $f_c=$_____ $\Phi=$_____ $|H|=$_____

图 3.48　RL 低通电路　　　　　　　图 3.49　RC 高通电路

3．测试二阶 RC 带通电路的频率特性

如图 3.50 所示电路，用波特图仪测试该电路的幅频特性时，将垂直坐标的坐标类型选择为线性（Lin），起始值（I）、终止值（F）分别设置 0 和 1，测试相频特性时，将垂直坐标起始值（I）、终止值（F）分别设置为-90 和 90，测试该电路的谐振频率 f_0、上限截止频率 $f_上$、下限截止频率 $f_下$ 和与之相对应的相位差、电压比。

图 3.50　二阶 RC 带通电路图

$f_上=$_____ $\Phi_上=$_____ $|H_上|=$_____ $f_下=$_____ $\Phi_下=$_____

$|H_下|=$_____ $f_0=$_____ $\Phi_0=$_____ $|H_0|=$_____

4．测试 RLC 带通电路的频率特性和品质因数

如图 3.51 所示电路。用波特图仪测试该电路的幅频特性时，将垂直坐标的坐标类型选择为线性（Lin），起始值（I）、终止值（F）分别设置为 0 和 1，测试相频特性时，将垂直坐标起始值（I）、终止值（F）分别设置为-90 和 90，测试谐振频率 f_0、上限截止频率 $f_上$、下限

截止频率 $f_下$ 和与之相对应的相位差、电压比，并计算出 Q。$Q=f_0/(f_上-f_下)$。

$f_上=$＿＿＿＿＿　　$\Phi_上=$＿＿＿＿＿　　$|H_上|=$＿＿＿＿＿　　$f_下=$＿＿＿＿＿　　$\Phi_下=$＿＿＿＿＿

$|H_下|=$＿＿＿＿＿　$f_0=$＿＿＿＿＿　　　$\Phi_0=$＿＿＿＿＿　　　$|H_0|=$＿＿＿＿＿　　$Q_下=$＿＿＿＿＿

5. 测试带阻电路的频率特性

如图 3.52 所示电路，用波特图仪测试该电路幅频特性时，将垂直坐标的坐标类型选择为线性（Lin）将垂直坐标起始值（I）、终止值（F）分别设置为 0 和 1，测试相频特性时，将垂直坐标起始值（I）、终止值（F）分别设置为-90 和 90，测试该电路的中心频率 f_0、上限截止频率 $f_上$、下限截止频率 $f_下$ 和与之相对应的相位差、电压比。

$f_上=$＿＿＿＿＿　　$\Phi_上=$＿＿＿＿＿　　$|H_上|=$＿＿＿＿＿

$f_下=$＿＿＿＿＿　　$\Phi_下=$＿＿＿＿＿　　$|H_下|=$＿＿＿＿＿

$f_0=$＿＿＿＿＿　　$\Phi_0=$＿＿＿＿＿　　$|H_0|=$＿＿＿＿＿

图 3.51　二阶 RLC 带通电路图　　　　　　　图 3.52　带阻电路的电路图

四、注意事项

1. 频率特性测试时，为了提高测试的精度，应缩小水平坐标起始值(I)、终止值(F)的设置范围，展开测试段的显示曲线。

2. 波特仪面板参数修改后，应重新启动仿真程序，以确保曲线显示的精确与完整。

五、预习要求

1. 复习电路频率特性的相关内容，计算出实验内容中各电路的截止频率及谐振频率的理论值。

2. 阅读第八章相关内容，了解波特图仪的连接方法、面板按钮功能以及使用方法。

六、实验报告要求

1. 设计测试数据表格，记录测试结果，画出各电路的幅频特性和相频特性曲线，并标注特征频率点。

2. 分析二阶 RLC 带通电路的品质因数 Q 对电路选频特性的影响。

七、思考题

电路中输入信号源起什么作用，改变信号源的参数对测试结果有无影响?

微机

3.10 RLC 串联谐振电路

一、实验目的

1. 熟悉 RLC 串联谐振电路的特点，加深对串联谐振电路特性的理解；
2. 掌握 RLC 串联谐振电路各参数的测量方法；
3. 掌握用实验方法测量、绘制 RLC 电路频率特性曲线的方法；
4. 研究电路元件参数对谐振频率、品质因数和带宽的影响。

二、实验原理

图 3.53　RLC 串联电路

对于含有动态元件的 RLC 串联电路，回路中的总阻抗随着电路输入信号的频率改变而改变，当频率达到某个频率点时，回路中的容抗和感抗相等，电路呈纯阻性，此时加在电路两端的输入电压和回路中的总电流同相，这种现象称为谐振，此时的输入信号频率就是谐振频率。

1. RLC 串联电路（见图 3.53）的阻抗是电源角频率 ω 的函数，即

$$Z = R + j(\omega L - \frac{1}{\omega C}) = |Z| \angle \varphi \tag{3.10.1}$$

当 $\omega L - \dfrac{1}{\omega C} = 0$ 时，电路处于串联谐振状态，谐振角频率为

$$\omega_o = \frac{1}{\sqrt{LC}} \tag{3.10.2}$$

谐振频率为

$$f_o = \frac{1}{2\pi\sqrt{LC}} \tag{3.10.3}$$

显然，谐振频率仅与元件 L、C 的数值有关，与电阻 R 无关。当 $\omega < \omega_o$ 时，电路呈容性，阻抗角 $\varphi < 0$；当 $\omega > \omega_o$ 时，电路呈感性，阻抗角 $\varphi > 0$。

2. 电路处于谐振状态时的特性

（1）谐振时，由于回路总电抗 $X_o = \omega_o L - \dfrac{1}{\omega_o C} = 0$，因此，回路阻抗 $|Z_o|$ 为最小值，整个回路相当于一个纯电阻电路，激励电源的电压 u_s 与回路的响应电流同相位。

（2）在激励电压（有效值）不变的情况下，回路中的电流 $I = \dfrac{U_s}{R}$ 为最大值。

（3）谐振时感抗（或容抗）与电阻 R 之比称为品质因数 Q，即：

$$Q = \frac{\omega_o L}{R} = \frac{\frac{1}{\omega_o C}}{R} = \frac{\sqrt{\frac{L}{C}}}{R} \tag{3.10.4}$$

品质因数 Q 是一个只与电路参数 R、L、C 有关的量，它的大小反映了谐振电路的特征。

在 L 和 C 为定值的的条件下，Q 值仅由回路电阻 R 的大小决定。

（4）谐振时，由于感抗 $\omega_o L$ 与容抗 $\dfrac{1}{\omega_o C}$ 相等，所以电感上的电压 U_L 与电容上的电压 U_c 数值相等，且等于输入电压的 Q 倍，它们的相位差为 $180°$。

3．电路发生谐振的判别方法

（1）用示波器观察激励电源的电压与回路的响应电流的波形（即电阻两端的电压波形），当两个波形相位差为 $0°$，即电流、电压同相时，电路发生谐振。

（2）在激励电压（有效值）不变的情况下，谐振时，回路中的电流 $I = \dfrac{U_S}{R}$ 为最大值。所以用交流毫伏表测量电阻两端的电压达到最大值时，电路发生谐振。

4．串联谐振电路的频率特性

回路的响应电流与激励电压的角频率的关系称为电流的幅频特性（表明其关系的图形为串联谐振曲线），表达式为

$$I(\omega) = \frac{U_S}{\sqrt{R^2 + \left(\omega L - \dfrac{1}{\omega C}\right)^2}} = \frac{U_S}{R\sqrt{1 + Q^2\left(\dfrac{\omega}{\omega_o} - \dfrac{\omega_o}{\omega}\right)^2}} \tag{3.10.5}$$

当电路的 L 和 C 保持不变时，改变 R 的大小，可以得到不同 Q 值时电流的幅频特性曲线（见图 3.54）。显然 Q 值的大小影响曲线的尖锐程度。

为了反映一般情况，通常研究电流比 I/I_o 与角频率 ω/ω_o 之间的函数关系。

$$\frac{I}{I_o} = \frac{1}{\sqrt{1 + Q^2\left(\dfrac{\omega}{\omega_o} - \dfrac{\omega_o}{\omega}\right)}} \tag{3.10.6}$$

这里，I_o 为谐振时的回路响应电流。ω_o 为谐振角频率，ω 为输入信号的角频率，I 为回路的响应电流。

串联谐振电路的电流通用谐振曲线可以由上式计算得出，也可以用实验方法测定。具体测量方法是：保持输入信号电压幅度不变，在较宽的频率范围内合理选择频率点，改变信号频率后，测量电阻两端的电压，再计算出相应的电流，然后在以电流比为纵坐标、角频率比为横坐标的坐标系下描点画线得到的曲线即为串联谐振电路的电流通用谐振曲线。

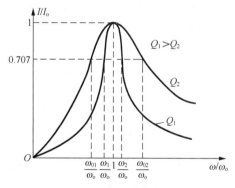

图 3.54　电流谐振曲线

图 3.54 画出了不同 Q 值下的串联谐振电路的通用谐振曲线。从图中可以看出，信号角频率在 ω_o 附近时电路的电流大，而远离 ω_o 时电路的电流小，电路的这种性质称为选择性。显然，Q 值越高，曲线越尖锐，电路的选择性好。为了衡量谐振电路对不同频率的选择能力，定义通用幅频特性中幅值下降至峰值的 0.707 倍时的频率范围为通频带（以 BW 表示）

即

$$BW = f_2 - f_1 = \frac{f_o}{Q} \tag{3.10.7}$$

式中，f_2 为上截止频率，f_1 为下截止频率（也称半功率点频率）

5. 谐振电路的测量

（1）谐振频率的测量：与判别电路发生谐振的方法相对应，测量谐振频率的方法有两种。

① 用示波器观察激励电源的电压与回路的响应电流的波形（即电阻两端的电压波形），保持输入信号电压幅值（有效值）不变，改变输入信号的频率，当两个波形同相位，即两个波形的相位差为 0° 时，电路发生谐振。此时输入信号的频率就是谐振频率。

② 保持输入信号电压幅值（有效值）不变，改变输入信号的频率，用交流毫伏表测量电阻两端的电压，当电压达到最大值时，电路发生谐振。此时输入信号的频率就是谐振频率。

（2）串联谐振曲线的测量：采用逐点测量法，保持输入信号电压幅值不变，先测出谐振频率 f_0，再分别测出两个半功率点 f_1、f_2；然后，依次从低到高选择若干频率点，改变输入信号的频率，测量电阻两端的电压，计算出相应的电流值；最后，在以 $\dfrac{f}{f_0}$ 为横坐标，以 $\dfrac{I}{I_0}$ 为纵坐标的坐标系下描点画线得到的光滑的曲线即为串联谐振曲线。

频率点 f_1、f_2 是当电阻两端的电压幅度下降到最大值（谐振时电阻两端的电压）的 0.707 倍时所对应的输入信号的频率，称为下半功率点频率和上半功率点频率，则通频带 $BW=f_2-f_1$。在输入信号频率为 f_1 时，电路中电流超前电压 45°，电路呈容性；在输入信号频率为 f_2 时，电路中电压超前电流 45°，电路呈感性。根据这两种特征可以用两种方法测量半功率点：

① 用示波器观察激励电源的电压和电阻两端的电压波形，保持输入信号电压幅值（有效值）不变，改变输入信号的频率，测量激励电源的电压和电阻两端的电压波形的相位差。当两个波形的相位差等于 45° 时，此时输入信号的频率即为下半功率点频率或上半功率点频率。（在测量时注意区分下半功率点频率和上半功率点频率。）

② 保持输入信号电压幅值（有效值）不变，改变输入信号的频率，用交流毫伏表测量电阻两端的电压，当电阻两端的电压达到最大值（谐振时电阻两端的电压）的 0.707 倍时，此时输入信号的频率就是下半功率点频率或上半功率点频率。

（3）品质因数 Q 的测量方法：

① 谐振时，电感两端的电压和电容两端的电压相等并且等于输入电压 U_i 的 Q 倍。所以测量 Q 可以通过测量谐振时电容两端的电压 U_c 或电感两端的电压 U_L 以及输入信号的电压 U_s，则 $Q=U_c/U_i=U_L/U_i$。

② 因为品质因数 $Q=f_0/(f_2-f_1)$，所以 Q 可以通过测量谐振频率和通频带后计算得到。

三、实验内容

1. 按图 3.53 所示电路组成实验电路，图中 $R=100\Omega$，$L=5.6\text{mH}$，$C=0.047\,\mu\text{F}$，$U_s=0.5\text{V}$。

2. 用示波器和交流毫伏表测量该电路的谐振频率。

3. 用示波器和交流毫伏表测量该电路的通频带。

4. 按表 3.13 数据表格，合理选择频率点，测量该电路的谐振曲线。

5. 用两种方法测量 Q 值，比较这两种方法的测量误差及产生原因。

表 3.13　　　　　　　　　　逐点法测量电路的谐振曲线的数据表格

f(kHz)	2.0			f_1		f_0		f_2				30
U_R(V)												
I/(mA)												

*6．保持 L、C 数值不变，改变 R 的数值，使 $Q=5$，测量该电路的谐振频率、通频带、谐振曲线、Q 值，数据表格自拟。通过实验数据，分析电阻对谐振频率、品质因数、通频带 、电流谐振曲线的影响。

*7．按照预习要求 4 所设计计算的电路参数连接电路，测试该电路的谐振频率和品质因数，验证该电路能否满足设计要求。

四、注意事项

1．每次改变信号电源频率后，注意调节输出函数信号发生器的电压有效值，用示波器观测 U_i 的有效值，使其保持为定值。

2．改变参数后，应先调试频率找到谐振点。

3．在计算串联谐振电路的总电阻时，应考虑电感线圈内阻和信号源的内阻。

4．在测量 U_C 和 U_L 时，注意信号电源和测量仪器公共地线的接法。

五、预习要求

1．认真复习相关内容，理解实验原理，了解 RLC 串联电路的谐振频率、品质因数和通频带的含义，以及这些量与各元件参数的关系。

2．在计算串联谐振电路的总电阻时，应考虑电感线圈内阻。

3．估算元件参数为 $R=100\Omega$，$L=5.6\text{mH}$，$C=0.047\mu F$ 时电路的谐振频率、通频带 BW 和品质因数，画出实验电路图。写出测量这个电路的谐振频率、品质因数、通频带的测试步骤。

*4．某 RLC 串联电路的谐振频率为 15kHz，$Q=7.5$，$L=5.6\text{mH}$，试确定该电路的元件参数。

5．运用 EDA 仿真软件进行仿真，记录仿真结果，以便与实验结果分析比较。

6．回答预习思考题，写出预习报告。

预习思考题：

（1）谐振时电路有哪些特征？可以用哪些实验方法判别电路处于谐振状态？

（2）谐振频率、通频带和品质因数与电路元件参数的关系如何？

（3）串联谐振电路的阻抗随频率如何变化？

（4）要提高 RLC 串联电路的品质因数，电路参数应如何改变？

六、实验报告要求

1．根据实验数据，在坐标纸上绘出不同 Q 值下的串联谐振电路的谐振曲线，分析电阻值的大小对谐振频率、品质因数、通频带和电流通用谐振曲线的影响。

2．将实验测量值 Q、BW、f_0 分别与理论值进行比较，分析误差产生原因。

3．分析比较两种方法测量 Q、f_0 的误差产生原因。

4．通过实验总结 RLC 串联谐振电路的主要特点。

七、思考题

1．当 RLC 串联电路发生谐振时，是否有 $U_R=U_S$ 和 $U_C=U_L$？若关系不成立，试分析其原因。

2．在测试电路频率特性时，信号源输出电压会随着频率的变化而变化，为什么？为什么要保证信号源输出电压幅度恒定？

3．要提高 RLC 串联电路的品质因数，电路参数应如何改变？

4．用一只标准电容器，运用谐振原理，设计测试未知电感的实验方案，画出测试电路。

八、实验仪器与器材

1．函数信号发生器　　　2．双踪示波器　　　3．交流毫伏表　　　4．实验箱

3.11　工频交流参数的测量

一、实验目的

1．加深理解正弦交流电路中电压和电流的相量概念；

2．掌握单相交流电路的电流、电压、功率的测量方法；

3．掌握用交流电流表、交流电压表、单相功率表、单相调压器测量元件的交流等效参数的方法；

4．了解用示波器、函数信号发生器、交流毫伏表测量元件的交流等效参数的方法。

二、实验原理

1．三表法

交流电路中，元件的阻抗值或无源端口的等效阻抗值可以用交流电压表、交流电流表和单相功率表分别测出元件两端的电压 U，流过的电流 I 及消耗的有功功率 P 之后通过计算得到，这种方法称为三表法，测试电路如图 3.55 所示，具体关系如下：

总阻抗的模
$$|Z| = \frac{U}{I} \tag{3.11.1}$$

功率因数
$$\cos\varphi = \frac{P}{UI} \tag{3.11.2}$$

等效电阻
$$R = P/I^2 = |Z|\cos\varphi \tag{3.11.3}$$

等效电抗
$$X = |Z|\sin\varphi$$

若所测的是感性元件，则：
$$L = \frac{X}{\omega} = \frac{|Z|\sin\varphi}{\omega} \tag{3.11.4}$$

若所测的元件是容性元件，则：
$$C = \frac{1}{X\omega} = \frac{1}{\omega|Z|\sin\varphi} \tag{3.11.5}$$

图 3.55　三表法测量阻抗的测量原理

2．三电压法

测量交流参数的另一种方法是三电压法，测试电路如图 3.56（a）所示，将一已知电阻 R 与被测元件 Z 串联，当通过一已知频率的正弦交流信号时，用电压表分别测出电压 U，U_1，U_2 根据这 3 个电压构成的矢量三角形，从中可求出元件阻抗参数

$$\cos\varphi = \frac{U^2 - U_1^2 - U_2^2}{2U_1 U_2} \qquad\qquad r = \frac{RU_r}{U_1} \qquad\qquad (3.11.6)$$

$$U_r = U_2\cos\varphi \qquad\qquad L = \frac{RU_x}{\omega U_1} \qquad\qquad (3.11.7)$$

$$U_x = U_2\sin\varphi \qquad\qquad C = \frac{RU_x}{\omega RU_1} \qquad\qquad (3.11.8)$$

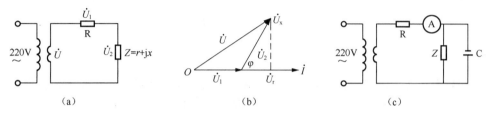

图 3.56　三电压法测量阻抗的原理图及相量图

3．用三表法、三电压法测出的电抗不能判别出是容性还是感性，需要通过实验的方法来判定。

（1）在被测元件两端并接一个电容，电路如图 3.56（c）所示。若电流表的读数增大，则说明被测元件是容性；若电流表的读数减少，则为感性，并接的电容值 $C < 2\sin\varphi / \varpi Z$。

（2）用示波器观察电路中电压和电流的波形相位关系判别是容性还是感性。电流超前为容性，滞后为感性。

（3）直接用功率因数表测出，读数超前为容性，读数滞后为感性。

三表法和三电压法只适用于工频情况下，由于测量仪器的内阻，会产生一定的测量误差。除了这两种方法以外，还有直流交流法、谐振法、电桥法、电流表法和示波器法等。

4．直流交流法

如图 3.57 所示，在直流激励下测量 U_1，I_1；在交流激励下测量 U_2，I_2。当被测阻抗为容性时，电路参数

$$r = \frac{U_1}{I_1}$$

$$X_c = \sqrt{Z^2 - r^2} = \sqrt{\left(\frac{U_2}{I_2}\right)^2 - r^2}$$

$$C = \frac{1}{\omega X_c} = \frac{1}{\omega\sqrt{Z^2 - r^2}} = \frac{1}{\omega\sqrt{\left(\dfrac{U_2}{I_2}\right)^2 - r^2}} \qquad\qquad (3.11.9)$$

图 3.57　直流、交流法测量法

5．谐振法

当被测阻抗为容性时，取已知电阻和电感，组成 RLC 串联电路，接入信号源，测出该电

路的谐振频率，则

$$f_o = \frac{1}{2\pi\sqrt{LC}}$$

$$C = \frac{1}{(2\pi f_o)^2 L}$$

（3.11.10）

三、实验内容

1．在只有电压表、电阻箱、调压器的情况下，用实验的方法测量电阻 R、电容 C 的值。自拟实验方案及电路图，记录测试结果，并分析误差产生的原因。

2．现有电流表、电压表、单相功率表、滑线变阻器和调压器，用实验的方法测试某电感线圈的等效参数。并用实验的方法判别阻抗性质。设计出实验方案及电路图，记录测试结果，并分析误差产生原因。

*3．用示波器、函数信号发生器和交流毫伏表测量未知电感（或电容），设计出两种实验方案和实验电路，记录测试结果，并分析误差产生原因。

四、注意事项

1．单相调压器在使用前应将电压调节手轮放在零位，接通电源后从零逐渐升压，做完每一个实验后，调压器回到零，然后断电，调压器的输入输出端不能接错，否则会烧毁调压器。

2．本次实验所用电压较高，注意人身安全和设备安全。调压器输出电压范围 20～40V。

3．测量电压、电流、功率时应分别读数。

4．正确使用单相功率表，功率表的电流线圈和电压线圈不能接错。

五、预习要求

1．阅读了解功率表、调压器的使用方法。

2．认真复习与本次实验内容相关知识。

3．设计好所给实验内容中要求的实验方案、步骤、电路图和数据表格。

六、实验报告要求

根据实验数据计算各被测元件的参数值。

七、思考题

1．实验时，若单相调压器原边和副边接反，会发生什么情况，为什么？

2．用三表法测参数，为什么在被测元件两端并接电容可以判断元件的性质？用相量图说明。

3. 如何用串联电容的方法判别阻抗的性质？试定性分析回路电流随串联电容的变化而变化的规律。

4. 用三表法测量未知阻抗的实验电路中，为提高测量精度，在测量时应注意哪些问题？

5. 比较各种测量方法的适用范围和条件。

八、实验仪器与器材

1. 实验箱　　　2. 单相调压器　　　3. 电感线圈　　　4. 万用表
5. 单相功率表　6. 双踪示波器　　　7. 函数信号发生器　8. 导线若干

3.12　互感线圈及变压器参数的测定

一、实验目的

1. 加深理解互感电路概念；
2. 掌握耦合线圈和变压器同名端的判别方法；
3. 掌握耦合线圈互感系数、耦合系数的测量方法。

二、实验原理

对于具有耦合关系的线圈，判别耦合线圈的同名端在理论分析和工程实际中都具有很重要的意义。例如变压器、电动机的各相绕组、LC 振荡电路中的振荡线圈等都要根据同名端的极性进行联接。实际中，若耦合线圈的绕向和相互位置无法判断时，就需要根据同名端的定义用实验的方法确定。

1. 判断互感线圈和变压器同名端的方法

（1）直流通断法。

如图 3.58 所示，当开关 K 闭合瞬间，线圈 2 的两端将产生一个互感电动势，用数字万用表的直流电压挡测量 3、4 两端的电压，若示数为正，则万用表接正端与电源接"+"端为同名端，即 1，3 端为同名端；若为负，则 1，4 端为同名端。

（2）次级开路法。

实验电路如图 3.59 所示，图中 U_s 是频率为 1kHz 的正弦信号，$R=1k\Omega$，调节输入信号电压幅值，使电阻 R 两端的电压 $U_R=0.1V$，测量 U_{12}、U_{34} 和 U_{13}，当 U_{12}、U_{34} 和 U_{13} 电压关系满足 $U_{13}=U_{12}+U_{34}$，根据同名端的定义，说明是 1，4 端为同名端；当 U_{12}、U_{34} 和 U_{13} 电压关系满足 $U_{13}=U_{12}-U_{34}$，根据同名端的定义，说明是 1，3 端为同名端。

图 3.58　直流通断法实验电路

图 3.59　次级开路法判断同名端

（3）等效电感法。

设两个耦合线圈自感分别为 L_1 和 L_2，它们之间的互感为 M。若两个线圈同名端相联，称为反相串联，其等效电感应为 $L_反=L_1+L_2-2M$。若两线圈的异名端相联，称为正相串联，其等效电感 $L_正=L_1+L_2+2M$。显然，等效电抗 $X_正>X_反$，利用这个关系，当两个线圈串联方式不同，在电路中加上相同的正弦电压，根据回路中电流值的不同，即可判断出同名端。同样的，当回路中流过相同的电流，通过测量端口的电压值大小也可判断出同名端。

2. 测定耦合线圈的互感系数 M、L_1 和 L_2

互感系数的大小与线圈的匝数、几何尺寸、相对位置及媒介有关，而与电流无关。在同名端确定后，可采用次级开路法、正反向串联法等方法测量互感系数。

（1）次级开路法。

如图 3.60（a）所示电路，输入信号 U_s 频率是 4kHz 的正弦信号，调节输入信号的电压幅度使得 $U_R=1V$，则 $I_1=1mA$，测量 U_1、U_2，当电压表内阻足够大，则有是

$$|Z_1|=U_1/I_1 \tag{3.12.1}$$

$$L_1 = \sqrt{Z_1^2 - R_1^2} / \omega \tag{3.12.2}$$

$$M=U_2/(\omega I_1) \tag{3.12.3}$$

如图 3.60（b）所示电路，输入信号 U_s 频率是 4kHz 的正弦信号，调节电源电压使得 $U_R=1V$，则 $I_2=1mA$，测量 U_1'、U_2'，当电压表内阻足够大，则有

$$|Z_2|=U_2'/I_2 \tag{3.12.4}$$

$$L_2 = \sqrt{Z_2^2 - R_2^2} / \omega \tag{3.12.5}$$

$$M=U_1'/(\omega I_2) \tag{3.12.6}$$

（a）　　　　　　　　　　　（b）

图 3.60　次级开路法测试电路

则耦合系数：$k = M / \sqrt{L_1 L_2}$

当输入信号频率不很高时，可将万用表测得的线圈直流电阻近似地看成 R_1 或 R_2。

（2）正反向串联法。

按图 3.61（a）所示，将 L_1、L_2 线圈的 2、4 端用导线连接起来，保持电源频率为 1kHz，调节电源电压使得 $U_R=1V$，测量 U_1、U_2、U_{13}；再将 L_1、L_2 线圈 2、3 端用导线连接起来，如图 3.61（b）所示，调节电源电压使得 $U_R=1V$，测量 U_1、U_2、U_{14}，记录测量的数据。

则正接：$U_{13}= \omega L_1 I+ \omega L_2 I+2M\omega I$（异名端接在一起）

反接：$U_{14}= \omega L_1 I+ \omega L_2 I-2M\omega I$（同名端接在一起）

图 3.61 正反向串联法测量

$$U_{13} - U_{14} = 4\omega MI$$

$$M = \frac{U_{13} - U_{14}}{4\omega I} \tag{3.12.7}$$

由上述实验值计算 L_1 和 L_2 的值:

当条件为 $f>1000Hz$,省忽略线圈 L_1,L_2 内阻的影响。

正接: $U_1=\omega(L_1+M)I$

反接: $U_2=\omega(L_2+M)I$

当 $I=1/1000(A)$ 时

则 $\qquad L_1\approx(U_1/\omega)-M \qquad L_2\approx(U_2/\omega)-M \tag{3.12.8}$

三、实验内容

1. 直流通断法判别变压器的同名端

实验电路如图 3.58 所示,按图接线后,合上开关的瞬间,观察并记录实验现象,写出判别结论。

2. 次级开路法判断变压器的同名端

实验电路如图 3.59 所示,按图接线,图中 U_s 是频率为 1kHz 的正弦信号,$R=1k\Omega$,调节输入信号电压幅值,使电阻 R 两端的电压 $U_R=0.1V$,测量 U_{12}、U_{34} 和 U_{13},写出判别原理和结论。

*3. 采用等效电感法判断互感线圈的同名端

根据等效电感法判别互感线圈同名端的实验原理,自拟实验电路及实验步骤,判别互感线圈的同名端。画出实验电路,标出电路参数。

4. 采用次级开路法测量互感线圈参数

(1)分别测量 L_1 和 L_2 的直流电阻:

$R_1=$_____Ω,$R_2=$_____Ω。

(2)电路如图 3.60(a)连接,图中输入信号 U_s 是正弦信号,$f=4kHz$、$R=1k\Omega$,调节输入信号 U_s 的幅度,测电阻上的电压为 1V,然后测量 U_1,U_2;电路如图 3.60(b)连接,保证电阻上的电压为 1V,测量 U'_1,U'_2。将 U_1、U_2、U'_1、U'_2 代入上式(3.12.1)、(3.12.2)、(3.12.3)、(3.12.4)、(3.12.5)、(3.12.6),即可求出 L_1,L_2,M,K。

*5. 采用正反向串联法测量互感线圈的自电感 L_1 和 L_2、互感系数 M,以及耦合系数 K,
自拟实验方案和实验电路。自拟实验数据表格。

四、注意事项

1. 用直流通断法判断同名端时,只在接通线圈的瞬间可以看到直流电压表示数为正或者为负的实验现象。

2. 用交流毫伏表测量电压，应注意元件的接法，保证"共地"。

五、预习要求

1. 复习实验内容相关理论知识，预习本节同名端的判别方法和耦合线圈自感、互感系数和耦合系数的测量方法。

2. 拟定采用直流通断法和次级开路法判断互感线圈的同名端的实验方案和测试步骤。自拟实验数据表格，画出实验电路图。

*3. 拟定采用等效电感法判断互感线圈的同名端的实验方案和测试步骤。自拟实验数据表格，画出实验电路图。

4. 拟定采用次级开路法测量互感线圈的自电感 L_1 和 L_2、互感系数 M，以及耦合系数 K 的实验方案和测试步骤。自拟实验数据表格，画出实验电路图。

*5. 拟定采用正反向串联法测量互感线圈的自电感 L_1 和 L_2、互感系数 M，以及耦合系数 K 的实验方案和测试步骤。自拟实验数据表格，画出实验电路图。

六、实验报告要求

1. 根据实验结果，在测定耦合线圈同名端的各实验电路中标出同名端。

2. 整理实验数据，并进行计算，将由实验值计算得到的 M、K 值与由线圈标明的参数计算得到的 M、K 比较，分析误差大小及产生原因。

3. 对直流通断法判定同名端的实验，就观察到的实验现象作理论分析。

七、思考题

1. 说出判别耦合线圈同名端的方法及其原理。

2. 在用次级开路法测互感线圈的参数时，为何要保证 $U_R=1V$？该实验对电源电压的频率有什么要求？

3. 互感系数与激励信号的频率有什么关系？

4. 还可以用什么方法测互感系数？

八、实验仪器与器材

1. 函数信号发生器　　2. 交流毫伏表　　3. 万用表　　4. 实验箱
5. 导线若干

3.13　RC 双 T 电路

一、实验目的

1. 熟悉 RC 双 T 电路的特点，加深对 RC 双 T 电路频率特性的理解；
2. 掌握 RC 双 T 电路各参数的测量方法；
3. 掌握测量、绘制 RC 双 T 电路频率特性曲线的方法。

二、实验原理

如图 3.62（a）所示是一个低通网络，图 3.62（b）是一个高通网络。图 3.62（c）是（a）和（b）并联后的双 T 网络，它既有低通又有高通的特性。当电路参数取得恰当时，可以使某一频率的电压分别在高、低通输出端的输出电压值大小相等相位相反，其合成输出电压为零。

图 3-62 双 T 网络

分析图 3.62（c）电路，其网络传输函数为：

$$H(j\omega)=1/\{1+[1/jQ(\omega/\omega_o-\omega_o/\omega)]\} \tag{3.13.1}$$

其幅频特性为：

$$|K|=|H(j\omega)|=1/\sqrt{1+\left[1/Q^2(\omega/\omega_o-\omega_o/\omega)^2\right]} \tag{3.13.2}$$

式中，ω_o 为电路的中心频率，$\omega_o=\sqrt{n}/(RC)$，其中 n 为正整数；Q 为电路的品质因数，$Q=\sqrt{n}/[2(1+n)]$，当 $n=1$ 时，Q 有最大值为 $1/4$，$\omega_o=1/(RC)$。

图 3.63 是根据式（3.13.2）在 $n=1$ 的条件下画出的该电路的幅频特性曲线。$|K|>0.707$ 部分是通带，$|K|<0.707$ 部分是阻带。从曲线上可看出 $f<f_1$ 和 $f>f_2$ 为通带，f_1 和 f_2 之间是阻带，所以由式（3.13.2）可知：

$$|K|=0.707 \text{ 时，} Q(\omega/\omega_o-\omega_o/\omega)=\pm1$$

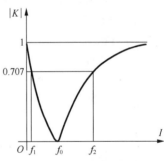

图 3.63 双 T 电路的幅频特性曲线

当 $Q=1/4$ 时

$$f_o=1/2\pi RC \tag{3.13.3}$$
$$f_2=(\sqrt{5}+2)f_o \tag{3.13.4}$$
$$f_1=(\sqrt{5}-2)f_o \tag{3.13.5}$$
$$f_2-f_1=\Delta f=f_o/Q \tag{3.13.6}$$

其中，f_o 为带阻的中心频率，Δf 为阻带带宽。

（1）中心频率 f_o 的测量方法。

① 在图 3.62（c）的 1 和 2 端输入正弦信号 U_i，调节信号源输出电压的幅度，保证 1 和 2 端的电压有效值为 1V，用交流毫伏表测量 3、4 端电压值 U_o，改变输入信号的频率，当 U_o 为最小值时，所对应的输入信号的频率即为 f_o。

② 在 3.5 节中我们学习了绝对电压电平和相对电压电平的概念，以及用交流毫伏表测量

电压电平的方法，因此我们可以将 1 和 2 端的输入信号 U_i 的电压幅度用电压电平表示，即保证 1 和 2 端的电压电平值 K_r=3(dB)，测量 3、4 端电压电平 K_c，调节输入信号的频率，当 K_c 为最小值（负最大值）时，所对应的输入信号的频率即为 f_o。

（2）频率点 f_1、f_2 是当输出两端的电压幅度下降到最大值（输入信号的幅值）时的 0.707 倍时，所对应的输入信号的频率，如图 3.63 所示，称为下半功率点频率和上半功率点频率。频率点 f_1、f_2 的测量方法。

① 保持输入信号电压幅值（有效值）不变，即：保证 1 和 2 端的电压有效值为 1V，用交流毫伏表测量 3、4 端电压值 U_o，改变输入信号的频率，当 U_o 为 0.707V 时，所对应的输入信号的频率即为 f_1 或 f_2。

② 用交流毫伏表测量电压电平的方法测量 f_1 或 f_2：保证 1 和 2 端的电压电平值 K_r=3(dB)，改变输入信号的频率，测量 3、4 两端的电压电平 K_c，当 3、4 两端的电压电平达到 0dB 时，所对应的输入信号的频率就是下半功率点频率或上半功率点频率。

（3）双 T 电路的幅频特性曲线测量：采用逐点测量法，保持输入信号电压幅值 U_i=1V 不变，先测出 f_o，再分别测出两个半功率点 f_1、f_2；然后，依次从低到高选择若干频率点，改变输入信号的频率，测量输出两端的电压，计算 $K=U_o/U_i$，在以 f 为横坐标，以 K 为纵坐标的坐标系下，描点画线得到的光滑的曲线即为双 T 电路的幅频特性曲线。

三、实验内容

实验电路如图 3.62（c）所示，其中 R=2kΩ，C=0.1μF。

1. 在图 3.52（c）的 1 和 2 端输入正弦信号，调整信号源输出电压，使 1 和 2 端的输入电压 U_i=1V。

2. 测量双 T 电路的中心频率 f_o。

3. 测量双 T 电路的两个半功率频率点 f_1 和 f_2。

4. 按表 3.14 给出的频率范围，依次自定测试点，测出各频率下 U_o 值。

表 3.14   注意保持 U_i=1V

f(kHz)	0.05		f_1		f_o		f_2		10
K_c(dB)									
U_o(V)									
$K=U_o/U_{ir}$									

5. 计算表 3.14 中 K 值。

6. 根据 K 值画出 RC 双 T 电路的幅频特性曲线。

四、注意事项

1. 由于函数信号发生器内阻的影响，注意在调节输出频率时，应同时调节输出幅度，使实验电路的输入电压保持不变。

2. 注意交流毫伏表在测量绝对电压电平和交流电压有效值的区别。

3. 注意信号电源与测量仪器的共地连接。

五、预习要求

1．复习绝对电平、相对电平的基本概念，说明电压值等于 0V 和电平值等于 0dB 的物理意义及差别。

2．复习交流毫伏表测量绝对电压电平的方法。

3．认真复习相关内容，理解实验原理，了解 RC 双 T 电路的中心频率、品质因数和阻带的含义，以及这些量与各电路参数的关系。

4．计算图 3.62（c）电路的 ω_o 和 Q 值（$R=2\text{k}\Omega$，$C=0.1\mu\text{F}$，$n=1$）。

5．运用计算机仿真软件进行仿真，记录仿真结果，以便与实验结果分析比较。

6．写出预习报告。

六、实验报告要求

1．根据实验数据，在坐标纸上绘出 RC 双 T 电路的幅频特性曲线。

2．将实验测量值 Q、f_0、f_1、f_2 分别与理论值、仿真值进行比较，分析误差产生原因。

3．通过实验总结 RC 双 T 电路的主要特点。

七、思考题

理论上 $\omega=\omega_o$ 时，$K_c=-\infty$（即 $V_{sc}=0$），但实测并非如此，为什么？

八、实验仪器与器材

1．函数信号发生器　　　2．交流毫伏表　　　3．万用表　　　4．实验箱
5．导线若干

第**4**章 模拟电路的设计与调测

4.1 模拟电路的设计

一、模拟电路的特点

在设计模拟电路时，必须充分了解它的特点，只有这样才能在设计过程中正确地把握设计思路并采取合理的设计步骤。模拟电路的设计有以下几个特点。

1．器件模型和计算方法做了较多的简化

在模拟电路的教科书中，器件模型和分析公式都已经作了较大程度的简化。例如：在三极管电路中，在计算静态工作点时，一般取 $U_{BEQ}=0.7V$，计算频率特性时重点考虑极点和零点处的情况；在中频段小信号的情况下，认为三极管是一个线性器件，在求解电路的各项参数时，大多数采用线性方程组。所以模拟电路的设计计算是一种工程估算。

在采用计算机辅助设计时，所用的三极管模型是非线性的，电路参数的关系是用微分方程描述的，电路的求解则是对微分方程的求解，这样求得的电路参数更接近实际。

2．模拟电路的种类较多

模拟电路的种类繁多，如放大、振荡、调制、滤波等不同种类的电路。同一种类又有多种不同的电路形式。例如，同是正弦振荡器，却有 LC 振动器、RC 振动器、晶体振荡器等多种电路形式。这些电路形式在一些具体电路指标上又有各自的特点，如晶体振荡器具有很高的频率准确度和稳定度，文氏桥 RC 振荡器具有较高的频率覆盖系数等。模拟电路种类繁多的特点为设计者提供了选择余地。但是各种电路指标的差异要求设计者对各种电路有着深入的了解和丰富的电路设计经验，否则无法从众多的电路中作出合理的选择。

3．电路的技术指标众多

模拟电路除了功能上的要求外，还有许多其他的指标要求，如放大器的常规指标就有电压放大倍数、功率放大倍数、电源效率、幅频特性、相频特性、输入阻抗、输出阻抗、噪声、非线性失真要求等，许多指标之间又有着相互制约的关系，在进行电路设计时，设计者必须要兼顾所有的指标。这种特点使得一些结构并不复杂的电路在设计时却有相当的难度。或者说，模拟电路设计的难易往往并不取决于电路的规模，而是取决于电路技术指标的高低。

4．模拟器件种类繁多

数字电路处理的只有"0""1"两种状态量，故可以用门电路作为基本单元，所有的逻辑功能都可以由基本门电路构成。因此，数字电路集成度高，器件的通用性也很强。与数字电路相比，模拟电路要处理多种电参数，因此很难确定以某一种电路作为单元电路，并通过对这种基本单元电路的组合来完成各种电路指标。尽管已有集成电路生产厂家将运算放大器作为模拟电路的基本单元，通过编程来构成用户所要求功能的电路（如 Lattice 公司的 ispPAC20），但是由其构成的电路还仅限于低频的放大、滤波等少数电路，技术还不成熟。所以，模拟电路的集成度受限，通用的器件不多，器件的专用性较强。为了达到不同的设计目的，必须选用不同的器件。模拟器件的这一特点，要求设计者必须全面深入地了解各种模拟器件，能够比较器件之间的差异，从中选择最为合适的器件。这对设计者提出了较高的要求。

5．分布参数和干扰对模拟电路的影响较大

由于模拟电路同时处理多种电路参数，电路中的一些分布参数对电路有着不可忽视的影响，高频段尤其如此。这些分布参数在很多情况下难以定量分析，这将使电路的调试难度加大。在电子电路中，除了被处理的信号外，还不可避免地存在由外界引入的干扰信号，同时电路内部也会产生一些干扰信号，如器件本身的噪声、电源的纹波、地线引起的共阻干扰等。各种干扰信号对模拟电路和数字电路的影响程度不同，一般来说对模拟电路的影响更为严重，所以在模拟电路设计时还必须考虑抗干扰问题。由于这些干扰难以定量描述、随机性强，所以模拟电路的调测比数字电路困难。

6．要求设计者有较高的综合素质

由上述模拟电路的特点可知：在模拟电路的设计阶段，首先要求设计者具有深厚的电路知识和丰富的设计经验，以保证选定合理的电路结构；其次要求设计者具备完备的器件知识，以保证选用合适的器件。在电路调测阶段，由于在设计中不可能周全地考虑所有的因素，设计值和实际值必定存在差异，这就要求设计者具有灵活运用知识和综合分析问题的能力，以便在调测过程中找出问题所在，采取有效的修改措施。在电路知识、器件知识、知识的灵活运用和综合分析能力上的欠缺，都会影响设计水平和电路调测工作进度，所以说模拟电路的设计对设计者的综合素质有更高的要求。

二、模拟电路的设计手段

目前，模拟电路的设计手段有两种：手工设计和借助电子电路自动化设计软件的设计。模拟电路手工设计的特点是模型精度不高和设计过程试凑性强。手工设计具有可操作性，采用的器件模型和设计公式均作了较大简化。这样，设计出的电路与实际特性存在一定的误差，模拟电路的电路综合（电路综合是指根据电路的外部参数导出电路结构和元件参数的设计过程）水平远不及数字电路，模拟电路结构的选取和元件值的确定都需要反复试凑才能完成。得到初步设计结果后，还必须反复进行测试、调整才能实现最终设计。

使用 EDA 软件设计模拟电路的特点是：电路结构确定，元件参数的初步选取仍由设计人员手工完成，而各项电路指标的详细核算则由计算机完成，计算机在分析电路时采用精确的器件模型，使用有效的算法，分析结果比较接近实际情况。另外，EDA 软件还可以用来分析一些手工难以分析的参数，如灵敏度、极限参数、幅频特性等。EDA 软件已建立了各种分立器件的模型和少数集成电路的宏观模型（即不涉及内部电路而只从外部进行描述的模型），但还没有描述所有模拟集成器件模型的有效方法。值得指出的是：不管是哪种方法，在模拟电路设计过程中，电路结构、元件参数选定以及电路参数的调整等最具创造性的工作都必须由设计人员来完成。所以，模拟电路的设计和调测对培养同学们的创新能力和实践能力是非常重要的。

三、基于分立元件的模拟电路设计

目前，模拟电路的整体设计大都采用分立器件和集成器件相结合的方法，完全由分立器件构成的电路已不多见，但局部电路仍有分立器件构成则是经常使用的方法。由于模拟电路的结构众多，电路参数各不相同，因而没有统一的规范的设计步骤和方法，大都采用试凑法。

试凑法的设计原则是：

（1）根据功能要求初步选定电路结构，分析所有的电路指标，找出关键指标或难以实现的指标，以此指标为起点开始设计，在设计过程中尽量兼顾对其他指标的影响；

（2）在完成前项关键指标的设计之后，再选择另一个较为重要的指标进行设计；

（3）由于各个指标之间相互影响，满足当前指标后可能前项设计的指标会受影响，则必须核算前一项或前几项指标是否符合要求；

（4）反复进行 1～3 步，直到所有的指标均设计完成，并且经核算所有的指标同时都能满足要求，书面设计才算初步完成。电路指标的核算可以利用 EDA 软件，因为在计算出某个元件值后，一般应取它的标称值。取标称值后也会给原定的值带来误差。所以模拟电路的书面设计一般是无法一次完成的，必须在得出初步设计值之后反复进行核算和调整，使设计值逐步逼近指标要求值。核算时一般按照先直流，后交流开环，最后交流闭环的顺序进行计算和调整。在发现某个电路指标未达到要求时，要认真分析元件和电路参数对指标的影响，元件所起的作用，然后再更改这个元件，在更改某个元件时，还应考虑它对其他参数有无影响，尽量避免顾此失彼；

（5）通过实验测出各项指标，如不符合要求则需要再修改设计，直至所有指标实测都符合设计要求。

试凑法要求设计者对电路理论有深刻的理解。具体说就是：必须了解各种电路的功能，否则无法正确选择电路结构；必须了解所有电路指标的含义，否则无从分析关键指标和难点指标；必须了解电路中各个元件的作用以及对相关指标的影响，否则不能判断实现指标的可行性。初学者在学习模拟电路理论时一个较为普遍的问题是只注意分析公式的记忆，忽略了对电路工作原理的理解，不清楚电路指标的物理意义，不清楚各个元件的作用和对指标的影响。因此，用试凑法设计电路时会感到十分困难。

四、基于集成运算放大器的模拟电路的设计

随着微电子技术的发展，原先以分立元件为主的模拟电路大都由集成器件所替代。但是与数字电路相比，模拟电路多种电路结构、多种电路参数的特点限制了其集成度和通用性的提高。所以在模拟电路中大部分集成电路都有其专用性，例如，乘法器主要用于信号的调制，直流稳压集成电路主要用于直流稳压。目前，模拟集成电路种类繁多、性能各异，在应用模拟集成器件设计电路时首先要做到两点：（1）选择适用的器件；（2）根据电路功能要求和器

件参数特点，设计合理的电路结构和选择外围元件参数。

模拟集成电路中通用性较强的是集成运算放大器，它不仅可以完成加法、减法、乘法、积分、微分等数学运算，还可以实现信号的产生、信号的变换及信号的处理等多种功能。运用集成运算放大器构成电路时，不需要研究运放的内部电路，只需要根据设计要求选择性能指标满足要求的芯片型号，因为在运放的基本性能确定后很难靠外部电路来修正某一运放的不足。因此，深入了解运放的类型及其特点，理解运放主要性能参数的物理意义、这些参数与外围元件的关系以及设计时应注意的事项是正确选用运放的基础。由于运放参数较多，下面只介绍一些基本参数。

1. 运算放大器主要参数

（1）电源。

运放的电源有双电源和单电源之分，双电源大都是对称的（即正负电源电压绝对值相等）。运算放大器的电源参数一般都是一个范围，如 $V_{cc}=\pm3V\sim\pm16V$，表示用户可以根据需要在 $\pm3V\sim\pm16V$ 之间取合适的对称电源电压。一般选用标称电压值，如 3V，6V，7.5V，9V，12V 等，电源参数的另一种表示方式是 +6V~+32V，说明该运放也可以在单电源条件下工作。

（2）输入失调电压。

理想的运放，当输入电压为零时，输出电压也应为零。但实际上输入电压为零时，输出电压不为零。在输入电压为零时，为了使输出电压为零，在输入端加的补偿电压叫做失调电压。输入失调电压对运放工作的影响，是使得运放在无输入的情况下有电压输出，造成运算误差或使输出动态范围减小。为此可采用调零电路或选用自动调零的运放，减小失调电压的影响。

（3）输入失调电流。

当运放的输出电压为零时，流入放大器两输入端的静态基极电流的差称为输入失调电流。输入失调电流将引起输出端电压的偏移，输入端等效电阻越大，由输入失调电流引起的输出端电压偏移越大，所以设计电路时，输入回路的直流电阻阻值不宜过大。

（4）最大差模输入电压 V_{idmaxM}。

差模输入电压 V_{idmaxM} 是指运放两个输入端之间所能承受的最大电压值，若超过 V_{idmaxM}，运放输入级将击穿。V_{idmaxM} 一般在几伏之内。

（5）最大共模输入电压 V_{icmaxM}。

最大共模输入电压 V_{icmaxM} 是指运放所能承受的最大共模输入电压，若超过 V_{icmaxM}，运放的共模抑制比将显著下降。

（6）开环电压增益。

开环电压增益是指运放在开环时输出电压与输入电压的比值，它是运放诸多参数中最重要的一个，在闭环增益一定的条件下，开环增益越大，反馈深度越大，对电路性能改善也越好。但考虑到电路的稳定度要求，反馈越深引入的附加相移也越大，越会引起电路的不稳定。所以要结合实际需要综合选取。

（7）开环带宽 BW。

开环带宽是指在运放开环幅频特性曲线上，开环增益从开环直流增益 A_0 下降 3dB（电压放大倍数下降到 $0.707A_u$）时对应的频率宽度。

（8）单位增益带宽 f_{cp}。

它对应于开环增益 A_{VO} 频率响应曲线上其增益下降到 $A_{VO}=1$ 时的频率。运放的增益和带宽的乘积是常数，增益越高，带宽越窄。因此，通过负反馈可以降低增益，扩展放大器的带宽。

（9）转换速率 SR。

转换速率 SR 也称为电压摆速，定义为运算放大器在额定负载及输入阶跃大信号时输出电压的最大变化率。即

$$SR = \Delta V / \Delta t$$

它表明在大信号条件下输出电压达到额定值时的电压上升速率。这一指标反映了大信号时运放的时间特性。当放大器输出大振幅的高频信号时，转换速率对实际带宽起到约束作用。假设运算放大器的转换速率为 SR，欲输出信号的振幅为 V_{omax}，则与大振幅相对应的频率带宽可以由下式计算：

$$f_{p(max)} = SR / (2\pi V_{omax})$$

如果运放处理的是矩形脉冲信号，转换速率越大，输出矩形脉冲的前后沿越窄。

2．集成运放的分类

（1）通用型运算放大器是以通用为目的而设计的，这类器件的主要特点是价格低，产品量大面广，其性能适用于一般性使用，如 TL084，LM324，LM358。

（2）高阻型运算放大器的差模输入阻抗非常高，输入偏置电流非常小，具有高速、宽带和低噪声等优点，但输入失调电压大，如 LF356，LF355，LF347。

（3）低温漂型运算放大器的失调电压小，并且不随温度的变化而变化，主要运用在精密仪器、弱信号检测等自动控制仪表中，如 OP-07、OP-27。

（4）高速运算放大器的转换速率 SR 高，单位增益带宽 BWG 足够大，常见的运放有 LM318，μA715。

（5）低功耗型运算放大器主要运用于低电源电压供电、低功耗的的场合，常用运放有 TL-022C、TL-060C。

（6）普通运放的输出电压最大值一般只有几十伏，输出电流仅几十毫安，高功率型运放外部不需附加任何电路，就可以输出高电压和大电流。

常用的通用型运放有 μA741（单运放），LM358（双运放）、LM324（四运放）

3．正确使用集成运算放大器

（1）集成运算放大器的选择。

集成运算放大器按性能指标可分为通用型和专用型两大类。通用型运放的指标比较均衡，专用型是指运放的某一项指标具有较高的特性，以适应专门的应用场合，如自动调零运放、高速型、高阻型、高精度型、低功耗型、低噪声型等。一般根据设计要求，首先选择通用型运放，这类器件直流性能好，种类齐全，价格低廉。当通用型运放难以满足要求时，则选择专用型运放。如系统中对功耗有要求，就可选用低功耗的运算放大器，如 CMOS 运算放大器；当系统的工作电压很高并且运放的输出电压也很高时，应选用高压型运算放大器；如果应用于采样/保持电路、峰值检波电路、高阻抗信号源电路，则需要采用高输入阻抗运算放大器；如果是应用于微弱信号检测、高增益直流放大器、自动控制仪表中，就应选用高精密低漂移、低噪声的运算放大器；如果应用于 A/D、D/A 转换电路、锁相电路、高速采样/保持电路，应选用高速及宽带运算放大器。

（2）使用集成运算放大器应注意的问题。

① 正确使用性能参数。运算放大器的各种性能参数都是在一定条件下测得的，当外部条件变化时，其性能参数也会发生变化，使用运放时应注意。

② 设计使用时，要深刻理解运算放大器的各项性能参数的含义、使用条件。如运算精度要求较高，而且采用直接耦合电路形式，则应选用 V_{IO}，I_{IO} 均较小，同时 K_{CMR} 较大的运放。若采用阻容耦合的电路形式，输入失调参数的大小就无关紧要。

（3）集成运算放大器的保护电路。

① 输入端保护电路。运放的输入失效分两种情况，差模电压过高和共摸电压过高，任何一种情况都会使器件因输入过高而损坏。因此，在使用运放时，要注意差模电压范围和共模电压范围，并根据情况采用合适的保护电路，如图 4.1（a）、（b）所示。

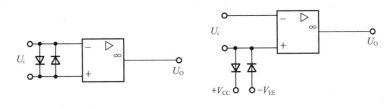

（a）差模电压过大时的保护电路　　　（b）共模电压过大时的保护电路

图 4.1　运放的输入保护

② 防止电源接反：电压极性接反采用图 4.2 所示保护电路；通常双电源供电时，两路电源应同时接通或断开，不允许长时间单电源供电，不允许电源接反。

③ 输出保护电路。为使运放不因输出过载而损坏，一般运放的输出电流应限制在 5mA 以下，即所用的负载不能太小，一般应大于 2kΩ。运放使用时严禁过载，其输出端严禁对地短路或接到电源端。

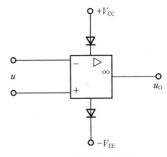

图 4.2　运放电源保护电路

（4）注意电源的对称性。

电源对称性是指两个电源的极性相反但绝对值相同。如果两个电源绝对值不等，运放输入为零时输出不为零，当处理的信号含有直流分量时，有电源不对称造成的静态输出偏移将引入误差。

（5）输入端必须有直流通路。

（6）调零消除失调误差。

使用运放时，必须掌握"调零"技术，特别是在运放作直流放大器时，由于输入失调电压和失调电流的影响，当运放的输入为零时，输出不为零，这就会影响运放的精度。

（7）相位补偿消除高频自激。

运放是一个高增益的多级放大器组件，应用时一般接成闭环负反馈电路，当工作频率升高时，放大器会产生附加相移，可能使负反馈变成正反馈而引起自激。自激振荡可以用加补偿网络的方法消除。

（8）注意反馈深度的限制。

4.2 模拟电路的装配

将分散电子元件组装成满足要求的电路是实验的第一步。初学者在实验中大多数的故障是由于装配不当造成的。因此，装配中合理的元件布局、正确的连线是完成实验任务的基本保证，也是实验者必须具备的基本技能。

装配实验电路时，要考虑总体布局、布线、测试点等方面的问题，现分述如下。

1．布局

布局就是按电原理图在实验板上安排元器件的位置，布局的具体要求是：

（1）电路中各个部分的位置应与电原理图的信号流方向一致。电原理图中信号流一般是从左到右、从上到下的，故元件在实验板上的整体布局也应该从左到右、从上到下。

（2）以基本单元电路或一个功能集成电路为单位，分块放置元器件，各个单元功能电路之间应留有适当的距离，以便查找和调试。

（3）元件之间间隔要疏密合理，既不能太密，以免调整和测试不便，也不能太疏，以免连线过长。

（4）一些产生磁场的元件相邻时，应分析磁力线方向，尽量使两者间的磁力线方向为90°，以减少干扰。

（5）一些高输入阻抗的元件（如场效应管）的输入端，尽量避免长导线的存在，以防干扰。

（6）元件摆放整齐，美观。

2．布线

布线的基本要求是使导线尽量短。因为长导线的电阻大，容易引入干扰信号，影响电路的正常工作。接线的顺序是先接地线和电源线，再按电路图中信号流动的方向从输入到输出依次接线。应避免输入、输出之间交叉接线，电源应接在大信号一侧（不要让输出的大电流流过输入端的地线，避免地线电阻对输入信号的影响）。

3．元件的装配处理

元件装配前必须逐一测试，以免使失效的元件接入电路。研究表明，假设在装配前逐一筛选，测试每个元件找出不合格元件所花的时间为1单位，如果不经检测就装配，一旦装好的实验板上出现因元件不好而引起的故障，则要花费10个单位时间才能找出故障元件。所以装配前的检测很重要。

图 4.3　共射分压偏置单级放大器

4.3 模拟电路的调测

1．静态工作点的调测

静态工作点是否合适对放大器的性能和输出波形有很大影响。静态工作点偏高或偏低会造成输出波形产生饱和失真或截止失真。改变图 4.3 中电路参数 Ec、Rc、R_{b1}、R_{b2}，都会引起工作点的变化，R_{b1} 减小，则静态工作点沿直流负载线向上移动，容易产生饱和失真；R_{b1} 增大，则静态工作点沿直流负载线向下移动，容易产生截止失真。所以，采用调节上偏电阻 R_{b1} 的方法来改变静态工作点，使静态工作点基本处于负载线的中点，使输出信号的动态范围最大。此时，集电极与发射极之间的电压大约是电源电压的一半。

如图 4.3 所示共射分压偏置单级放大器，测量该电路的静态工作点，就是测量 I_{CQ}、U_{CEQ}、U_{BQ}、U_{CQ} 这几个参数，这几个参数可以根据参数的定义直接测量。具体方法是：电路接通直流电源，放大器输入端接地，即 $u_i=0$ 时，用万用表的直流电压挡分别测量 U_{BQ}、U_{CEQ}、U_{CQ}，为减少测量误差，应选用内阻较高的万用表。测量 U_{BQ} 时要考虑万用表的内阻对被测电路的影响，当万用表的内阻不高时，万用表内阻并联在 R_{b2} 两端将会使基极下偏置电阻大大减小，严重影响静态工作点，使 U_{BQ} 下降，所以，测量得到的 U_{BQ} 是不真实的。因此，当万用表内阻不高时，测量 U_{BQ} 采用间接测量法，先测量电阻 R_E 两端的电压 U_{EQ}，再由 $U_{BQ}=U_{EQ}+U_{BEQ}$ 得到。测量 U_{CEQ} 可直接用万用表直流电压挡测量 c-e 极间的电压（或测 U_C 及 U_E，然后相减）得到。

测量晶体管静态集电极电流 I_{CQ} 有下述两种方法。

（1）直接测量法：将万用表置于适当量程的直流电流挡，断开集电极回路，将两表棒串入回路中（注意正、负极性）测读。此法测量精度高，但比较麻烦。

（2）间接测量法：用万用表直流电压挡先测出 R_C（或 R_E）上的电压降，然后由 R_C（或 R_E）的标称值算出 I_{CQ}（$I_{CQ}=U_{RC}/R_C$）或 I_{EQ}（$I_{EQ}=U_{EQ}/R_E$）值。此法简便，是测量中常用的方法。直接测量 I_{EQ} 时，当电流表串接在 e 极和 R_E 之间时，电流表的内阻增大了直流发射极反馈电阻，会使 I_{EQ} 下降，因而测出的 I_{EQ} 也是虚假的。因此测量 I_{EQ}，采用间接法，先测量 U_{EQ}，再由 $I_{EQ}=U_{EQ}/R_E$，计算出电流值。

测直流参数的注意点：

① 输入无信号，输出也应无信号；

② 注意万用表的量程和极性；

③ 必须考虑万用表的内阻对被测点的影响。

直流参数也可以用示波器测量。因为示波器的输入阻抗比较高，可以用示波器直接测量 U_{BQ}、U_{CQ}、U_{EQ}，再由 $I_{EQ}=U_{EQ}/R_E$，计算出 I_{EQ} 电流值。U_{CEQ} 可以由 $U_{CEQ}=U_{CQ}-U_{EQ}$ 计算得到。

2．放大器的主要性能指标及其测量方法

放大器的主要交流指标有：放大倍数、输入电阻、输出电阻、最大不失真输出电压、上限频率、下限频率等。所有交流参数的测量都必须是在输出信号不失真的情况下进行的。在进行动态指标的测量时，各个仪器的公共接地端应和被测电路的公共接地端接在一起。

（1）电压放大倍数 A_u 的测量。

A_u 的定义指输出电压 U_o 与输入信号电压 U_i 之比值，用交流毫伏表测出输出电压的有效值 U_o 和输入电压的有效值 U_i，则 $A_u=\dfrac{U_o}{U_i}$。

测量 A_u 时，首先要选择合适的输入信号，输入信号的频率必须在频率特性的中频段，所以在测量前应该核算放大器的 3dB 带宽，在 3dB 带宽内选择测量信号的频率；其次，测量放大器的 A_u 时，必须保证放大器在线性状态下工作，输入、输出信号不能产生失真。所以要根据放大器的放大倍数选择输入信号的幅度，以保证输出信号不出现失真。为确保在不失真的

条件下测量 A_u，必须用示波器观察输出波形。通常当正弦信号失真度大于 5%时，就可以用示波器观测出来。当失真度要求严格时，应采用失真度仪来测量放大器的失真度。

（2）输入电阻 R_i 的测量。

放大器的输入电阻反映了放大器本身消耗输入信号源功率的大小。测量输入电阻有以下几种方法：

① 串联电阻法。串联电阻法测量 R_i 的电路如图 4.4 所示，图中 U_S 为正弦信号源，根据被测电路的输入信号要求选择信号源的频率和幅度，U_S 的频率应选在放大电路的中频段，幅度应能保证放大电路不会出现失真。R 是测量用的附加串联电阻。测量前应该估算被测放大电路的输入电阻 R_i 的值，按 $R \approx R_i$ 的原则选取 R，这样取值可以减少测试误差。

用交流毫伏表分别测出 U_S、U_i，万用表欧姆挡测出 R 值，由下式计算出输入电阻 R_i：

$$R_i = \frac{U_i}{I_i} = \frac{U_i R}{U_R} = \frac{U_i R}{U_S - U_i}$$

测量注意事项如下：

a. 由于 R 两端均无接地点，而交流毫伏表通常是测量对地交流电压的，所以在测量 R_S 两端的电压时，必须先分别测量 R_S 两端的对地电压 U_S 和 U_i，再求其差值 $U_S - U_i$。

b. 在测量之前，交流毫伏表应该调零，并尽可能用同一量程测量 U_S 和 U_i。

c. 输入阻抗是线性电路参数，测量时输出信号不应有失真现象。

d. 被测量电路是电压串联负反馈电路时不能用此方法测量。

② 替代法。替代法测量 R_i 的电路如图 4.5 所示，图中，按 $R \approx R_i$ 的原则选取 R，$R_W = (1.2 \sim 1.5) R_i$。先将 K 打在"1"的位置，用交流毫伏表测出 U_i 值，再将 K 置于"2"的位置，保持 U_S 不变，调节 R_W，使 U_{RW} 与 K 处于"1"时的 U_i 相等，测出 R_W 的值，则 $R_i = R_W$。

图 4.4　串联法测量输入电阻

图 4.5　替代法测量输入电阻

③ 半电压法。半电压法测量 R_i 的电路如图 4.6 所示，图中 U_S 和 R_W 的选取与替代法相同。测量时，先调节电位器 R_W，使其阻值为零，用交流毫伏表测得 U_o。然后再调节电位器 R_W，使 $U_o' = 0.5 U_o$。注意，需保持信号发生器输出为 U_S 不变。这时 R_W 的值与 R_i 相等，测出 R_W 便可得到 R_i 的值。

上述 3 种输入电阻的测量方法各有特点：串联电阻法需要测量 R、U_S、U_i 三个参数，输入电阻的测量精度取决于电压和电阻的测量精度；替代法测量时，电压表仅作为指示器，只要记住表头指示的位置即可，输入电阻的精度由电阻的测量精度决定；半电压法只需测量 U_o、R_W，输入电阻的测量精度取决于电压和电阻的测量精度，但这种方法不需要测量输入回路，所以这种方法适用于高输入阻抗的测量。实验时，应根据测量的条件和要求合理选择合适的测量方法。

（3）输出电阻 R_o 的测量。

输出电阻的大小反映了放大器带负载的能力，输出电阻越小，带负载的能力越强。输出电阻有以下几种方法：

① 开路电压法。电路如图 4.7 所示，图中 U_o' 和 R_o 为被测电路等效的开路输出电压和输出电阻，R 为测量用的外接附加电阻，并按 $R \approx R_o$ 选取。测量时，U_S 的频率应选在放大电路的中频段，幅度应能保证放大电路不会出现失真。首先在 K 断开情况下测量输出电压，即为 U_o'，保持 U_S 不变，然后在 K 合上的情况下测量 R 两端的电压，即为 U_o。最后计算出 R 值。由图可知

图 4.6　半点压法测量输入电阻　　　　图 4.7　开路电压法测量输出电阻

$$U_o = \left(\frac{U_o'}{R_o + R} \right) R，则\quad R_o = \left(\frac{U_o'}{U_o} - 1 \right) R，$$

测出 U_o'、U_o、R 后，可由上式得到输出阻抗 R_o 的值。

② 半电压法。半电压测量 R_o 的电路如图 4.8 所示。测量前应估算 R_o 并按 $R_W = (1.2 \sim 1.5) R_o$ 选取 R_W。测量时先断开 K，调节 U_S 使测出的开路电压为 U_o'，然后保持 U_S 不变，再合上 K，将 R_W 接入，调节 R_W 并观测其电压 U_{RW}，当 $U_{RW} = U_o'/2$ 时。则 $R_o = R_W$，测出 R_W 之后即可得到 R_o 的值。

（4）放大器的幅频特性、上限频率 f_L 和下限频率 f_H 的测量。

图 4.8　半点压法测量输出电阻

放大器的幅频特性是指在输入正弦信号时放大器电压增益随信号源频率的改变而变化的特性。当输入信号幅值保持不变时，放大器的输出信号幅度将随着信号源频率的高低变化而变化。通常称增益下降到中频增益的 0.707 倍时所对应的上限频率和下限频率之差为放大器的通频带。即

$$BW = f_H - f_L$$

一般采用逐点法测量幅频特性，具体方法为：保持输入信号电压的幅值不变，逐点改变输入信号的频率，测量放大器对应于该频率的输出电压，再计算得到对应于该频率下的放大器的电压增益，描点画线即可作出幅频特性曲线。（注意：测量时，每改变一次信号源频率，必须调节信号源的幅度保证 U_S 不变。）

上限频率 f_L 和下限频率 f_H 的测量：调节输入信号电压的频率为放大器中频段的频率，调节输入信号的幅值，使输出信号的电压幅度为 U。保持输入信号幅度不变，减小输入信号的频率，用示波器或交流毫伏表测量输出信号的幅度，当输出信号电压的幅度下降到 $0.707U$ 时，此时所对应的输入信号的频率即为下限频率 f_L，保持输入信号幅度不变，增大输入信号的频率，当输出信号电压的幅度下降到 $0.707U_o$ 时，此时所对应的输入信号的频率即为上限频率 f_H。

（5）最大不失真输出电压 U_{oppmax} 的测量。

要得到最大动态范围，就应该将静态工作点调在交流负载线的中点。具体调测方法：先将放大器的静态工作点调在线性工作区，用示波器观测输入、输出波形，逐步增大输入信号幅度，同时适当调节静态工作点，当观测到输出波形同时出现削顶和削底失真时，说明静态工作点已经调到交流负载线的中点。然后减小输入信号的幅度，使输出信号最大且不失真时，用示波器直接测出 U_{opp} 的值，就是最大不失真电压，也就是最大动态范围。

4.4　噪声干扰及其抑制

噪声是指有用信号以外的无用信号。在测量中它严重影响有用信号的测量精度，特别是对微弱信号的测量，噪声的影响尤为突出。噪声是很难消除的，但可以降低噪声的强度，消除或减小它对测量的影响。

一、噪声的来源及其耦合方式

1．噪声的三要素

要设法抑制噪声和干扰，就要了解噪声的来源，接受的电路是什么，以及噪声源和接受电路是如何耦合的。这就是通常所说的噪声三要素。即噪声源、对噪声敏感的接受电路和耦合通道。要想抑制噪声和干扰，就从这三方面采取相应的措施。对于噪声源，应该抑制其产生噪声；对于敏感接受电路，应使该电路对噪声不敏感；对于耦合通道，应切断其传输通道。

2．噪声的来源

噪声的来源很多，归纳起来可分为系统内部元件产生的随机噪声（也称为固有噪声）和系统外部引入的干扰。

（1）固有噪声：电路中各种元件本身就是噪声源。如电阻的固有噪声主要是由电阻内部的自由电子无规则的热运动造成的。晶体管的散粒噪声、低频噪声、高频噪声等都是固有噪声。

（2）系统外部引入的干扰：其因素较多也较复杂，如 50Hz 电源所产生的干扰，各种设备所产生的干扰、无线电波、电磁辐射等。

3．噪声的耦合方式

噪声的耦合方式通常有传导耦合、经公共阻抗的耦合和电磁场耦合三种。

（1）传导耦合：导线经过具有噪声的环境时，拾取到噪声并传送到电路造成的干扰。噪声经电路输入引线或电源引线传至电路最为常见。

（2）经公共阻抗的耦合：通过地线和电源内阻产生的寄生反馈部分。

（3）电磁场耦合：由感应噪声产生的干扰包括电场、磁场和电磁感应。电磁场耦合根据辐射源的远近可分为近场感应（包括电场线通过电容耦合传播的电容性感应和磁感线通过电感耦合传播的电感性耦合）和远场的辐射（以电磁波方式传播）。

二、抑制噪声干扰的方法

抑制噪声干扰一般从产生干扰的三要素出发，寻找相应的解决方法。

1. 在噪声发源处抑制噪声

解决问题从源头开始，将噪声抑制在发源地。因此，在遇到干扰时，首先查找噪声源，然后研究如何将噪声源的噪声抑制下去。常见的噪声源有电源变压器、继电器、白炽灯、电机、集成电路处于开关工作状态等。应根据不同情况采取适当措施，如电源变压器采取屏蔽措施，继电器线圈并接二极管等；改善电子设备的散热条件，分散设置稳压电源，避免通过电源内阻引进干扰；在配线和安装时尽量减少不必要的电磁耦合等。总之，在噪声发源处采取措施不让噪声传播出来。

2. 使接受电路对噪声不敏感

使接受电路对噪声不敏感有两方面的含义：一是将易受干扰的元器件甚至整个电路屏蔽起来，如对多级放大器中第一级用屏蔽罩罩起来，使外来的的噪声尽量少进入放大器；二是使放大器本身固有噪声尽量小。因此通常选用噪声系数小的元件，并通过合理布线来降低前置放大器的噪声。

3. 在噪声传播途径中抑制噪声

根据噪声传播途径的不同，采用相应的手段将传播切断或削弱，从而达到抑制噪声的目的。

（1）噪声传导耦合中最常见的是经输入引线和电源引线引入。对于不同的传导方式，抑制噪声采用不同的方法。输入引线通常采用屏蔽的方法来抑制噪声，如采用电缆线。为防止电源引线引入噪声，通常对噪声敏感的某一级或几级或整个电路的直流供电线上加入 RC 去耦合。另外使引线远离噪声源也是一种有效的方法。

（2）公共阻抗耦合有两种：电源内阻和地线。其抑制噪声的方法和抑制自激振荡的方法相同。

（3）抑制电磁场耦合噪声。抑制电磁场耦合噪声的方法是采用屏蔽技术和接地技术。

三、屏蔽技术、接地技术及浮置、滤波、隔离技术

1. 屏蔽技术

所谓屏蔽，就是对两个指定空间区域进行金属隔离，以抑制电场和电磁波由一个区域对另一个区域的感应和传播。具体讲，就是用屏蔽体将元部件、电路、组合件、电缆或整个系统的干扰源包围起来，防止干扰电磁场向外扩散，或者用屏蔽体将接受电路、设备、系统包围起来，防止它们受到外界电磁场的干扰。因为屏蔽体对来自导线、电缆、元部件、电路、设备、系统等外部的干扰电磁波和内部电磁波均起着吸收能量（涡流损耗）、反射能量（电磁波在屏蔽体上的界面反射）和抵消能量（电磁感应在屏蔽层上产生反向电磁场，可以抵消部分干扰电磁波）的作用，所以屏蔽体具有减弱干扰的功能。屏蔽一般有静电屏蔽和电磁屏蔽两种。

静电屏蔽的作用是消除两个电路之间由于分布电容的耦合而产生的干扰。例如，在变压器的原边和副边的两个线圈间插入铜箔屏蔽层并将其接地，这样就构成了静电屏蔽，其原理是在屏蔽体接地后，干扰电流经屏蔽体短路入地。另外，在两个导体之间放置一个接地导体，就会减弱导体之间的静电耦合。所以说接地的导体具有屏蔽作用。屏蔽线是最常用的导线静电屏蔽形式，它用金属网将导线包围起来，当外层金属网用适当形式接地后不仅可以保护导

线不受外界电场的影响，而且可以防止导线上产生的电场向外泄漏。

电磁屏蔽主要用于消除高频电磁场对外部的影响。可用低电阻率的金属材料做成屏蔽体，使电磁场在屏蔽金属内部产生涡流起到屏蔽作用。屏蔽体通常做成矩形或圆柱形，将电路元件完全包围起来，其中圆柱形的屏蔽效果最佳。如果将屏蔽体接地，则同时兼有静电屏蔽的作用。

2．接地技术

接地与屏蔽一样是抑制干扰的有效方法之一，如果能把屏蔽与接地正确结合起来使用，就能解决大部分干扰问题。

接地就是选择一个等电位点，它是系统或电路的基准电位，即参考点，但并不一定是大地电位。一般仪器的外壳要接大地，这种地线称为保护地线，主要目的是保护人身安全。这里说的接地是指电路的信号地线，它不一定与大地相连。

电路接地方式如下。

① 信号地。信号地线的接地方式有一点接地和多点接地两种。一点接地又有两种接法，即串联接地和并联接地，如图 4.9 和图 4.10 所示。

图 4.9　串联接地　　　　　　　　　　图 4.10　并联接地

串联接地方式从防止干扰来说是不合理的。因为各点地线串联，地线呈现的电阻容易形成公共地线干扰；但由于比较简单，当各电路的电平相差不大的时候使用较多。

并联接地多用于低频电路中，并联接地没有公共阻抗支路，由于其连线较多，当连线较长时，地线阻抗就比较大，因此不适用于高频电路。

多点接地是一种将电路中所用的地线分别连到最近的地线排上的一种方法，地线排一般是机壳，这样可以降低地线阻抗，比较适用于高频信号。

特别要注意的是，交流电源的地线不能用作信号地线，因为在一段电源地线的两点间会有数百毫伏甚至几伏的电压，这对低电平电路来说是一个非常严重的干扰。

② 系统接地。一般把信号电路地、功率电路地和机械地都称为系统地。为了避免大功率电路流过地线，地线回路的电流对小信号电路的影响，通常功率地线和机械地线必须自成一体，接在各自的地线上，然后一起接到机壳上，如图 4.11 所示。

系统接地的另一种方法是：把信号电路地和功率地接到直流电源地线上，而机壳单独安全接地，这种接法称为系统浮地，如图 4.12 所示。系统浮地也起到抑制干扰和噪声的作用。

③ 模拟地与数字地。在较大的电子系统中往往既有模拟电路也有数字电路，数字电路输出的数字量一般是高低电平或矩形波，抗干扰能力强，但可能对小信号的模拟电路部分造成干扰，为了防止数字信号（即大信号）对模拟电路产生干扰，一般将两者地线分开，采用模拟地线和数字地线，将模拟量和数字量的引脚分别接到模拟地和数字地上，使模拟电路和数字电路各自成回路，从而减小数字量和模拟量之间的相互干扰。

3．浮置、滤波、隔离技术

（1）浮置。

浮置又称浮空、浮接，泛指测量仪表的输入信号放大器公共地（即模拟信号地）不接即

图 4.11　系统接地　　　　　　　　　　图 4.12　系统浮地

可。浮置和屏蔽接地的作用相反，是阻断干扰电流的通路。电路被浮置后，加大了系统的信号处理器公共线与大地之间的阻抗，因此浮置能减小共模干扰。如图 4.13 所示数字电压表，它的信号输入与信号处理部分采用二层浮地屏蔽，测量为浮地测量。这类仪表面板上有"COM"与"地"两个端子，"COM"就是浮地端子。

图 4.13　浮置测量系统

（2）滤波。

这里的滤波泛指对电源滤波，而不是对信号的滤波。使用滤波器可以抑制噪声干扰，特别是抑制导线传导耦合的噪声干扰的有效方法。在交流电源进线处加装滤波器可以有效抑制电源的噪声干扰。当一个直流电源对几个电路同时供电时，为避免直流电源内阻造成几个电路之间相互干扰，需要在每个电路的直流电源进线与地线之间加退耦滤波器。当一个直流电源对几个电路同时供电时，为了抑制公共电源在电路间造成的噪声耦合，在直流电源输出端，需要加高频和低频滤波器。

（3）光电隔离。

光电耦合是一种隔离措施，对切断接地环路电流干扰十分有效，如图 4.14 所示，由于两个电路之间采用光束来耦合，因此能把两个电路的地电位完全隔离开，两电路的地电位即使不同也不会造成干扰。光电耦合常用于强电与弱电之间的隔离。

图 4.14　光电耦合隔离电路

5.1 晶体二极管及其基本应用

一、实验目的

1. 测试二极管正向偏置电压、电流关系；
2. 了解限幅电路的构成，掌握限幅电路的工作原理和分析方法；
3. 设计并验证二极管限幅电路和钳位电路。

二、实验原理

二极管具有单向导电性。根据制造时采用的材料不同，二极管可分为硅管和锗管两种。因为制造工艺的不同，二极管可分为整流二极管、检波二极管、变容二极管、发光二极管、稳压二极管等，二极管被广泛应用于限幅、整流、稳压、开关以及显示等电路中。

1. 二极管下限幅电路

在如图 5.1（b）所示的限幅电路中，因二极管是串在输入、输出之间，故称它为串联限幅电路。图中，若二极管具有理想的开关特性，那么，当 u_i 低于 E 时，D 不导通，$u_o = E$；当 u_i 高于 E 以后，D 导通，$u_o = u_i$。当输入如图 5.1（a）所示的正弦波时，输出电压波形如图 5.1（c）所示。可见，该电路将输出信号的下限电压限定在某一固定值 E 上，所以称这种限幅器为下限幅器。如将图中二极管极性对调，则得到将输出信号上限电压限定在某一数值上的上限幅器。

(a) 输入波形   (b) 二极管下限幅电路   (c) 输出波形

图 5.1 二极管下限幅电路及其输入输出波形

2．二极管上限幅电路

在如图 5.2（b）所示二极管上限限幅电路中，当输入信号电压低于某一事先设计好的上限电压时，①二极管截止输出电压将随输入电压而增减；但当输入电压达到或超过上限电压时，②二极管导通输出电压将保持为一个固定值 E，不再随输入电压而变。当输入如图 5.2（a）所示的正弦波时，输出电压波形如图 5.2（c）。这样，信号幅度即在输出端受到限制。

(a) 输入波形　　　　(b) 二极管上限幅电路　　　　(c) 输出波形

图 5.2　二极管上限幅电路及其输入输出波形

3．二极管双向限幅电路

将上、下限幅器组合在一起，就组成了如图 5.3（b）所示的双向限幅电路。当输入如图 5.3（a）所示的正弦波时，输出电压波形如图 5.3（c）所示。可见，该电路将输出信号的上、下限电压都被限定在某一值上。

(a) 输入波形　　　　(b) 二极管上下限幅电路　　　　(c) 输出波形

图 5.3　二极管上下限幅电路及其输入输出波形

4．二极管钳位电路

二极管钳位电路的作用是将周期性变化的波形的顶部或底部保持在某一确定的直流电平上。

（1）简单型负钳位电路。

输入信号为图 5.4（b）所示的峰值等于 U_s 的方波信号。在输入信号 u_i 的正半周，二极管 D 导通，致使 $U_O=0$。在输入信号 u_i 的负半周，D 截止，充电电容 C 只能通过 R 放电，通常，R 取值很大，所以 U_C 下降很慢，所以 $U_o=-U_i-U_i=-2U_i$。u_o 的波形如图 5.4（c）所示。

(a) 二极管钳位电路　　　(b) 输入波形　　　(c) 输出波形

图 5.4　简单型二极管钳位电路及其输入输出波形

（2）加偏压型钳位电路。

输入信号为图 5.5（b）所示的峰值等于 U_s 的方波信号。在输入信号 u_i 的正半周，二极管 D 导通，输出电压 $U_O=U_1$。在输入信号 u_i 的负半周，D 截止，充电电容 C 只能通过 R 放电，通常，RC 时间常数的取值远大于输入信号的周期，所以 $U_o=U_1-2U_s$。

(a) 加偏压型钳位电路   (b) 输入波形   (c) 输出波形

图 5.5   加偏压型二极管钳位电路及其输入输出波形

三、实验内容

1. 电路如图 5.6 所示，$U_s=5V$，$R_1=100\,\Omega$，D_1 是 IN4007。理论计算二极管正向电流 I_D（二极管导通压降 = 0.7V）。用 EDA 软件仿真并实验测量二极管正向电流 I_D。分析比较计算值、仿真值和测量值的误差。

*2. 电路如图 5.7 所示，$U_S=3V$，$U_D=0.7V$，$R_1=100\,\Omega$，$R_2=220\,\Omega$，D_1 是 IN4007。$R_3=100\,\Omega$。理论计算流过二极管的电流 I_D。用 EDA 软件仿真并实验测量二极管正向电流 I_D。分析比较计算值、仿真值和测量值的误差。

图 5.6   测量二极管电流的电路   图 5.7   测量二极管电流   图 5.8   测量二极管输出波形

*3. 电路如图 5.8 所示，$U_D=0.7V$，$R_1=100\Omega$，$R_L=680\Omega$，输入正弦信号，$U_{inpp}=10\,V$，$f_{in}=1kHz$。理论计算 R_L 两端的输出电压。用 EDA 软件仿真并用示波器观测 u_{in} 和 u_{out} 的波形。分析比较计算值、仿真值和测量值的误差。

4. 用 1 个 1kΩ 电阻、两个二极管 1N4007 和两个直流电源设计一个限幅电路。要求将输入频率为 1kHz ，峰峰值幅度为 5V 的方波信号限幅在正峰值为 3V，负峰值为-2V 上。请通过计算机仿真验证设计，并实际搭建电路，实验验证，记录输入、输出波形，比较实验测量值与理论设计之间的不同，并分析原因（二极管 1N4007 导通压降为 0.7V）。

*5. 请用一个 5.1kΩ 电阻、一个电容和一个二极管 1N4007，按照图 5.4 设计一个钳位电路。要求：输入方波信号，峰峰值为±3V，频率 1 kHz，输出方波信号的正峰值为 0V，负峰值为-3V。请设计电路，计算电容值。通过计算和仿真验证设计。实际搭建电路，记录输入输出波形，并比较实际结果与理论计算之间的不同。

四、预习要求

1．根据实验内容 1、2、3 要求，自拟实验方案和实验步骤。

2．根据实验内容 1、2、3 要求，自拟实验数据表格。

3．根据实验内容 4 的要求设计限幅电路，写出设计过程并画出电路图。

*4．根据实验内容 5 的要求设计钳位电路，写出设计过程并画出电路图。

5．用 EDA 软件对所设计的电路进行仿真，如果电路输出幅度不满足设计要求，可将电路参数进行适当调整，使电路满足设计要求。

五、实验报告要求

1．整理实验内容 1、2、3 的实验数据及波形。

2．写出限幅电路的设计过程，画出电路图，记录实验结果，画出输入、输出波形，比较实验结果与理论设计之间的差异。

*3．写出钳位电路的设计过程、画出电路图，记录实验结果，画出输入、输出波形，比较实验结果与理论设计之间的差异。

图 5.9

六、思考题

电路如图 5.9 所示，图中 E_1=6V，E_2=12V，R=3kΩ，试求输出电压 u_o。

七、实验仪器及器材

1．双踪示波器　　　2．函数信号发生器　　3．直流稳压电源　　4．交流毫伏表

5．实验箱　　　　　6．万用表　　　　　　7．阻容元件及导线若干

5.2　晶体管单级电压放大电路

一、实验目的

1．通过实验加深对晶体管单级电压放大电路工作原理的理解，能够分析静态工作点对放大器性能的影响；

2．掌握晶体管单级电压放大电路的安装和调试方法；

3．学习并掌握晶体管单级放大器的主要性能指标的意义及其测试方法；

4．掌握运用 EDA 软件对晶体管单级放大电路进行仿真和分析的方法；

5．通过实验对模拟电路的技术性和工程性的特点有初步的了解。

二、实验原理

如图 5.10 所示为晶体管单级共射放大电路，其偏置电路为分压式电流负反馈形式，具有自动调节静态工作点的能力，当环境温度变化或更换晶体管时，能使工作点保持基本不变。当在放大器输入端输入一个交流低频小信号，在放大器的输出端可以得到一个与输入信号相

图 5.10　共射极分压式单级放大电路图

位相反幅度被放大了的不失真的输出信号，从而实现了低频小信号的电压放大。

放大器的基本任务是不失真地放大信号，它的性能与静态工作点的位置及其稳定性直接相关，所以要使放大器能够正常工作，必须设置合适的静态工作点。为了获得最大不失真的输出电压，静态工作点应该选在输出特性曲线上交流负载线中点的附近，如图 5.11 中的 Q 点。若工作点选得太高（如图 5.12 中的 Q_1 点），就会出现饱和失真；若工作点选得太低（如图 5.12 中的 Q_2 点），就

会产生截止失真。放大器合适的静态工作点决定了放大器的输出信号动态范围。

图 5.11　具有最大动态范围的静态工作点

图 5.12　静态工作点设置不合适输出波形产生失真

对于小信号放大器而言，由于输出交流幅度很小，非线性失真不是主要问题，因而 Q 点不一定要选在交流负载线的中点，可根据其他指标要求而定。例如，在希望耗电小、噪声低、输入阻抗高时，Q 点就可选得低一些；对小信号放大器，一般取 $I_{CQ}=0.5\text{mA}\sim2\text{mA}$，$U_{BQ}=(0.2\sim0.35)E_C$。

对于图 5.10 所示电路，静态工作点由下式估算：

$$U_{BQ} = \frac{R_2}{R + R_2} \times E_C \tag{5.2.1}$$

R 为 R_1 和 R_w 的阻值之和。

$$U_{EQ} = U_{BQ} - 0.7 \tag{5.2.2}$$

$$I_{CQ} \approx I_{EQ} = \frac{U_{BQ}-0.7}{R_4} \tag{5.2.3}$$

$$U_{CEQ} = E_C - (R_3 + R_4)I_{CQ} \tag{5.2.4}$$

该电路的动态指标可由下式估算：

$$A_v = -\frac{\beta(R_L // R_3)}{r_{be}} \tag{5.2.5}$$

$$R_i = r_{be} // R_1 // R_2 \tag{5.2.6}$$

$$R_O = R_3 \tag{5.2.7}$$

三、实验内容

1. 安装电路

（1）检测元件：用万用表测量电阻的阻值，判断电容器、三极管的好坏。

（2）安装电路：按照图 5.10 所示的电路，安装并用导线连接元件。要求元件排列整齐，密度匀称，避免互相重叠，按照电路图中信号传输方向顺序逐个连线，连接线应短并尽量避免交叉，对电解电容器应注意接入电路时的正、负极性；元件上的标称值字符朝外以便检查；电源 E_C 应接在大信号一侧。

（3）仔细检查：对照电路图检查是否存在错接、漏接或接触不良等现象。并用万用表电阻挡检查电源端与地接点之间有无短路现象，以避免烧坏电源设备。

2. 连接仪器

用探头和接插线将信号发生器、交流毫伏表、示波器、稳压电源与实验电路的相关部分正确连接。并注意以下两点：

（1）各仪器的地线与电路的地应公共接地。

（2）稳压电源的输出电压应预先调到 12V，并用万用表测量，然后再接到实验电路中。

3. 研究静态工作点的变化对放大器性能的影响

（1）调整 R_w，使集电极电流 $I_{CQ}=1.8\text{mA}$，测量放大器的静态工作点，将数据填入表 5.1。

（2）在放大器输入端输入频率为 $f=10\text{kHz}$，电压有效值为 $U_i=5\text{mV}$ 的正弦信号，测量并记录 U_i、U_o 的值，画出 U_i、U_o 的波形，计算电路的放大倍数。

（3）测量该放大器的输入电阻和输出电阻，并记录在表 5.1 中。注意：用双踪示波器监视 U_o 及 U_i 波形时，必须确保在波形基本不失真时读数。

*（4）重新调整 R_w 使 I_{CQ} 分别为 1.0mA 和 2.5mA，重复上述测量，将测量结果记入表 5.1 中。

表 5.1　　　　　　　　　静态工作点对放大器 A_u、R_i 及 R_O 的影响

静态工作点电流 I_{CQ}（mA）		*1.0	1.8	*2.5
U_{EQ}(V)	理论值			
	仿真值			
	实测值			
U_{CQ}(V)	理论值			
	仿真值			
	实测值			
U_{BQ}(V)	理论值			
	仿真值			
	实测值			
U_{CEQ}(V)	理论值			
	仿真值			
	实测值			
U_i(mV)		5	5	5
U_O/V				
A_u	理论值			
	仿真值			
	实测值			
R_i (kΩ)	理论值			
	仿真值			
	实测值			
R_o (kΩ)	理论值			
	仿真值			
	实测值			

*4. 测量放大器的最大不失真输出电压

调节输入信号的频率为 1kHz，逐渐增大输入信号的幅度，并调节 R_W，用示波器观察输出电压波形，使输出波形为最大不失真正弦波（当同时出现饱和和截止失真后，稍微减小输入信号幅度，使输出波形的失真刚好消失时的输出电压幅值）。测量此时输出电压幅值，就是最大不失真输出电压。

5. 测量放大器幅频特性曲线

调整 $I_{CQ} = 1.8\text{mA}$，保持输入信号 $U_i = 5\text{mV}$ 不变，改变输入信号频率，用逐点法测量不同频率（各频率点自拟）下的 U_o 值。并测出上限频率和下限频率记入表 5.2 中，根据测量数据画出幅频特性曲线。

表 5.2　　　　　　　　　放大器幅频特性（$U_i = 5\text{mV}$ 时）

F（kHz）							
U_o(V)							

*6. 观测旁路电容和耦合电容对放大倍数、输入电阻、下限频率的影响，自拟测量数据

表格。

四、预习要求

1．阅读本教材第四章 4.3 节模拟电路的调测。

2．复习共射极分压偏置的晶体管单级低频放大器工作原理，估算图 5.10 电路的静态工作点及 A_u、R_i、R_o。

3．拟定各项测试的操作步骤。

4．运用 EDA 仿真软件进行仿真并记录仿真结果。

五、实验报告要求

1．画出实验电路图，并标出各元件数值。

2．整理实验数据，比较理论估算值、仿真值和测量值，分析误差产生的原因。

3．分析讨论静态工作点变化对放大器性能（失真、输入电阻、电压放大倍数等）的影响。

4．根据测试数据，用坐标纸画出放大器的幅频特性曲线。

5．画出输出不失真时的输入和输出波形，并在波形图上标出周期和幅度。

6．画出截止失真和饱和失真的波形，并加以分析讨论。

六、思考题

1．当电路出现饱和或截止失真时，应如何调整电路参数？

2．改变静态工作点时，对放大器的输入电阻有无影响？为什么？

3．测量放大器各项交流电压参数时，能否选用 DT830 数字万用表的交流电压挡？为什么？

4．如图 5.10 所示电路中，如果 I_{CQ} 偏小，应调整电路中的哪个元件？

5．如图 5.10 所示电路中，电路的直流工作点 Q 尚未进入饱和区，增大集电极电阻 R_3，I_{CQ}是否发生变化？为什么？

6．如图 5.10 所示电路中，射极电阻 R_4 有多种取值均可满足设计要求，试分析取值不同对电路的哪些参数会有影响？

7．如图 5.10 所示电路中，在电路正常工作情况下，如果输入信号是正弦信号，那么在 R_4 两端是否能测得正弦信号？为什么？

8．测试放大器各项动态指标时，为什么一定要求用示波器观察输出信号波形？可否仅用交流毫伏表测量输出电压？为什么？

9．如图 5.10 所示电路中，如果电容器 C_2 漏电严重，试问当接上 R_L 后，会对放大器性能产生哪些影响？

10．如图 5.10 所示电路中射极偏置电路中的分压电阻 R_1、R_2 若取得过小，将对放大电路的动态指标（如电压放大倍数，输入、输出电阻，上、下限频率）产生什么影响？

11．如图 5.10 所示电路中的输入电容 C_1、输出电容 C_3 及射极旁路电容 C_2 的电容量选择应考虑哪些因素？

12．在图示 5.10 电路中，一般是通过调节上偏电阻或下偏电阻来调节静态工作点，调节 R_3 能改变静态工作点吗？为什么？

13．如何用示波器测量放大器的静态工作点？

七、实验仪器和器材

1．双踪示波器　　　2．函数信号发生器　　3．直流稳压电源　　　4．交流毫伏表
5．实验箱　　　　　6．万用表　　　　　　7．阻容元件及导线若干

5.3　场效应管单级放大电路

一、实验目的

1．了解场效应管的性能和特点；
2．进一步熟悉场效应管放大电路静态工作点和动态参数的调测方法；
3．加深对场效应管放大电路工作原理的理解；
4．进一步了解模拟电路的技术性和工程性特点。

二、实验原理

场效应管是电压控制型器件，按栅极、漏极和源极之间的结构，场效应管分为结型和绝缘栅型两类。由于场效应管的栅极和源极之间绝缘或是反向偏置，所以它的输入电阻极高，可达到 $10^5 \sim 10^{15}\,\Omega$，而一般晶体管则小得多，这是它的一个重要特性。又由于场效应管是单极型导电，即电子或空穴单独导电，因此用它制作的放大器具有热稳定性好，抗辐射能力强，噪声系数小等特点。

1．场效应管放大电路原理

场效应管放大电路和晶体管放大电路相似，也有共源、共漏和共栅之分，最常用的为共源和共漏电路，其电路结构和晶体管电路基本相同。偏置电路稍复杂些，它有固定偏置电路、自给偏压偏置电路和分压式偏置电路等，可根据场效应管的结构情况区分使用。

图 5.13 所示是一种常用的电阻分压式场效应管共源极放大电路。该电路的特点是输入阻抗高。电路采用电阻分压式偏置电路，再加上源极电阻 R_S，产生很深的直流负反馈，所以电路的稳定性很好。图 5.13 中 R_{G2} 可由一个电位器和一个固定电阻串联组成，这样能够方便地调节静态工作点。

图 5.13　结型场效应管共源极放大电路

2．场效应管放大电路性能分析

图 5.13 所示电路中，当 $R_G \gg R_{G1}$ 和 R_{G2} 时

$$U_{GQ} \approx \frac{R_{G1}}{R_{G1}+R_{G2}}U_{DD} \tag{5.3.1}$$

$$U_{SQ} = I_{DQ}\,R_S \tag{5.3.2}$$

$$I_{DQ} = I_{DSS}(1 - \frac{U_{GSQ}}{U_{GSoff}})^2 \qquad (5.3.3)$$

$$U_{GS} = U_{GQ} - U_{SQ} = \frac{R_{G1}}{R_{G1} + R_{G2}} \cdot U_{DD} - I_{DQ} \Box R_S \qquad (5.3.4)$$

$$R_i = R_G + R_{G1} // R_{G2} \qquad (5.3.5)$$

$$R_O = R_D \qquad (5.3.6)$$

$$A_u = -g_m(R_D // R_L) \qquad (5.3.7)$$

式（5.3.7）中的跨导 g_m 是场效应管的跨导，可由特性曲线用作图法求得，也可利用公式 $g_m = -\frac{2I_{DSS}}{U_{GSoff}}(1 - \frac{U_{GS}}{U_{GSoff}})$ 计算。但要注意，这里计算 U_{GS} 时，要用静态工作点处的数值。

3. 输入电阻的测量方法

场效应管放大电路的静态工作点、电压放大倍数和输出电阻的测量方法与晶体管单级低频放大电路的测量方法相同。而其输入电阻的测量从原理上说，也可以用晶体管单级低频放大电路相同的测量方法，但由于场效应管的 R_i 比较大，如直接测输入电压 U_S 和 U_i，则由于测量仪器的输入电阻有限，必然会带来较大的误差。因此为了减小误差，常利用被测放大器的隔离作用，通过测量输出电压 U_o 来计算输入电阻。测量电路如图 5.14 所示。

图 5.14　场效应管放大电路输入电阻测量电路

在放大器的输入端串入电阻 R，把开关 K 掷向位置 1（使 $R=0$），测量放大器的输出电压 $U_{o1} = A_u U_S$；保持 U_S 不变，再把开关 K 掷向位置 2（即接入 R），测量放大器的输出电压 U_{o2}，则

$$U_{O2} = A_u U_i = \frac{R_i}{R + R_i} U_S A_u \qquad (5.3.8)$$

由于两次测量中 A_u 和 U_S 保持不变，故由此可以求出

$$R_i = \frac{U_{o2}}{U_{o1} - U_{o2}} R \qquad (5.3.9)$$

式中，R 和 R_i 不要相差太大，本实验可取 $R = 100 \sim 200k\Omega$。

三、实验内容

1. 测量场效应管的饱和漏极电流 I_{DSS} 和夹断电压 U_{GSoff}

根据 I_{DSS} 的定义和 2N5486 场效应管的测试条件，测试场效应管的饱和漏极电流 I_{DSS} 的电路如图 5.15 所示，图中电阻 R_D 取 1kΩ，将场效应管的源极和栅极短路，用电表监测漏极和源极的电压 U_{DS}，将可调直流电源的输出电压慢慢升高，当监测电压 $U_{DS} = 5V$ 时，固定直流电源的输出电压不变，测量此时直流电源的输出电流大小，这就是该场效应管的饱和漏极电流 I_{DSS}。

测量场效应管的夹断电压 U_{GSoff}，需要两个不共地的直流电源，测试电路如图 5.16 所示，图中电阻 R_D 取 1kΩ，将场效应管的源极和栅极接到第二个可调直流电源 2 上，注意源极接到直流电源的正极，栅极接到负极。在测试 I_{DSS} 的基础上保持 $U_{DS} = 5V$ 基本不变，并监测可调直

流电源 1 的输出电流 I_{DS}，从 0 开始逐步加大可调直流电源 2 的输出电压，使 U_{GS} 的负值逐渐变高（越来越负），这样监测电流 I_{DS} 的值也会越来越小，根据 2N5486 场效应管的测试条件，当监测电流 I_{DS} 的值减小到接近 50μA，这时要监测场效应管的漏极和源极的电压 U_{DS}，分别调节可调直流电源 1 和 2 的输出电压大小，使监测电流 $I_{DS} = 50μA$，同时漏源极电压 $U_{DS} = 5V$。此时可调直流电源 2 的输出电压大小（负值），就是该场效应管的夹断电压 U_{GSoff}。

图 5.15 饱和漏极电流 I_{DSS} 测试电路

图 5.16 夹断电压 U_{GSoff} 测试电路

按照以上方法测量并记录场效应管的饱和漏极电流 I_{DSS} 和夹断电压 U_{GSoff}。

2. 电路的连接和初步调试

按图 5.13 所示连接电路并检查。

调试时，首先使 $U_i = 0$，初步调节 R_{G2}，使 $U_{SQ} \approx 3V$。然后在放大电路的输入端输入频率为 1kHz、峰峰值约为 100mV 的正弦信号 u_i，并用示波器监测输入 u_i 和输出 u_o 的波形，观察输出 u_o 有没有失真，如出现失真，则必须重新调节静态工作点，可以适当调整 R_{G2}，甚至可以调整 Rs，如没有失真，初步调试成功。

3. 静态工作点的测量和验证

在步骤 2 的基础上撤去输入信号，使 $U_i = 0$，接通电路，测量 U_{GQ}、U_{SQ} 和 U_{DQ}，然后计算 U_{DS}、U_{GS} 和 I_{DQ}，结果记入表 5.3 中。

表 5.3 场效应管放大电路静态工作点测量记录表

静态工作点	$U_{GQ}(V)$	$U_{SQ}(V)$	$U_{DQ}(V)$	$U_{DS}(V)$	$U_{GS}(V)$	$I_{DQ}(mA)$
理论值						
实测值						

测量仪表可以用示波器，如果没有示波器也可用万用表。用万用表进行测量时要分析万用表的测量误差，决定被测量中哪些可以直接测量，哪些必须通过被测量值计算得出。

表 5.3 中"理论值"一栏是根据步骤 1 中测得的场效应管的饱和漏极电流 I_{DSS} 和夹断电压 U_{GSoff}，利用相应的计算公式计算得到各个静态值，分析理论值和实测值的误差及产生误差的原因。

根据测出的 U_{GS}，利用计算式 $g_m = -\dfrac{2I_{DSS}}{U_{GSoff}}(1 - \dfrac{U_{GS}}{U_{GSoff}})$，从理论上算出 g_m。

4. 波形的测量和电压放大倍数 A_u

在放大电路的输入端输入频率为 1kHz、峰峰值为 100mV 的正弦信号 u_i，并用示波器监

测输入 u_i 和输出 u_o 的波形，在输出波形不失真的情况下，分别测量 $R_L = \infty$ 和 $R_L = 10\text{k}\Omega$ 时的输出电压 U_o（注意保持 U_i 不变），记入表 5.4 中。记录输入 u_i 和输出 u_o 的波形，标明各波形的周期和峰值。

表 5.4　　　　　　　场效应管放大电路电压放大倍数测量记录表（$U_i =$＿＿＿V）

实测值				理论值	
$U_i =$＿＿＿V	U_o/V	A_u	R_o	A_u	R_o
$R_L = \infty$					
$R_L = 10\text{k}\Omega$					

根据电压放大倍数的定义，用 U_o 和 U_i 的值计算出电压放大倍数 A_u 的值，填入表 5.4 中。

根据式（5.3.7），利用 g_m 计算 A_u 的值，填入表 5.4 中。

比较实际测量值和理论计算值的误差并分析原因。

5．输出电阻 R_o 的测量和计算

根据表 5.4 中 $R_L = \infty$ 和 $R_L = 10\text{k}\Omega$ 时的输出电压测量结果，推导输出电阻 R_o 的计算公式，并计算得出 R_o 的测量值，记入表 5.4 中。

根据式（5.3.6），输出电阻 R_o 就等于漏极电阻 R_D，填入表 5.4 中，并比较实际测量值和理论计算值的误差，分析原因。

6．输入电阻 R_i 的测量

按图 5.14 连接 ，选择合适大小的输入电压 U_S，把开关 K 掷向位置 1，测出 $R=0$ 时的输出电压 U_{o1}；保持 U_S 不变，再把开关 K 掷向位置 2（即接入 R），测出输出电压 U_{o2}，则

$$R_i = \frac{U_{o2}}{U_{o1} - U_{o2}} R$$

求出 R_i，记入表 5.5 中。

根据式（5.3.5），计算输入电阻 R_i 的值，填入表 5.5 中，并比较实际测量值和理论计算值的误差，分析原因。

表 5.5　　　　　　　场效应管输入电阻测量数据记录

实测值			理论值
$U_{o1}(V)$	$U_{o2}(V)$	$R_i(\text{k}\Omega)$	$R_i(\text{k}\Omega)$

四、预习要求

1．复习场效应管的相关内容，并根据实验电路参数，估算场效应管的静态工作点，求出工作点处的跨导 g_m。

2．场效应管放大电路和三极管共射极放大电路相比，输入电容 C_1 的取值范围有何不同，为什么？

3．在测量场效应管静态工作电压 U_{GS} 时，能否用直流电压表直接并接在 G、S 两端测量，

为什么？

4. 为什么测量场效应管输入电阻时要用测量输出电压的方法？

五、实验报告要求

1. 整理实验数据，画出输入和输出波形，图上标出周期和幅度。
2. 将测得的 A_u，R_i，R_o 和理论计算值进行分析比较。
3. 把场效应管放大电路和晶体管放大电路进行比较，总结场效应管放大电路的特点。
4. 分析测试中的问题，总结实验收获。

六、思考题

1. 为什么场效应管放大电路的电压放大倍数一般没有晶体管放大电路的电压放大倍数大？
2. 测量场效应管共源极放大电路的静态工作点 U_{GQ}、U_{SQ}、U_{GS} 和 I_{DQ} 时，采用什么方法？对测试仪表有什么要求？
3. 测量场效应管放大电路的输入电阻 R_i 时，应考虑哪些因素？为什么？
4. 在场效应管实验电路中，为什么要接电阻 R_G 构成分压式偏置电路？
5. 场效应管共源极放大电路的频率响应与哪些参数或因素有关？为什么？

七、实验仪器和器材

1. 直流稳压电源   2. 函数信号发生器   3. 双踪示波器   4. 万用表
5. 交流毫伏表   6. 实验箱   7. 阻容元件及导线若干

5.4 两级电压串联负反馈放大器

一、实验目的

1. 通过实验加深对负反馈放大器工作原理的理解；
2. 学习负反馈放大器性能指标的测量方法；
3. 研究电压串联负反馈对放大器性能的影响；
4. 掌握运用 EDA 软件对串联电压负反馈电路进行仿真和分析的方法。

二、实验原理

所谓反馈，就是把放大器输出端能量(电流或电压)的全部或一部分通过一定的方式送回到放大器输入端的过程。反馈有直流反馈和交流反馈，直流反馈一般用于稳定工作点；交流反馈用于改善放大器的动态性能指标。本实验着重研究交流反馈，如图 5.17 所示。

1. 根据反馈的极性可分为正反馈和负反馈。按反馈方式可分为电压反馈、电流反馈；串联反馈、并联反馈，如表 5.6 所示。

图 5.17 负反馈放大器方框图

2. 电压串联负反馈的基本特点

（1）电压串联负反馈使电压放大器电压增益下降 $A_{uf} = A_u/(1 + A_u F_u)$

式中 A_u 为开环（无反馈）放大器（基本放大电路）的电压增益，A_{uf} 为闭环（有反馈）时的电压增益。由此可知（$1 + A_u F_u$）越大，负反馈越深。

（2）电压串联负反馈提高了电压增益的稳定性

若 $(1 + A_u F_u) \gg 1$，则 $A_{uf} = \dfrac{1}{F_u}$。可见在深度反馈时，闭环放大器的增益由反馈网络决定，而与开环放大器的增益无关。

（3）电压串联负反馈使输入阻抗增大，输出阻抗减小。

表 5.6　　　　　　　　　　　　　　负反馈对放大器性能的影响

分类方法		特　点	对放大器性能的影响
按反馈极性分	负反馈	反馈信号削弱放大器净输入信号	放大倍数降低，$A_f = A/(1 + AF)$，但能提高增益稳定性，减小非线性失真，扩展频带等
	正反馈	反馈信号增强放大器净输入信号	放大倍数提高，可产生自激振荡
按输出端取样状况分	电流反馈	反馈信号取样于输出电流 i_o	负反馈保持 i_o 稳定，使输出电阻增大，$r_{of} = (1 + AF)r_o$
	电压反馈	反馈信号取样于输出电压 u_o	负反馈保持 u_o 稳定，使输出电阻减小，$r_{of} = r_o/(1 + AF)$
按输入端联接方式分	串联反馈	反馈信号与输入信号以电压加减形式出现	负反馈使输入电阻增大，$r_{if} = r_i(1 + AF)$
	并联反馈	反馈信号与输入信号以电流加减形式出现	负反馈使输入电阻减小，$r_{if} = r_i/(1 + AF)$

（4）电压串联负反馈可以展宽通频带

$$f_{Hf} = (1 + A_u F_u) f_H \tag{5.4.1}$$

$$f_{Lf} = \frac{f_L}{(1 + A_u F_u)} \tag{5.4.2}$$

（5）电压串联负反馈可以改善非线性失真

如果基本放大电路的输出波形出现非线性失真，这个失真的信号通过反馈网络送回到输入端，得到的反馈信号也是失真的，它与输入信号（不失真的信号）相减得到的净输入信号也是失真的，但失真的"方向"与输出波形相反，补偿了原来的失真，从而使输出波形的非线性失真减小。

负反馈放大器的指标和其基本放大器的指标进行对比，各项指标满足表 5.6 的关系。但需要特别注意的是基本放大电路不是简单地去掉负反馈单元就能构成基本放大电路的。基本放大器的构成原则是：既要去除负反馈网络的信号传输作用，又要考虑负反馈网络对基本放大器的负载效应。所以，根据图 5.18 负反馈放大电路画出其基本放大电路的方法是：

① 画基本放大器的输入回路时，因为是电压负反馈，去掉电压负反馈的作用就是将反馈支路的输出端交流短路，即令 $u_o = 0$，此时，R_4 相当于与 R_{e11} 并联。

② 画基本放大器的输出回路时，因为反馈支路的输入端是串联负反馈，去掉串联负反馈的作用就是将反馈支路的输入端（T_1 管的射极）开路，此时，（R_4+R_{e11}）相当于并联在输出端。

根据上述方法，就可画出如图 5.19 所示的基本放大器电路，即负反馈放大器开环等效电路。

三、实验内容

1. 在实验箱上安装两级电压串联负反馈放大器，使电路处于基本放大器状态。检查接线无误，接通电源 E_c（+12V）。

2. 静态工作点的调测

调节 R_{W1} 和 R_{W2}，使集电极电流 $I_{C1}=1.3mA$，$I_{C2}=3mA$。测量 T_1、T_2 管各极电流及对地电压，填入表 5.7，判断工作点是否合适，若不理想，可进一步调整。

3. 研究串联电压负反馈对放大器性能的影响

（1）研究串联电压负反馈对放大器电压增益的影响

在放大器输入端输入频率为 $f=1kHz$，幅度为 $U_i=3mV$ 的正弦信号，在输出电压 u_o 波形不失真的情况下（如果输出信号波形失真，可适当减小输入信号的幅度），分别测量基本放大器（开环）（如图 5.19 所示）的 U_{o1}、U_{o2} 和负反馈放大器（闭环）（如图 5.18 所示）的 U_{0f1}、U_{0f2}。计算基本放大器（开环）和负反馈放大器（闭环）的电压放大倍数 A_{u1}、A_{u2}、A_{uf1}、A_{uf1} 并计算 A_u、A_{uf}。

图 5.18　负反馈放大电路

表 5.7　　　　　　　　　　　　　　静态工作点测试数据

数据　　　　T 项目	T_1		T_2	
	计算值	实测值	计算值	实测值
$I_B(\mu A)$				
$I_C(mA)$	1.3		3	
$V_E(V)$				
$V_B(V)$				
$V_C(V)$				
$V_{CE}(V)$				

（2）研究串联电压负反馈对放大器输入电阻和输出电阻的影响

① 分别测量基本放大器（开环）（见图 5.19）的输入电阻 R_i 和负反馈放大器（闭环）（见图 5.18）的输入电阻 R_{if}。测量方法与测量场效应管单级放大器的输入电阻的方法相同。

② 分别测量基本放大器（开环）（见图 5.19）的输出电阻 R_o 和负反馈放大器（闭环）（见图 5.18）的输出电阻 R_{of}。测量方法与测量晶体管单级放大器的输出阻抗的方法相同。

图 5.19　负反馈放大器的交流开环等效电路

4．研究串联电压负反馈对放大器频率特性的影响

用逐点法测量基本放大器（开环）和负反馈放大器（闭环）的频率特性。测量时，保持输入信号电压 $U_i=3mV$ 不变，增大和减小输入信号的频率，分别测出开环和闭环时的上限频率 f_H 和下限频率点 f_L，比较开环和闭环时的通频带。

*5．研究串联电压负反馈对放大器非线性失真的影响

放大器在开环状态下增大输入信号的幅值，用示波器观察信号 u_o 达到最大且波形不失真时，测量其失真度 $\delta\%$；接通反馈再测 U_{of2} 的失真度 $\delta_f\%$，比较开环和闭环情况下的失真度 $\delta\%$。

四、预习要求

1．复习电压串联负反馈相关内容。熟悉电压串联负反馈电路的工作原理以及对放大器性能的影响。

2．根据图 5.18 电路图的电路参数，计算两级放大器的静态工作点的理论值。

3．估算图 5.18 所示电路的开环、闭环电压放大倍数 A_{u1}、A_{uf1}、A_{u2}、A_{uf2} 的理论值。

4．运用 EDA 仿真软件进行仿真并记录仿真结果。

五、实验报告要求

1．画出实验电路图，并标出各元件数值。

2．整理实验数据，比较理论计算值、仿真值和测量值，分析误差产生的原因。

3．根据实验内容 2、3、4、5 的测试结果，总结电压串联负反馈对放大器性能的影响。

4．在实验过程中遇到的问题及解决方法。

六、思考题

1．负反馈对放大器性能的改善程度取决于反馈深度 $|1+AF|$，是否 $|1+AF|$ 越大越好，为什么？

2. 将图 5.18 所示的两级负反馈放大器级间反馈的取样点由 T_2 管的集电极改接到发射极（断开 C_4），将会出现什么现象，为什么？

3. 图 5.18 中 R_{e11} 的作用是什么？R_{e11} 增大对哪几个电路参数有影响？说明 R_{e11} 增大后受其影响的相关参数的变化趋势。

4. 如果输入信号存在失真，能否用负反馈来改善？

七、仪器与器材

1. 双踪示波器 2. 函数信号发生器 3. 直流稳压电源 4. 交流毫伏表
5. 实验箱 6. 万用表 7. 阻容元件若干

5.5 差动放大器

一、实验目的

1. 熟悉差动放大器电路的组成原理及用途；
2. 掌握差动放大器静态参数的测量方法；
3. 掌握差动放大器动态参数（差模放大倍数 A_{ud}，共模放大倍数 A_{uc}，共模抑制比 K_{CMR}）的测试方法；
4. 掌握带恒流源差动放大电路的调试方法。

二、实验原理

差动放大电路又称差分放大器，它是一种特殊的直接耦合放大电路。它的基本特点是能有效地抑制共模信号，放大差模信号。它广泛应用于模拟集成电路中，常作为输入级或中间放大级。如图 5.20 所示，当开关拨向 2 时，图中电路两边左右完全对称，T_1、T_2 管型号性能参数相同。R_e 的作用是为 T_1、T_2 确定合适的静态电流 I_e，它对差模信号无负反馈作用，因而不影响差模电压放大倍数，但对共模信号有较强的负反馈作用，所以可以抑制温度漂移。这种电路称为长尾式差动放大电路。当开关拨向 3 时，是一个带恒流源的差动放大电路，与长尾型差动放大电路相比，它进一步降低了共模电压增益，提高差动放大器的共模抑制比，使静态工作点更加稳定。它具有静态工作点稳定，共模信号抑制能力强，对差模信号有一定放大能力的特点。根据电路结构，该电路可组成 4 种形式：单端输入单端输出、双端输入双端输出、双端输入单端输出、单端输入单端输出。

1. 静态工作点的计算

如图 5.20 所示静态时，差动放大器的输入端不加信号。当开关拨向 3 时，对于恒流源电路，该电路的基准电流为

$$I_R = \frac{|-U_{EE}| - 0.7}{R} \qquad (5.5.1)$$

此处的 R 是*R 与 R_W 的串联。

恒流源电路的电流值为
$$I_o = \frac{U_T}{R_{e3}} \ln \frac{I_R}{I_O} \qquad (5.5.2)$$

对于差分对管 T_1、T_2 组成的对称电路，有
$$I_{CQ1} = I_{CQ2} = \frac{I_o}{2} \qquad (5.5.3)$$

$$U_{CQ1} = U_{CQ2} = U_{CC} - \frac{I_o R_{C1}}{2} \tag{5.5.4}$$

当开关置于"2"时的静态工作点请读者自行推算。

2．双端输出的差模电压放大倍数为

$$A_{ud} = -\frac{\beta R_L'}{R_b + r_{be}} \tag{5.5.5}$$

其中当 $R_{C1} = R_{C2} = R_C$ 时，$R_L' = R_C // R_L / 2$

共模（电压）放大倍数为 $A_{uc} \cong 0$

共模抑制比

$$K_{CMR} = \left| \frac{A_{ud}}{A_{uc}} \right| \to \infty \tag{5.5.6}$$

单端输出时，差模电压放大倍数为双端输出的一半，即

$$A_{ud1} = -A_{ud2} = \frac{A_{ud}}{2} = -\frac{\beta R_L'}{2(R_b + r_{be})}$$

而共模电压放大倍数 $A_{uc} \cong -\dfrac{R_c // R_L}{2R_e}$ （若接恒流源 R_e，则为恒流源等效电阻）。

则共模抑制比 $K_{CMR} = \left| \dfrac{A_{ud}}{A_{uc}} \right| = \dfrac{\beta R_L R_e}{(R_b + r_{be})(R_c // R_L)}$

3．差动放大电路各指标参数的测试方法

以图 5.20 电路为例，且图中开关打向位置 2。

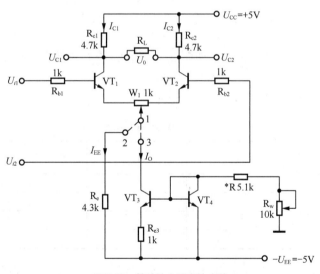

图 5.20 差动放大器实验电路

（1）测量静态工作点

① 调节放大器零点。交流信号不接入，将放大器输入端接地，接通直流电源，用万用表直流挡测量输出电压 U_o，调节调零电位器 W_1，使 $U_o = 0$。

② 测量静态工作点。零点调好后，用万用表直流挡测量 T_1、T_2 管各个电极电位、集电极电流 I_{C1}、I_{C2}；以及射极电阻 R_e 两端的电压 U_{Re}。

（2）测量差模增益的方法：测量差模电压放大倍数时，若差动放大器采用单端输入双端输出方式，在 u_{i1} 处输入 U_{id}=100mV，f=1kHz 的正弦信号，u_{i2} 接地。双端输出时，用双踪示波器分别观测 u_{c1} 和 u_{c2} 的波形，它们应该是大小相等、极性相反的不失真的正弦波。用示波器测量 U_{c1} 和 U_{c2}，则差模电压放大倍数

$$A_{ud}=\frac{U_{c1}+U_{c2}}{U_{id}} 。$$

如果是单端输出，用示波器观测 U_{c1} 或 U_{c2}，则差模电压放大倍数为

$$A_{ud}=\left|\frac{U_{c2}}{U_{id}}\right|=\left|\frac{U_{c1}}{U_{id}}\right|$$

（3）共模抑制比 K_{CMR} 的测试方法：将差动放大器的两个输入端接在一起，即 u_{i1} 和 u_{i2} 接在同一点，输入 U_{ic}=0.5V，f=1kHz 的正弦信号，用示波器观测 U_{c1} 和 U_{c2}，则共模电压放大倍数 $A_{uc}=\frac{U_{c1}-U_{c2}}{U_{ic}}$（双端输出时），

$$A_{uc}=\left|\frac{U_{c2}}{U_{ic}}\right|=\left|\frac{U_{c1}}{U_{ic}}\right| \quad （单端输出时），$$

则共模抑制比为

$$K_{CMR}=20\lg\frac{A_{ud}}{A_{uc}}$$

（4）差模输入电阻和输出电阻的测量方法和晶体管单级放大电路的输入电阻和输出电阻的测试方法一样。

三、实验内容

1. 在实验箱上安装差动放大器，如图 5.20 所示，将开关拨至左侧 2 端。检查接线无误后接通电源，将输入端接地，调节 W_2 使 U_o=0。

2. 测量差动放大电路的静态参数，并记入表 5.8。

表 5.8 　　　　　　　　　　　　　　　　差动放大器的静态参数

T	T_1	T_2	T_3	T_4
U_E				
U_B				
U_C				
U_{CE}				

3. 在 u_{i1} 处输入 U_{id}=0.05V，f=1kHz 的正弦信号，u_{i2} 接地，用示波器分别测量 U_{C1}、U_{C2} 的值，计算 A_{ud}。

4. 在 u_{i1}、u_{i2} 处输入 $U_{i1}=U_{i2}=U_{ic}$=0.5V，f=1kHz 的正弦信号，用示波器分别测量 U_{C1}、U_{C2} 的值，计算 A_{uc} 及共模抑制比 K_{CMR}。

*5. 在 u_{i1} 处输入 U_{id}=0.05V，f=1kHz 的正弦交流信号，u_{i2} 接地，用示波器分别测量 U_{C1} 或 U_{C2} 的值计算 A_{ud}。

*6. 在 u_{i1}、u_{i2} 处输入正弦交流信号，即 $U_{i1}=U_{i2}=U_{ic}$=0.5V，f=1kHz，示波器测量 U_{C1}

或 U_{C2} 的值，计算 A_{uc} 及共模抑制比 K_{CMR}。

*7．具有恒流源的差动放大电路的性能测试：将图 5.20 电路中的开关拨到右边 3 端，构成具有恒流源的差动放大电路，调节 R_w，使 $I_O=1mA$ 重复 3、4、5、6 步骤。

*8．测量差动放大器差模输入电阻。

*9．测量差动放大器单端输入双端输出时的差模输出电阻。

四、预习要求

1．复习差动放大器的工作原理和调测步骤。

2．根据图 5.20 中元件参数，估算开关置于不同位置时，电路的静态工作点和单端输入、双端输出时的差模电压放大倍数、共模电压放大倍数、共模抑制比；单端输入、单端输出时的差模电压放大倍数、共模电压放大倍数和共模抑制比（$\beta=100$）。

3．画出测量双端输入、双端输出共模电压放大倍数和测量单端输入、双端输出差模电压放大倍数时，输入信号与电路的连接图。

4．预习在测量单端输入、双端输出差模放大电路的差模放大倍数时，如何用示波器观察 u_{id}、u_{c1}、u_{c2} 和 u_O 的波形。

5．预习怎样用交流毫伏表测量双端输出的电压。

6．根据实验内容要求，自拟实验数据表格。

7．运用 EDA 仿真软件进行仿真并记录仿真结果。

五、实验报告要求

1．整理实验数据，比较实验结果、仿真结果和理论估算值，分析误差产生原因。

2．根据实验结果，总结电阻 R_e 和恒流源的作用。

六、思考题

1．单端输入差动放大器对共模信号有无抑制作用，条件是什么？

2．恒流源差动放大器和长尾差动放大器相比较有何区别，它有什么优点？用一个固定电阻 $R=1k\Omega$ 代替恒流源，如图 5.20 用示波器测量 U_{c1} 和 U_{c2}，计算共模抑制比，与恒流源电路相比有什么区别？

3．恒流源的电流取大一些好还是取小一些好？

七、实验器材与仪器

1．双踪示波器　　　2．函数信号发生器　　3．直流稳压电源　　　4．交流毫伏表
5．实验箱　　　　　6．万用表　　　　　　7．阻容元件及导线若干

5.6　集成运算放大器的线性运用

一、实验目的

1．熟悉用集成运算放大器构成基本运算电路的方法；

2．掌握比例放大器、加法器、减法器、积分器和微分器的设计方法；

3．掌握集成运放的正确使用方法；

4．掌握比例放大器、加法器、减法器、积分器和微分器的测试方法。

二、实验原理

集成运算放大器具有增益范围大，通用性强，灵活性大，体积小，寿命长，耗电省，使用方便等特点，因此应用非常广泛，由运算放大器构成的数学运算电路是运放线性应用电路之一。

图 5.21　同相比例器

1．同相比例器

如图 5.21 所示的同相比例器，其闭环电压增益

$$A_{uf} = \frac{U_O}{U_S} = 1 + \frac{R_f}{R_1} \tag{5.6.1}$$

输入电阻

$$R_i \approx \infty$$

输出电阻

$$R_o \approx 0$$

同相比例器具有输入阻抗非常高，输出阻抗很低的特点，广泛用于前置放大级，该电路的缺点是易受干扰和精度低。若 $R_f=0$，R_1 开路，则为电压跟随器，其特点是输入阻抗很高，几乎不从信号源吸取电流；输出阻抗很小，可看成电压源。

2．反相比例器

如图 5.22 所示，在理想条件下，电路的闭环增益为

$$A_{uf} = \frac{U_O}{U_S} = -\frac{R_f}{R_1} \tag{5.6.2}$$

$$U_O = -\frac{R_f}{R_1} U_S \tag{5.6.3}$$

输入电阻

$$R_i = R_1$$

输出电阻

$$R_o \approx 0$$

由上式可见 R_f/R_1 为比例系数，若当 $R_f = R_1$ 时，则 $U_S = -U_O$，即输入信号与输出信号反相，所以称此电路为反相器。$R_2 = R_f // R_1$，用来减小输入偏置电流引起的误差。反相比例器的优点是性能稳定，缺点是输入阻抗较低。

图 5.22　反相比例器

图 5.23　反相加法器

3．反相加法器

如图 5.23 所示，当运放反相输入端同时加入 2 个输入信号时，在理想条件下，输出电压

$$U_O = -\left(\frac{R_f}{R_1}U_{S1} + \frac{R_f}{R_2}U_{S2}\right) = -\left(\frac{U_{S1}}{R_1} + \frac{U_{S2}}{R_2}\right)R_f \tag{5.6.4}$$

$$R_3 = R_f /\!/ R_1 /\!/ R_2 \tag{5.6.5}$$

故此电路称为反相加法器。

4．反相减法器

如图 5.24 所示，在运放的反相端和同相端同时分别输入 u_{S1} 和 u_{S2} 信号；在理想条件下

$$U_O = \frac{R_1 + R_f}{R_1} \square \frac{R_3}{R_2 + R_3} U_{S2} - \frac{R_f}{R_1} U_{S1}$$

$$若令 R_f\Big/R_1 = R_3\Big/R_2 时，U_O = \frac{R_f}{R_1}(U_{S2} - U_{S1}) \tag{5.6.6}$$

故此电路又称减法器，其设计计算方法和反相加法器相同。

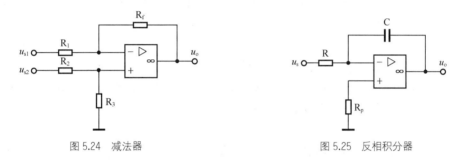

图 5.24　减法器　　　　　　　　　　　图 5.25　反相积分器

5．反相积分器

如图 5.25 所示，将积分信号输入运放的反相端，在理想条件下，如果电容的初始电压为零，则：

$$u_O = -\frac{1}{RC}\int u_S \mathrm{d}t = -\frac{1}{\tau}\int u_S \mathrm{d}t \tag{5.6.7}$$

当 u_S 为阶跃信号时，输出电压为　　　$U_O = -\frac{1}{RC}U_S t = -\frac{1}{\tau}U_S t \tag{5.6.8}$

由上式可以看出输出电压与输入电压成正比，与积分电路的时间常数成反比。应用图 5.25 作积分运算时，应尽量减少由于集成运算放大器的非理想特性而引起的积分误差，使偏置电流引起的失调电压最小，为此在同相端接入平衡电阻 R_p 用于补偿偏置电流所产生的失调电流。

实际应用中，通常在积分电容两端并接一个电阻 R_f（见图 5.26），R_f 称分流电阻，用于稳定直流增益，以避免直流失调电压在积分周期内积累导致运放饱和，一般取 R_f=10R，$R_p = R /\!/ R_f$。

积分运算电路的积分误差除了与积分电容的质量有关，主要是集成运算放大器的参数非理想性所致。为了减少积分误差，应选用输入失调参数小、开环增益高、输入电阻高、开环带宽较宽的运算放大器。

图 5.26　实际反相积分器

（1）确定积分时间常数

积分时间常数 τ 是决定积分器工作速度的主要参数，时间常数越小，工作速度越高，但 τ 不允许取太小，它受到运放最大输出电压 U_{omax} 的限制，当输入信号为阶跃信号时，τ 和 U_{omax} 之间必须满足

$$\tau \geqslant \frac{U_s}{U_{omax}} t \qquad (5.6.9)$$

由式（5.6.7）、（5.6.8）可知，τ 越大，积分器的输出越小，相反 τ 越小，集成运放的输出在不到积分时间 t 时将可能出现饱和现象。

当输入信号为正弦信号时：

$$U_o = -\frac{1}{\tau}\int U_{im}\sin\omega t\,\mathrm{d}t = -\frac{U_{im}}{\tau\omega}\cos\omega T \qquad (5.6.10)$$

为了不产生波形失真，必须满足：

$$\tau \geqslant \frac{U_{im}}{U_{omax}\omega} \qquad (5.6.11)$$

由式（5.6.11）可知，对于正弦输入信号的积分，时间常数 τ 的选择不仅受到集成运放最大输出电压 U_{omax} 的限制，而且与信号的频率有关。

（2）确定 R、C

输入信号周期 T 确定后，根据积分器对输入电阻的要求，先确定 R，然后计算满足 τ 的电容 C，要注意积分电容不宜过大，过大则泄漏电阻相应增大，积分误差增大，但电容过小积分漂移显著，所以积分电容取 $0.01\sim1\mu\mathrm{F}$。

6. 反相微分器

微分运算是积分运算的逆运算，反相微分器如图 5.27 所示，分析方法与积分运算相似，在理想条件下，如果电容的初始电压为零，则：

$$U_o = -i_{R_f}R_f = -R_f C\frac{\mathrm{d}U_s}{\mathrm{d}t} \qquad (5.6.12)$$

可见，输出电压与输入电压对时间的微分成正比。在线性系统中，微分电路除了可以做微分运算外，还可以用作波形变换。如图 5.28 所示是实际的微分运算电路，为限制电路的高频电压增益，在输入端与电容 C 之间接入一个小电阻 R。

图 5.27 反相微分器　　　　　　图 5.28 实际反相微分器

设计举例

（一）反相加法器的设计

设计一个能完成 $U_o = -(2U_{s1}+3U_{s2})$ 的运算电路，要求输出失调电压 $U_{os} \leqslant \pm5\mathrm{mV}$，试计算各元件参数值。

根据设计要求，选择如图 5.23 所示的反相加法器电路。

1．确定 R_f 的值

查手册 TL084 的输入失调电流 $I_{os} \leqslant 200\text{nA}$ ，取 $I_{os} \leqslant 100\text{nA}$ ，则：

$$R_f = \frac{U_{os}}{I_{os}} = \frac{0.005}{100 \times 10^{-9}} = 50\text{k}\Omega \text{ 取 } 51\text{k}\Omega。$$

2．确定 R_1、R_2 的值

按式（5.6.4）计算 $R_1 = \frac{R_f}{A_{uf1}} = \frac{51}{2} = 25.5\text{k}\Omega$ ，取标称值 24kΩ。

$R_2 = \frac{R_f}{A_{uf2}} = \frac{51}{3} = 17\text{k}\Omega$ ，取标称值 18kΩ。

3．确定 R_3 的值

按式（5.6.5）计算 $R_3 = R_f // R_1 // R_2 = 8.56\text{k}\Omega$ ，取标称值 8.2kΩ。

（二）反相积分器设计

设计一个反相积分器，电路如图 5.26 所示，已知输入脉冲方波的幅度为 2V，周期 T 为 5ms，积分输入电阻 $R_i > 10\text{k}\Omega$ ，要求设计计算元件参数。

查手册 TL084 运放的最大输出电压可取 $\pm 10\text{V}$ ，积分时间 $t = T/2 = 2.5\text{ms}$

由式（5.6.9），确定积分时间常数为：

$$\tau \geqslant \frac{U_S}{U_{O\max}} t = \frac{2\text{V}}{10\text{V}} \times 2.5 = 0.5\text{ms}$$

取 $\tau = 1\text{ms}$ ，

为满足输入电阻 $R_i > 10\text{k}\Omega$ ，取 $R_i = 10\text{k}\Omega$ ，取标称值 10kΩ，

则积分电容 $C = \tau/R = 0.1\mu\text{F}$

$R_f = 10R_i = 100\text{k}\Omega$ ，取标称值 100kΩ

平衡电阻 $R_p = R // R_f = 9\text{k}\Omega$ ，取标称值 9.3kΩ。

三、设计任务

按下列表达式设计计算电路元件参数。

1．同相比例器：$U_O = 5U_S$ 。

2．反相比例器：$U_O = -10U_S$ ，输入阻抗 $R_i = 1\text{k}\Omega$ 。

3．反相加法器：

$U_O = -(2U_{S1} + 5U_{S2})$ ，输入阻抗 $R_{i1} \geqslant 5\text{k}\Omega$ ，$R_{i2} \geqslant 5\text{k}\Omega$ 。

*4．减法器：$U_O = \frac{R_f}{R_1}(U_{S2} - U_{S1}) = 3(U_{S2} - U_{S1})$ ，输入阻抗 $R_{i1} \geqslant 5\text{k}\Omega$ ，$R_{i2} \geqslant 5\text{k}\Omega$ 。

*5．设计一个满足下列要求的基本积分电路：输入为 $U_{sp-p} = 1\text{V}$、$f = 10\text{kHz}$ 的方波（占空比为 50%），积分输入电阻 $R_i > 10\text{k}\Omega$ 。

*6．加法器：$U_O = (4U_{S1} + 5U_{S2})$ ，输入阻抗 $R_{i1} \geqslant 5\text{k}\Omega$ ，$R_{i2} \geqslant 5\text{k}\Omega$ 。

四、实验内容

1．根据设计任务 1、2、3、4、5、6 的要求，选定电路方案，计算并选取元件参数，画出电路图。

2. 根据所设计的电路图用仿真软件进行仿真并记录仿真结果，如果仿真结果不满足设计要求，须适当调整电路参数。

3. 同相比例器的调测要求：输入信号是频率为 1kHz、有效值为 0.1V 的正弦信号，用示波器观测并记录输入和输出波形，标出其幅值、周期和相位关系，将测试结果与设计要求进行比较。

4. 反相比例器的调测要求：输入信号是频率为 1kHz、有效值为 0.1V 的正弦信号，用示波器观测并记录输入和输出波形，标出其幅值、周期和相位关系，将测试结果与设计要求进行比较。

5. 反相加、减法器的调测要求：输入信号 u_{s1} 是频率为 1000Hz、有效值为 0.2V 的正弦信号，输入信号 U_{s2} 是幅值为 1V 的直流信号，用示波器观测并记录输入和输出波形，标出其幅值、周期和相位关系，将测试结果与设计要求进行比较。

6. 积分器的调测要求：输入信号是频率为 10kHz、峰峰值为 1V 的方波信号，用示波器观测并记录输入和输出波形，标出其幅值、周期和相位关系，将测试结果与设计要求进行比较。

7. 加法器的调测要求：输入信号 u_{s1} 是频率为 1000Hz、有效值为 0.2V 的正弦信号，输入信号 U_{s2} 是幅值为 1V 的直流信号，用示波器观测并记录输入和输出波形，标出其幅值、周期和相位关系，将测试结果与设计要求进行比较。

五、预习要求

1. 了解 TL084 运算放大器的性能参数，复习反相比例，加、减法器，积分电路的原理及设计计算方法。

2. 根据设计任务，设计同相比例，反相比例，加、减法器，积分器，计算电路的元件参数值和输出电压 U_O 的数值，画出电路图。

3. 用 EDA 仿真软件对所设计的电路进行仿真，如果电路指标不满足设计要求，可将参数进行适当调整，使电路指标满足设计要求。

4. 根据实验内容要求自拟实验方法和步骤，自拟数据表格。

六、实验报告要求

1. 写出设计过程，元件参数计算，画出电路图。
2. 整理记录实验数据，画出输入、输出信号波形图，标出幅值、周期和相位关系。
3. 根据实验结果，定性分析产生运算误差的原因，说明在实验中采取什么减少误差的措施。
4. 实验总结，心得体会。

七、思考题

若用运放组成微分电路，分别输入正弦和方波信号，输出什么波形，画出输入、输出信号对应关系图。

八、实验仪器与器材

1. 双踪示波器　　2. 函数信号发生器　　3. 直流稳压电源　　4. 交流毫伏表
5. 实验箱　　　　6. 万用表　　　　　　7. 阻容元件及导线若干

5.7 集成运算放大器的非线性应用——正弦波形产生电路

一、实验目的

1．加深理解 RC 桥式正弦振荡器的工作原理。
2．学习并掌握 RC 桥式正弦振荡器的设计方法和步骤。
3．掌握 RC 桥式正弦振荡器的调测方法。

二、实验原理

RC 文氏电桥振荡电路如图 5.29 所示，电路由三部分组成：运放组成的同相放大器，RC 正反馈选频网络，二极管及电阻组成的负反馈稳幅电路。

1．选频网络的频率特性
RC 串并联选频网络如图 5.30 所示，一般取 $R_1=R_2=R$，$C_1=C_2=C$，所以，正反馈的反馈系数为：

$$\dot{F}_u = \frac{\dot{U}_F}{\dot{U}_O} = \frac{1}{3+j\left(\dfrac{\omega}{\omega_O}-\dfrac{\omega_O}{\omega}\right)} \qquad (5.7.1)$$

由此可得 RC 串并联选频网络的幅频特性和相频特性分别为：

$$\left|\dot{F}_u\right| = \frac{1}{\sqrt{3^2+(\dfrac{\omega}{\omega_O}-\dfrac{\omega_O}{\omega})^2}} \qquad (5.7.2)$$

$$\varphi_f(\omega) = -\text{arctg}\,\frac{(\dfrac{\omega}{\omega_O}-\dfrac{\omega_O}{\omega})}{3}$$

图 5.29 RC 文氏电桥振荡电路

当 $\omega = \omega_O =1/(RC)$ 时，$\left|\dot{F}_u\right|=\dfrac{1}{3}$，而相移 $\varphi_f = 0°$，如图 5.31 所示。

2．起振条件和振荡频率
由图 5.29 可知，当 $\omega = \omega_O =1/(RC)$ 时，经选频网络反馈到运算放大器同相输入端的电压 $\dot{U}_F$ 与输出电压 $\dot{U}_O$ 同相，满足自激振荡的相位条件，如果此时负反馈放大电路的增益满足起振条件 $A_{uf}F_u>1$，则放大电路的增益 $A_{uf} = 1+\dfrac{R_f}{R_3} \geqslant 3$。故起振的幅值条件为 $R_f/R_3 > 2$，其中 $R_f=R_w+R_4//r_D$，式中 r_D 是二极管正向导通时的动态电阻。

电路振荡频率： $$f_O = \frac{1}{2\pi RC} \qquad (5.7.3)$$

3．设计步骤
RC 文氏电桥振荡电路的设计，首先要选择电路的结构形式（见图 5.29），再计算和确定电路元件参数，使其在所要求的频率范围内满足振荡条件。

图 5.30　RC 串并联选频网络

（a）幅频特性　　　　（b）相频特性

图 5.31　RC 串并联选频网的频率特性

（1）确定 RC 串并联选频回路的参数

RC 串并联选频回路的参数应根据所要求的振荡频率来确定。为使选频网络的选频特性尽量不受集成运放输入、输出电阻的影响，应按下列关系来初选电阻：

$$R_{1D} \gg R \gg R_O$$

式中，R_{1D}——集成运放同相端的输入电阻，约为数百 kΩ；

R_O——集成运放的输出电阻，约为几百 Ω。

R 选定后可根据 $C = \dfrac{1}{2\pi f_0 R}$ 选电容。然后再验算 R 的取值能否满足振荡频率的要求。也可以先确定电容，再计算电阻 R。

（2）确定 R_3 和 R_f

R_3 和 R_f 的阻抗，应根据振幅条件来确定，故 $R_f \geq 2R_3$，通常取 $R_f = 2.1R_3$，这样既能保证起振，又不致产生严重的波形失真。

另外为了减小失调电流及其漂移的影响，还应尽可能满足 $R = R_3 // R_f$。所以 $R_3 = (1.4 \sim 1.5)R$。

（3）如图 5.29 所示，稳幅电路由两只二极管和电阻 R4 并联组成，当输出电压幅值很小时，二极管两端电压小，二极管内阻很大，等效电阻 $R_f = R_w + R_4 // r_D$ 也较大，$A_{uf} = U_O/U_F = (R_3 + R_f)/R_3$ 较大，有利于起振；当输出电压增大到一定程度时，D1、D2 导通，R_f 减小，A_{uf} 随之下降，输出电压的幅值趋于稳定。所以，稳幅电路利用了二极管正向特性的非线性，自动改变放大电路中负反馈的强弱，实现了振幅稳定。为此稳幅二极管的选择应注意：

① 从提高振幅的温度稳定性考虑，应选用硅二极管为宜。因为硅管的温度稳定性优于锗管；

② 为了上、下半波振幅对称，两只二极管的特性应尽可能相同。

稳幅二极管非线性区越大，负反馈作用变化越大，稳幅效果越好。但二极管的非线性又会引起振荡器的输出波形失真。为了限制因二极管的非线性而引起的波形失真，在二极管两端并联了电阻 R4，显然 R4 越小，对二极管的非线性削弱越大。输出波形失真就越小，但稳幅作用也同时被削弱。可见，选择 R4 时，应注意二者兼顾。实验证明 R4 与二极管的正向电阻接近时，稳幅作用和波形失真都有较好的效果。通常 R4 选(2～5)kΩ，并通过实验调整来确定。

当 R4 选定后，Rw 的阻值也可选定，即

$$R_W = R_f - R_4 // r_D \cong R_f - \frac{1}{2}R_4 \tag{5.7.4}$$

（4）选择集成运算放大器

振荡电路中实验的集成运算放大器，除要求输入电阻大、输出电阻小外，放大器的增益带宽积 $G \cdot BW$ 应满足 $G \cdot BW > 3f_0$。

（5）选择阻容元件

振荡电路中阻容元件要选择稳定性较好的阻容元件，否则会影响频率的稳定性。

三、设计任务

设计 f_0=1.5kHz 的 RC 文氏电桥正弦振荡器，计算各电路元件参数，画出电路图。

四、实验内容

1. 在实验箱上安装所设计的 RC 文氏电桥正弦振荡电路，调节 R_w 使振荡器工作，观察 R_w 的变化对输出波形的影响。

2. 用示波器测量（在输出不失真的情况下）输出电压的幅度 U_o 和频率 f_0 值，比较设计计算值和实际测量值的差异，改变选频网络的元件参数，使实测频率满足设计要求。

3. 将图 5.29 中二极管 D_1，D_2 开路，观测输出波形会发生什么变化，说明二极管的作用。

五、预习要求

1. 复习 RC 正弦振荡电路的工作原理及 RC 正弦振荡电路的设计方法。

2. 按设计任务的要求设计计算 f_0=1.5kHz 的 RC 文氏电桥振荡器的电路参数，写出元器件的设计计算过程，画出实验电路图。

3. 根据实验内容要求写出实验步骤。

4. 用 EDA 仿真软件对所设计的电路进行仿真，如果电路指标不满足设计要求，可将参数进行适当调整，使电路指标满足设计要求。

六、实验报告要求

1. 简要叙述电路的工作原理和主要元件在电路中的作用。

2. 写出 RC 振荡电路的设计计算过程，画出实验电路图。

3. 整理实验数据，画出输出信号的波形，标出幅值、周期。

4. 比较理论值、仿真值和实际测量值，定性分析产生频率误差的原因，说明在实验中采取哪些减少误差的措施。

5. 实验总结。

6. 回答思考题。

七、思考题

1. 如果实验中电路不起振，应如何调节？

2. 如果输出波形失真，应如何调节？

3. 如果输出信号的频率不满足设计要求，如何调节？

八、实验仪器与器材器材

1. 双踪示波器　　　 2. 函数信号发生器　　 3. 直流稳压电源　　　 4. 交流毫伏表

5. 实验箱　　　　　 6. 万用表　　　　　　 7. 阻容元件及导线若干

5.8 集成运算放大器的非线性应用——方波发生器

一、实验目的

1. 加深理解方波发生器的工作原理；
2. 通过实验掌握方波发生器的设计方法；
3. 掌握方波发生器的调测方法。

二、实验原理

方波发生器如图 5.32 所示。方波发生器电路是由迟滞比较器加上 RC 积分电路构成的。电路的基本工作原理是将输出电压 U_o 经 RC 电路积分，利用电容上的充放电电压加在比较器的反相端，与同相端上的门限电压相比较，当电容的端电压 U_c 大于运放同相端电压 U_+ 时，比较器输出电压 $U_o = -U_z$，则电容通过 RC 回路放电，U_c 下降；当电容的端电压 U_c 下降到小于运放同相端电压 U_+ 时，比较器输出电压 $U_o = U_z$，U_o 通过 RC 回路对电容充电，电容的端电压 U_c 又开始上升。如此往复，使比较器的输出电压不断发生转换，从而形成振荡波形。

图 5.32 方波发生器

该电路输出的方波信号周期：

$$T = 2RC \ln(1 + \frac{2R_2}{R_1}) \tag{5.8.1}$$

输出三角波的幅度：

$$U_c = U_- = \left| \pm \frac{R_2}{R_1 + R_2} U_z \right| \tag{5.8.2}$$

输出方波 U_o 的幅度：

$$U_O = \left| \pm U_z \right| \tag{5.8.3}$$

设计举例

设计一个能产生幅度不小于 4V，频率为 2kHz，误差范围为 ±10% 的方波产生电路。

1. 电路结构的选择

采用图 5.32 所示的方波发生器电路，该电路结构简单，稳定性好，输出幅度由稳压管决定。

2．稳压二极管的作用是确定输出方波的幅度，因此根据输出方波的幅度要求选取稳压管的稳压值。方波的输出幅度大于 4V，所以选择稳压值为 2V 的稳压管。方波的对称性也与稳压管的对称性有关，通常选择高精度的双向稳压二极管。

3．确定 R_1、R_2 的值

R_1 和 R_2 的比值决定了运算放大器的触发翻转电平，适当选择 R_1 和 R_2，取 $F=R_2/(R_2+R_1)$ =0.47，则方波的频率只由 R、C 决定。

4．确定 R、C

当 R_1、R_2 的值确定后，根据振荡周期的要求，可以先选取电容 C 为 0.01μF，再由式（5.8.1）确定 $R=25kΩ$，R 取标称值 24kΩ。

5．限流电阻的选取

R_3 为稳压管的限流电阻，由于手册上给出一般稳压管的 $I_{Dzmax}=10mA$，如取 $I_{Dz}=10mA$，根据设计要求 $R_3 \geq (9V-2.7V)/10mA=630Ω$。为了减少稳压管及运放的功耗，取 $R_3=1kΩ$。

三、设计任务

1．设计一个方波产生电路，输出方波频率为 1kHz，幅度不小于 6V，相对误差<±10%，计算电路参数，画出电路图。

*2．在设计任务 1 方波产生电路的基础上，设计一个占空比为 40%、频率为 1kHz，幅度不小于 6V，相对误差<±10%的矩形波产生电路，计算电路参数，画出电路图。

四、实验内容

1．在实验箱上安装所设计方波发生器电路，测量电路输出的方波幅度和频率。观测元件 R、C、R_1、R_2 参数的变化对输出方波幅度和频率的影响。

2．用示波器测量输出方波的幅度和频率 f_o 值，比较设计计算值和实际测量值的差异。调节 R 或者 C，使输出方波的频率满足设计要求。

3．用示波器测量电容两端电压的幅度和频率 f_o 值。

*4．在实验箱上安装所设计矩形波发生器电路，测量电路输出的矩形波的幅度、频率和占空比。用示波器测量电容两端电压的幅度和频率 f_o 值。

五、预习要求

1．复习方波产生电路的工作原理及设计方法。

2．根据设计要求设计计算各个元件参数，写出设计计算过程，画出电路图。

3．根据实验内容要求写出实验方法和测试步骤。

4．用 EDA 仿真软件对所设计的电路进行仿真，如果电路指标不满足设计要求，可将参数进行适当调整，使电路指标满足设计要求。

六、实验报告要求

1．简要叙述电路的工作原理和主要元件在电路中的作用。

2．写出电路的设计计算过程，画出电路图。

3．记录并整理实验数据，画出输出电压 u_o、u_c 的波形（标出幅值、周期和相位关系）。

4．写出调测过程中所遇到的问题以及解决方法。

七、思考题

1．改变 R_1/R_2，电容两端电压幅度和频率是否会发生变化？

2．如果实验中稳压管开路，输出波形会发生什么变化？

3．如果实验中稳压管有一只接反了，输出波形会发生什么变化？试画出输出波形。

4．如果实验中同学误将一只二极管 1N4148 当成稳压管接入电路，输出波形会发生什么变化？试画出输出波形。

八、实验仪器与器材

1．双踪示波器　　2．函数信号发生器　　3．直流稳压电源　　4．交流毫伏表

5．实验箱　　　　6．万用表　　　　　　7．阻容元件若干

6.1 晶体管共射放大电路的设计

一、实验目的

1. 学习晶体管单级放大电路的一般设计方法，能根据给定的技术指标要求设计出晶体管单级放大电路；

2. 学习晶体管单级放大电路静态工作点的设置与调整方法；

3. 掌握晶体管单级放大电路的安装调试方法和基本性能指标的测试方法；

4. 研究电路参数变化对放大器性能指标的影响。

二、设计方法

设计举例：设计一个晶体管单级放大器

1. 技术指标

（1）电压放大倍数 $A_u \geqslant 50$；

（2）输入电阻 $R_i \geqslant 1\text{k}\Omega.$；

（3）输出电阻 $R_o = 3\text{k}\Omega.$；

（4）负载阻抗 $R_L = 3\text{k}\Omega$；

（5）幅频特性 $f_L \leqslant 300\text{Hz}$，$f_H \geqslant 300\text{kHz}$；

（6）输出信号动态范围 $\geqslant 2\text{V}$（峰峰值）；

（7）非线性失真 $\leqslant 10\%$；

（8）各项指标允许误差 $\leqslant 10\%$；

（9）电源电压为 12V；

（10）设计时取 $\beta = 100$。

2. 指标分析

（1）设计难点分析

设计分立元件构成的放大电路时，有两种设计方法：①当技术指标都比较宽裕时，可根据经验选择各项电路参数。当电路元件全部确定后，再核算各项指标，如果发现某项指标达不到要求，则再调整相关元件参数，直到符合设计要求为止；②当技术指标中有难点或要点时，可以围绕这一指标进行设计，以便确保该项指标满足设计要求。在满足核心指标的前提下确定电路元件，然后通过核算，分析其他技术指标是否满足要求，如果不满足，则调整相关元件参数。这两种方法都比较常用，前者简便，适于小信号宽指标的电路，后者适于某一项或多项指标要求较高的场合。

由经验可知，放大倍数 $A_u \geq 50$，$R_i \geq 1\text{k}\Omega$，$R_o = 3\text{k}\Omega$，$f_L \leq 300\text{Hz}$，$f_H \geq 300\text{kHz}$ 等指标都容易达到，一般单级共射放大器就具备完成这些指标的功能，但相比其他指标，动态范围 U_{opp} 成为相对的设计要点。

图 6.1　分压式单级放大器

（2）电路结构的选取

由模拟电路理论可知，晶体管单级放大有 3 种基本结构：共射电路、共基电路和共集电路。共集电路的电压放大倍数约等于 1，其输入电阻很高。共基电路电压放大能力较高，而且频率特性较好，但其输入电阻较低。共射电路的电压放大倍数较高，输入电阻适中，频率特性虽不如共基电路，但可以满足设计要求。综合这 3 种电路结构的各自特点，本例选用共射电路，如图 6.1 所示。

3．电路设计

（1）选定 U_{CEQ} 和 R_c

① 因为图 6.1 所示单级放大器的输出阻电阻 $R_o = R_c$，技术指标输出电阻 $R_o = 3\text{k}\Omega$，所以电阻 R_c 取值 $3\text{k}\Omega$。

② 由于要确保 U_{opp} 达到设计要求，由共射放大器输出特性曲线可知，为得到最大的 U_{opp} 值，直流工作点 Q 最好在交流负载线的中点，如图 6.2 所示的 Q 点，若工作点选得太高，就会出现饱和失真；若工作点选得太低，就会产生截止失真。其中 U_{CES} 为最大饱和电压，一般取 1V。

要保证 Q 点在交流负载线的中点，所以

$$U_{\text{CEQ}} = \frac{E_C - U_{\text{CES}}}{2} = \frac{12-1}{2} = 5.5\text{V} \qquad (6.1.1)$$

如图 6.1 所示，

$$E_c = (R_C + R_E)I_C + U_{\text{CE}}$$

当 $U_{\text{CE}} = 0$ 时，

$$I_C = \frac{E_C}{R_C + R_E}$$

如图 6.2 所示，因为 I_{CQ} 也应该是电流的中点，当 R_E 取值较小时，

$$I_{\text{CQ}} \approx \frac{E_C}{2R_C}$$

所以取 $U_{\text{RC}} = R_C I_{\text{CQ}} = U_{\text{CEQ}} = 5.5\text{V}$。

（2）确定 I_{CQ}

$$I_{\text{CQ}} = \frac{U_{\text{RC}}}{R_C} = \frac{5.5}{3} \approx 1.8\text{mA} \qquad (6.1.2)$$

取 $I_{\text{CQ}} = 1.8\text{mA}$。

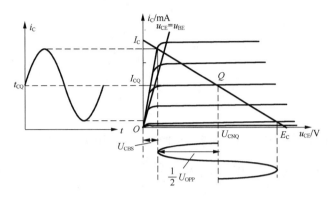

图 6.2 静态工作点的设置

（3）确定 R_E

$$U_{EQ} = E_C - (U_{RC} + U_{CEQ}) = 1V$$
$$U_{EQ} = I_E R_E$$
$$R_E = \frac{1}{I_E} = \frac{1}{1.8} = 0.56k\Omega$$

R_E 取标称值 560Ω 或 620Ω。

（4）确定 R_{b1} 和 R_{b2}

放大器的静态工作点 Q 主要由 R_{b1}、R_{b2}、R_c、R_E 及 E_C 决定。该电路利用 R_{b1}、R_{b2} 的分压固定基极电位 U_{BQ}。U_{BQ} 固定，在 R_E 直流负反馈的配合下将使静态工作点稳定。

要稳定静态工作点，必须满足 $I_1 \gg I_{BQ}$，才能保证 U_{BQ} 恒定，但也不是 I_1 越大越好，I_1 越大，R_{b1}、R_{b2} 的取值就越小，这样不仅使电源功耗增加，而且使放大电路的输入电阻下降。因此两者必须兼顾，工程上一般按下式选取

$$\begin{cases} I_1 = (5 \sim 10)I_{BQ} & （硅管） \\ I_1 = (10 \sim 20)I_{BQ} & （锗管） \end{cases}$$

所以　　　　　　　　　　　　　　$I_1 = 10 I_{BQ} = 0.18mA$，

$$U_{BQ} = U_{EQ} + 0.7 = 1.7V，$$

因为 $I_{CQ} \approx I_{EQ} = 1.8mA$，　故 $(R_{b1} + R_{b2}) = \dfrac{E_C}{I_1} = \dfrac{12}{0.18} = 67k\Omega$

则　　　　　　　　　　　　　　$R_{b2} = \dfrac{U_{BQ}}{I} = \dfrac{1.7}{0.18} = 9.4k\Omega$

$$R_{b1} = (R_{b1} + R_{b2}) - R_{b2} = 57.6k\Omega$$

R_{b1} 取标称值 $62k\Omega$，R_{b2} 取标称值 $10k\Omega$。

（5）确定 C_1、C_2 和 C_3

放大器的高频截止频率主要由三极管的参数特征频率决定，其下限频率主要由 C_3 决定。C_1、C_2 是耦合电容，对放大器的高、低频段都有影响。由于本例工作频率较低，所以主要考虑 C_1，C_2 对低频下限频率的影响，经分析，可根据下列关系式选用 C_1、C_2 和 C_3。

$$C_1 = (5-10)\frac{1}{2\pi f_L(R_s + r_{be})} \tag{6.1.3}$$

$$C_2 = (5-10)\frac{1}{2\pi f_L(R_c + R_L)} \tag{6.1.4}$$

$$C_3 = (1-3)\frac{1}{2\pi f_L(R_e \mid\mid \frac{r_{be}}{1+\beta})} \tag{6.1.5}$$

式中，R_s 为信号源内阻，实验室所用函数信号发生器的内阻为 50Ω，

式中，$r_{be} = r_b + (1+\beta)\dfrac{26\text{mV}}{I_E(\text{mA})} = 300 + (1+\beta)\dfrac{26\text{mV}}{I_E(\text{mA})} \approx 1.5\text{k}\Omega$

代入式 6.1.3，6.1.4，6.1.5 计算，取：C_1=10μF，C_2=10μF，C_3=47μF。

4．电路参数的核算

静态工作点的估算：

$$U_{BQ} = \frac{R_{b2}}{R_{b1} + R_{b2}} \times E_C = \frac{10}{72} \times 12 \approx 1.7\text{V}$$

$$U_{EQ} = 1.7 - 0.7 = 1\text{V}$$

$$I_{EQ} = \frac{U_{EQ}}{R_E} = \frac{1}{560} \approx 1.7\text{mA}$$

$$A_v = (-\frac{\beta R_L'}{r_{be}}) = -\frac{100 \times 1.5}{1.8} = -83$$

$$R_i = r_{be} // R_{b1} // R_{b2} \approx 1.25\text{k}\Omega$$

$$R_O = 3\text{k}\Omega$$

满足设计要求。

核算静态工作点和动态指标，如果发现指标不符合设计要求，则需要修改设计。电路参数的核算可以利用 EDA 软件。

三、设计任务

设计一个晶体管单级放大器，技术指标要求如下：

1．电路指标

（1）电压放大倍数 $A_u \geqslant 40$；

（2）输入电阻 $R_i \geqslant 1\text{k}\Omega$.；

（3）输出电阻 R_o=2kΩ；

（4）负载阻抗 R_L=2kΩ；

（5）输出信号峰峰值 $U_{opp} \geqslant 2\text{V}$；

（6）幅频特性 $f_L \leqslant 300\text{Hz}$，$f_H \geqslant 300\text{kHz}$；

（7）非线性失真 $\leqslant 10\%$；

（8）电源电压为 12V；

（9）设计时取 β=100。

2．电路结构要求

采用单级分压偏置共射极放大电路，电路结构如图 6.1 所示。

3．设计注意事项

（1）直流工作点不必十分准确，一般为整数或 0.5 的倍数；

（2）每得到一个电阻值时，必须取接近的标称值；

（3）直流参数设计完成后，必须核算所有直流工作点；

（4）在保证直流参数可以达到指标要求的前提下核算交流参数。

四、实验内容

1．根据设计任务和已知条件确定电路方案，计算并选取放大电路和各元件参数。

2．在实验箱上安装所设计的电路。

3．测量该放大电路的静态工作点。

4．根据设计要求测量该放大电路的主要电路指标：电压放大倍数、输入电阻、输出电阻。

*5．观测放大电路因工作点设置不当而引起的非线性失真现象。

6．测量放大器的上限频率和下限频率，采用逐点法测量该电路的幅频特性，绘制幅频特性曲线。

*7．改变静态工作点，测试电路的基本性能指标，分析静态工作点对电路性能指标的影响。

五、预习要求

1．自学本教材第四章"4.1 模拟电路的设计方法"和"4.3 模拟电路的调测"。

2．根据设计任务，完成电路设计，写出设计计算过程，画出电路图。

3．用 EDA 软件对所设计的电路进行仿真，如果电路指标不满足设计要求，需要将参数进行适当调整，使电路指标满足设计要求。

4．自拟电路的调测方案和实验步骤。

5．自拟测试数据表格。数据表格中必须有理论估算值和实测值两项。表格中应包括：电路指标中要求的各项指标，测试各项指标时所涉及的各种中间测试参数、静态工作点等。

六、设计型实验报告要求

1．写出电路的设计计算的过程。具体包括：

（1）主要参数的计算和元器件的选择；

（2）静态工作点和主要性能指标 A_u、R_i、R_O、U_{OPP} 的计算和校核；

（3）整理各项测试内容的实验数据与波形，分析实验结果。分别与理论值、仿真值进行比较，分析误差原因。

2．在实验过程中遇到的问题及解决方法。

3．实验总结和心得。

4．回答思考题。

七、思考题

1. 分别增大或减小 R_{b1}、R_{b2}、R_L、R_E 和电源电压，分析这些参数对放大器的静态工作点及性能指标有何影响？

2. 测量放大器性能指标 A_u、R_i、R_O，能否用数字万用表测量？

八、实验仪器与器材

1. 双踪示波器　　　2. 函数信号发生器　　3. 直流稳压电源　　4. 交流毫伏表

5. 实验箱　　　　　6. 万用表　　　　　　7. 阻容元件及导线若干

6.2　串联电压负反馈放大电路的设计

一、实验目的

1. 学习并初步掌握负反馈放大电路的设计及电路安装、调试方法。

2. 学习用仿真软件仿真复杂电路的方法。

3. 深入理解负反馈对电路性能的影响。

4. 学习并掌握负反馈放大电路主要性能指标的测试方法。

二、设计方法

设计举例：设计一个放大器

1. 技术指标

（1）电压放大倍数 $A_{uf} \geqslant 50$；

（2）输入电阻 $R_{if} \geqslant 1k\Omega$；

（3）输出电阻 $R_{of} \leqslant 0.5k\Omega$；

（4）负载阻抗 $R_L = 2k\Omega$；

（5）输入信号电压范围 $U_i = 0 \sim 20mV$（有效值）；

（6）幅频特性 $f_L \leqslant 100Hz$，$f_H \geqslant 1MHz$；

（7）非线性失真 $\leqslant 1\%$；

（8）电源电压为 12V；

（9）电压放大倍数的稳定度 $S = \dfrac{\Delta A_u}{A_u} \leqslant 1\%$。

（10）设计时取 $\beta = 100$。

2. 指标分析

（1）分析并找出隐含的指标要求

① 对 U_{opp} 的要求：在指标中，有的要求直接给出，如 $R_i = 1k\Omega$，有的指标间接给出或着是隐含的，如对峰峰值 U_{opp} 的要求，所以应首先通过分析搞清楚直接和间接的指标要求。由电压放大倍数 $A_{uf} = 50$，$U_i = 20mV$（有效值）可知，对输出信号电压的峰峰值的要求是 $U_{opp} \geqslant 2.8V$。

② 开环电压放大倍数 A_u 和反馈深度 F 的要求：由经验可知，未采用负反馈的共射电路

的放大器的非线性失真一般为 5% 左右,所以必须使放大器的反馈系数 $1+A_u F \geqslant 5$,开环电压放大倍数 A_u 应大于 250,以保证满足非线性失真 ≤1% 的要求。即取 $1+A_u F=6$。所以 $A_u=300$,$F=5/300=0.017$。

（2）指标中的难点

据分析,指标中的 A_{uf}、R_{if}、R_{of} 和幅频特性都比较容易实现,若采用图 6.3 电路结构,则该电路的输出信号的峰峰值比较容易达到要求。

3．确定电路结构

由上述分析确定开环电压放大倍数应大于 250,由经验可知 250 倍的电压放大倍数需要两级共射放大电路才能达到。又由指标中电压放大倍数稳定度 S 的要求以及模拟电路负反馈理论可知,要稳定电压放大倍数,应采用电压串联负反馈结构。可采用的电压串联负反馈的电路形式也有多种。我们选用图 6.3 的电路形式。

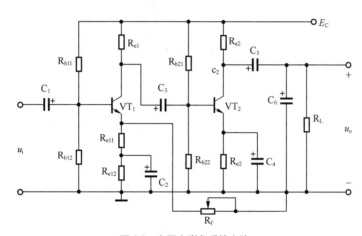

图 6.3　电压串联负反馈电路

4．电路设计

（1）确定 R_{e11} 和 R_f

因为反馈深度

$$F = \frac{U_f}{U_O} = \frac{R_{e11}}{R_{e11} + R_f} = \frac{17}{1000},$$

所以取 $R_{e11}=170\,\Omega$,$R_f=10\text{k}\,\Omega$
取标称值 $R_{e11}=150\,\Omega$,$R_f=10\text{k}\,\Omega$

（2）选取 U_{CEQ2}

由于 U_{OPP} 是设计难点,所以在设计时应首先保证 U_{OPP} 满足的要求。U_{OPP} 主要由第二级放大器决定,为了使第二级放大器有最大的输出动态范围,要求三极管 VT_2 的工作点位于交流负载线的中点。所以:

$$U_{CEQ2} = \frac{E_C - U_{CES}}{2} = 5.5\text{V}$$

（3）确定 I_{CQ2} 和 R_{C2}

图 6.4 是图 6.3 开环时的等效的基本放大电路,这个电路去掉反馈作用,保留了反馈网络的负载效应。图 6.5 是开环时的基本等效电路的交流通路。

图 6.4　负反馈放大器的交流开环等效电路

图 6.5　负反馈放大器的开环时的交流通路

由图 6.5 所示电路可以得到该电路输出电阻为

$$R_{O} = (R_f + R_{e11}) \| R_{c2}$$

所以原负反馈放大电路的闭环输出电阻为

$$R_{Of} = \frac{R_O}{1 + AF} = \frac{(R_f + R_{e11}) \| R_{c2}}{1 + AF}$$

因为 $(R_f + R_{e11}) > R_{c2}$，所以 $R_{Of} \approx \dfrac{R_{c2}}{1 + AF}$

又因为设计指标要求 $R_{Of} \leqslant 0.5\text{k}\Omega$，

且 $1 + AF = 6$

则 $R_{c2} \leqslant 0.5\text{k}\Omega \square 6 = 3\text{k}\Omega$。

再根据戴维南定理及最大功率传输定理可知：

R_{c2} 的取值应等于负载 R_L，所以 R_{c2} 取 2kΩ。

为保证输出有最大的动态范围，Q_2 点应该取在交流负载线的中点，即

$$I_{CQ2} \approx \frac{E_C}{2R_{C2}}$$

所以取 $U_{RC} = R_{C2}I_{CQ2} = U_{CEQ2} = 5.5\text{V}$

$$I_{CQ2} = \frac{5.5}{2} = 2.25\text{mA}$$

则取 $I_{CQ2} = 2.5\text{mA}$

（4）确定 R_{e2}

由 $E_c = I_{CQ2}(R_{C2} + R_{e2}) + U_{CEQ2}$

$$12 = 2.5\text{mA}(R_{\text{e}2} + 2) + 5.5$$

$$R_{\text{e}2} = \frac{12 - 5.5}{2.5} - 2 = 0.6\text{k}\Omega$$

所以 $R_{\text{e}2}$ 取标称值 620Ω。

（5）确定 $R_{\text{b}21}$ 和 $R_{\text{b}22}$

$$\begin{aligned}
U_{\text{BQ}2} &= U_{\text{EQ}2} + 0.7\text{V} \\
&= 12\text{V} - I_{\text{CQ}2}\square R_{\text{C}2} - U_{\text{CEQ}2} + 0.7\text{V} \\
&= 12\text{V} - 2.5\text{mA}\square 2\text{k} - 5.5 + 0.7\text{V} \\
&= 12\text{V} - 5\text{V} - 5.5\text{V} + 0.7\text{V} \\
&= 2.2\text{V}
\end{aligned}$$

所以

$$U_{\text{BQ}} = \frac{R_{\text{b}22} E_{\text{C}}}{R_{\text{b}21} + R_{\text{b}22}} = 2.2\text{V}$$

要保证静态工作点的稳定，要求 I_2（第二级流过基极偏置电阻的电流）$\gg I_{\text{BQ}2}$

取 $I_2 = 5I_{\text{BQ}2}$

$$\begin{aligned}
I_2 &= \frac{E_{\text{C}}}{R_{\text{b}21} + R_{\text{b}22}} = 5I_{\text{BQ}2} \\
&= \frac{5 \times I_{\text{CQ}2}}{\beta} \\
&= \frac{5 \times 2.5}{100} \\
&= 0.125\text{mA}
\end{aligned}$$

$$\begin{cases} R_{\text{b}21} + R_{\text{b}22} = 96 \\ R_{\text{b}21} = \dfrac{9.8}{2.2} R_{\text{b}22} \end{cases}$$

$R_{\text{b}22} \approx 17.6\text{k}\Omega$，取标称值 $R_{\text{b}22} = 18\text{k}\Omega$，

$R_{\text{b}21} = 78\text{k}\Omega$，取标称值 $R_{\text{b}21} = 82\text{k}\Omega$。

（6）确定 $U_{\text{CEQ}1}$、$I_{\text{CQ}1}$、$R_{\text{b}11}$、$R_{\text{b}12}$

由于对前级要求不高，则可适当将 $U_{\text{CEQ}1}$ 取大些，以保证 $I_{\text{CQ}1}$ 不太大。已确定 $R_{\text{e}11}=150\Omega$，取 $R_{\text{e}12}=200\Omega$，$I_{\text{CQ}1}=1.5\text{mA}$，$R_{\text{c}1}=3\text{k}\Omega$。

$$\begin{aligned}
U_{\text{CEQ}1} &= 12\text{V} - I_{\text{CQ}1}\square R_{\text{c}1} - I_{\text{CQ}1}\square(R_{\text{e}11} + R_{\text{e}12}) \\
&= 12\text{V} - 1.5\text{mA} \times 3\text{k}\Omega - 1.5\text{mA} \times 0.35\text{k}\Omega \\
&= 12\text{V} - 4.5\text{V} - 0.53\text{V} \\
&= 7\text{V}
\end{aligned}$$

$$\begin{aligned}
U_{\text{BQ}1} &= U_{\text{EQ}1} + 0.7\text{V} \\
&= 0.53\text{V} + 0.7\text{V} \\
&= 1.23\text{V}
\end{aligned}$$

要保证静态工作点的稳定，要求 I_1（第一级流过基极偏置电阻的电流）$\gg I_{\text{BQ}1}$

取 $I_1=10I_{\text{BQ}1}$

$$I_1 = 10 \times \frac{I_{\text{CQ}1}}{100} = \frac{1.5}{10} = 0.15\text{mA}$$

$$R_{b12} = \frac{U_{BQ1}}{I_1} = \frac{1.23\text{V}}{0.15\text{mA}} = 8.2\text{k}\Omega$$

$$R_{b11} = \frac{E_C - U_{BQ1}}{I_1} = \frac{12 - 1.23\text{V}}{0.15\text{mA}} \approx 72\text{k}\Omega$$

取标称值：$R_{b12} = 10\text{k}\Omega$　　　$R_{b11} = 100\text{k}\Omega$

5．核算

（1）校核开环参数和反馈系数

$$\begin{aligned} R_i' &= r_{be1} + (1+\beta_1)(R_{e11} /\!/ R_f) \\ &= 1.7 + 101 \times (0.15 /\!/ 10) \\ &= 1.7 + 15 \\ &= 16.7\text{k}\Omega \end{aligned}$$

（开环）
$$\begin{aligned} R_{of}' &= r_{ce2} /\!/ (R_f + R_{e11}) /\!/ R_{c2} \\ &\approx (R_f + R_{e11}) /\!/ R_{C2} \\ &= 10.15\text{k}\Omega /\!/ 2\text{k}\Omega \\ &\approx 1.7\text{k}\Omega \end{aligned}$$

$$\begin{aligned} R_{L1}' &= R_{c1} /\!/ R_{i2} = R_{C1} /\!/ R_{b2} /\!/ r_{be2} \\ &= R_{c1} /\!/ R_{b21} /\!/ R_{b22} /\!/ r_{be2} \\ &= 3\text{k}\Omega /\!/ 82\text{k}\Omega /\!/ 18\text{k}\Omega /\!/ 1.5\text{k}\Omega \\ &\approx 1\text{k}\Omega \end{aligned}$$

式中 $R_{b2} = R_{b21} /\!/ R_{b22}$

$$\begin{aligned} R_{L2}' &= r_{ce2} /\!/ (R_f + R_{e11}) /\!/ R_{c2} /\!/ R_L \\ &= (R_f + R_{e11}) /\!/ R_{c2} /\!/ R_L \\ &= (10 + 0.15) /\!/ 2 /\!/ 2 \\ &\approx 1\text{k}\Omega \end{aligned}$$

$$\begin{aligned} A_u &= A_{u1} \times A_{u2} = \left(-\frac{\beta_1 R_{L1}'}{R_i'}\right)\left(-\frac{\beta_2 R_{L2}'}{r_{be2}}\right) \\ &= \frac{100 \times 1\text{k}\Omega}{16.7\text{k}\Omega} \times \frac{100 \times 1\text{k}\Omega}{1.3\text{k}\Omega} \\ &= 5.99 \times 76.9 \approx 461 \end{aligned}$$

$$F = \frac{R_{e11}}{R_{e11} + R_f} = \frac{0.15}{0.15 + 10} \approx 0.015$$

$$\begin{aligned} 1 + A_u F &= 1 + 461 \times 0.015 \\ &= 7.9 \end{aligned}$$

（2）校核闭环参数

$$\begin{aligned} R_{if}' &= (1 + A_u F)R_i' \\ &= 7.9 \times 16.7\text{k}\Omega \\ &\approx 132\text{k}\Omega \end{aligned}$$

（闭环）
$$\begin{aligned} R_{if} &= R_{b11} /\!/ R_{b12} /\!/ R_{if}' \\ &= 100\text{k}\Omega /\!/ 10\text{k}\Omega /\!/ 132\text{k}\Omega \\ &= 8.5\text{k}\Omega \end{aligned}$$

$$（闭环）R_{\mathrm{of}} = \frac{R'_{\mathrm{of}}}{1 + A_{\mathrm{u}}F} = \frac{1.7}{1 + 461 \times 0.015} = \frac{1.7}{7.9} = 0.22\mathrm{k\Omega}$$

$$A_{\mathrm{uf}} = \frac{A_{\mathrm{u}}}{1 + A_{\mathrm{u}}F} = \frac{461}{1 + 461 \times 0.015} \approx 58$$

校核结果满足设计要求的各项指标，就用所取的电路参数进行搭接电路，完成实际电路的安装调测。如果校核的结果有的指标不能满足，则需要重新设计计算。

三、设计任务

设计一放大器，技术指标如下：

（1）电压放大倍数 A_{uf}=30；

（2）输入电阻 $R_{\mathrm{if}} \geq 1\mathrm{k\Omega}$.；

（3）输出电阻 $R_{\mathrm{of}} \leq 1\mathrm{k\Omega}$.；

（4）幅频特性 $f_{\mathrm{L}} \leq 100\mathrm{Hz}$，$f_{\mathrm{H}} \geq 1\mathrm{MHz}$；

（5）输出信号动态范围 $U_{\mathrm{OPP}} \geq 2\mathrm{V}$（峰峰值）；

（6）非线性失真 $\leq 1\%$；

（7）电源电压为 12V；

（8）负载阻抗 R_{L}=3kΩ；

（9）电压放大倍数的稳定度 $S = \dfrac{\Delta A_{\mathrm{u}}}{A_{\mathrm{u}}} \leq 1\%$；

（10）设计时取 β=100。

四、实验内容

1．用仿真软件对所设计的电路进行仿真，对所要求的技术指标进行仿真测试比较，观察是否满足设计要求。

2．在实验箱上安装所设计的电路。

3．测量该电路的两级静态工作点。

4．测量该电路的闭环输出电压，计算闭环电压放大倍数。与设计指标要求比较是否满足，若不满足须适当调整。

5．测量该电路闭环时的输入电阻。

6．测量该电路闭环时的输出电阻。

7．测量该电路闭环时的上限频率和下限频率。

五、预习要求

1．自学本教材第四章"4.1 模拟电路的设计方法"和"4.3 模拟电路的调测"。

2．完成电路设计，写出设计计算过程，画出电路图。

3．用 EDA 软件对所设计的电路进行仿真，如果电路指标不满足设计要求，需要将电路参数进行适当调整，使电路指标满足设计要求。

4．自拟电路的调测方案和实验步骤。

5．自拟测试数据表格。数据表格中必须有理论值和实测值两项。表格中应包括：电路指标中要求的各项指标，测试各项指标时所涉及的各种中间测试参数、静态工作点等。

六、设计型实验报告要求

1．写出电路的设计过程，具体包括：

（1）主要参数的计算和元器件的选择；

（2）静态工作点的估算；

（3）主要性能指标估算，包括电路的开环、闭环电压放大倍数 A_{u1}、A_{uf1}、A_{u2}、A_{uf2}、输入电阻和输出电阻的计算和校核；

2．整理各项测试内容的实验数据与波形，根据实验结果，总结电压串联负反馈对放大器性能的影响；

3．在实验过程中遇到的问题及解决方法；

4．回答思考题。

七、思考题

若实验中出现自激振荡，应如何排除？

八、实验仪器与器材

1．双踪示波器　　　2．函数信号发生器　　　3．直流稳压电源　　　4．交流毫伏表

5．实验箱　　　　　6．万用表　　　　　　　7．阻容元件及导线若干

6.3 差动放大电路的设计

一、实验目的

1．熟悉差动放大电路的组成、特点和用途；

2．学习带恒流源式差动放大器的设计方法和调测方法；

3．掌握差动放大器的主要特性指标及其测试方法。

二、设计方法

设计举例：设计一个具有恒流源的单端输入-双端输出差动放大器

1．技术指标

$$R_{id} > 30k\Omega，\ A_{ud} \geqslant 30，\ K_{CMR} > 60dB$$

2．设计条件

电源电压 U_{CC}=+12V，$-U_{EE}$=-12V，负载 R_L=20kΩ，U_{id}=20mV，差分对管 BG319，β=100

3．电路参数设计计算

（1）确定电路结构及晶体管型号

因为题目要求共模抑制比较高，所以采用具有恒流源的单端输入、双端输出的差动放大电路，电路结构如图 6.6 所示，要求电路对称性好，所以采用调零电位器 W_1 的取值应尽量小些，只要能调到平衡点即可。

图 6.6　带恒流源式差动放大器

（2）设置静态工作点 I_o 和电阻 R 的计算

差动放大器的静态工作点主要由恒流源 I_o 决定。I_o 取值不能太大。I_o 越小恒流越稳定，漂移越小，放大器的输入阻抗越高。但也不能太小，一般为几毫安，这里取 I_o=1mA。

对于恒流源电路，$I_{c3}=I_o$

$$I_R = I_o = \frac{|-U_{EE}|-0.7}{R+R_{e4}}$$

$R+R_{e4}$=11.3kΩ，射极电阻 R_{e4} 一般取几千欧姆，所以，取 $R_{e3}=R_{e4}$=2KΩ，则 R=9.3kΩ，为了便于调整 I_o，R 用一个固定电阻*R=5.1kΩ 和一个 10kΩ 的电位器 W_o 串联。

（3）根据指标输入电阻 R_{id} 的要求，确定 R_{b1} 和 R_{b2}

因为恒流源电路 $I_{c3}=I_o$=1mA，所以 $I_{c1}=I_{c2}=I_o/2$=0.5mA，

$$r_{be} = r_{bb'} + (1+\beta)\frac{26mV}{I_{c1}(mA)} = 300 + (1+\beta)\frac{26mV}{0.5} \approx 5.5kΩ$$

对于差模输入电阻 $R_{id} \approx 2(R_{b1}+r_{be}) + (1+\beta)W_1$

设计要求 R_{id}>30kΩ，所以，当 W_1 取值较小可以忽略时，

$$R_{id} \approx 2(R_{b1}+r_{be}) > 30$$

所以，$R_{b1}= R_{b2}$ >9.5kΩ 取标称值，取 $R_{b1}=R_{b2}$=10kΩ。

（4）根据设计要求差模放大倍数 A_{ud}>30，确定 R_{C1}、R_{C2}

$$A_{ud(单)} = \frac{U_{od1}}{U_{id}} = \frac{U_{od1}}{2U_{id1}} = \left|-\frac{\beta R'_L}{R_{b1}+r_{be}}\right| > 30$$

取 A_{ud}=40

则 R'_L =6.2kΩ。

由图 6.6，$R'_L = R_c // \dfrac{R_L}{2}$

所以 $R_c = \dfrac{R'_L \times \frac{R_L}{2}}{\frac{R_L}{2} - R'_L} = \dfrac{62}{3.8} = 16\text{k}\Omega$，$R_{c1} = R_{c2}$ 取标称值 $18\text{k}\Omega$。

由图 6.6，根据所取参数验算静态工作点：

$$U_{CQ1} = U_{CQ2} = U_{CC} - I_{CQ1}R_{C1} = 3\text{V}$$

$$U_{BQ1} = U_{BQ2} = \frac{I_{CQ1}}{\beta}R_{b1} = 50\text{mV} \approx 0$$

$$U_{EQ1} = U_{EQ2} \approx -0.7\text{V}$$

发射极电阻不能太大，否则负反馈太强，会使放大器增益很小，一般取 W_1 为 100Ω 左右的电阻（可调），以便于调整电路的静态工作点。

三、设计任务

1．设计微电流源电路，如图 6.7 所示，设 $\beta = 100$，$U_{CC} = 5\ \text{V}$，$U_{EE} = 5\text{V}$，在 Q_2 点和 U_{CC} 之间，使 $I_{REF} = 10\ \text{mA}$，$I_O = 1\text{mA}$。

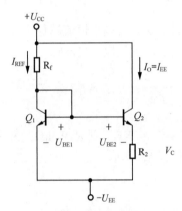

图 6.7 微电流源电路

2．设计一个差动放大电路，电路结构如图 6.6 所示，技术指标要求如下：

（1）电路指标

① $K_{CMR} \geqslant 60\ \text{dB}$；

② $R_{b1} = R_{b2} = 820\ \Omega$；

③ $U_{opp} \geqslant 2\text{V}$；

④ $A_{ud} \geqslant 50$。

（2）设计条件

① 电源电压 $\pm 5\text{V}$；

② 差分管 $\beta = 100$；

③ 图中电流源采用图 6.7 的设计；

所有元件取标称值，再核算电路指标。

四、实验内容

1．在实验箱上安装所设计的电路，调节电位器 W_1，使放大器零输入时零输出。

2．测量该电路的静态工作点。

3．测量该电路单端输入双端输出时的差模放大倍数和共模放大倍数。

4．计算该电路的共模抑制比。

五、预习要求

1．复习差动放大器的相关知识；

2．根据设计任务完成电路设计，写出设计计算过程，画出电路图。

3．用 EDA 仿真软件对所设计的电路进行仿真，如果电路指标不满足设计要求，需要将参数进行适当调整，使电路指标满足设计要求。

4．自拟电路的调测方案和实验步骤。

5．自拟测试数据表格。数据表格中必须有理论值和实测值两项。

六、设计型实验报告要求

1．写出电路的设计过程。具体包括：

（1）主要参数的计算和元器件的选择；

（2）静态工作点的估算；

（3）主要性能指标估算，包括单端输入、双端输出差模放大倍数的估算、共模放大倍数的估算、共模抑制比的估算。

2．整理各项测试内容的实验数据与波形。

3．总结差动放大器中各个元件参数对性能指标的影响。

4．在实验过程中遇到的问题及解决方法。

5．心得体会。

七、思考题

1．差动放大器电路中元件的对称性对电路性能有何影响？

2．为什么在测试静态工作点前要调零？

3．恒流源的电流取大一点还是小一点比较好？

八、实验仪器与器材

1．双踪示波器　　　　2．函数信号发生器　　3．直流稳压电源　　　　4．交流毫伏表

5．实验箱　　　　　　6．万用表　　　　　　7．阻容元件及导线若干

6.4　波形变换电路的设计

一、实验目的

1．加深理解方波和三角波产生电路的工作原理；

2．掌握方波-三角波产生电路的设计方法；

3．掌握方波-三角波产生电路的安装与调测方法以及主要性能指标的测试方法。

二、设计方法

设计一个由集成运放等元件组成的方波-三角波发生器，已知运放的工作电源为±12V，振荡频率为 1kHz，方波和三角波输出幅度分别为±6V，±3V，误差范围±10%，设计计算电路元件参数。

1．参考电路的设计选定：根据要求可选如图 6.8 所示的方波-三角波产生电路。

2．集成运放型号的确定：因为方波前后沿与比较器的转换速率有关，若方波频率较高或对方波前后沿有要求时，应选用高速型运放组成比较器；选用失调电压及温漂小的运放组成积分器。本实验要求振荡频率不高，无其他特别要求，所以选用通用型的运放 TL084 或 uA741。

3．稳压管型号和限流电阻 R_3 的确定：根据设计要求，方波幅度为±6V，误差范围为±10%，所以可查有关手册选用满足稳压值为±6V、误差范围为±10%、稳压电流不小于 10mA 且温度稳定性好的稳压管型号，如 2DW231，其限流电阻 R_3 为：

图 6.8　方波-三角波产生电路

$$R_3 = \frac{U_{0M} - U_{Z\min}}{I_{ZM}} = \frac{12 - 5.4}{10} = 660\Omega$$

取标称值 R_3 为 $1k\Omega$。

4．分压电阻 R_1、R_f 和平衡电阻的 R 的确定：R_1、R_f 的作用是提供一个随输出方波电压变化的基准电压，并决定三角波的幅值。一般根据三角波幅值来确定 R_1、R_f 的阻值。根据电路原理和设计要求可得

$$U_{OM} = \frac{U_Z R_1}{R_f} = \frac{\pm 6 \times R_1}{R_f} = \pm 3\text{V}$$

$$R_f = 2R_1$$

先选取 R_1，一般情况下 $R_1 \geq 5.1k\Omega$，取值太小会使波形失真严重，则 R_f 取 $10k\Omega$。平衡电阻 R 的确定：$R = R_1 // R_f$。

5．积分单元中 R_4 和 C 及平衡电阻 R_5 的确定：

$$f = \frac{R_f}{4CR_1 R_4} \tag{6.4.1}$$

所以　　$R_4 = \dfrac{R_f}{4CR_1 f}$

选取 C 的值，代入上式可求出 R_4

为了便于调节频率，R_4 一般用一个固定电阻和一个电位器串联，R_5 是平衡电阻，一般取 $R_5 = R_4$

6．根据上述元件参数画出完整正确的实验电路。

三、设计任务

设计一个方波-三角波产生电路，指标要求：方波频率为 1kHz，相对误差<±5%，幅度 ±4V，相对误差<±5%；三角波频率为 1kHz，相对误差<±5%，幅度 ±1V，相对误差<±5%。

四、实验内容

1．根据设计要求设计计算元件参数，画出电原理图。

2．在实验箱上安装所设计的电路，调试并测量电路输出的方波、三角波的幅度和频率，使之满足设计要求。

五、预习要求

1．学习方波-三角波产生电路的工作原理及设计方法。

2．根据设计要求，设计计算元件参数，写出设计计算过程，画出电路图。

3．用 EDA 仿真软件对所设计的电路进行仿真，如果电路指标不满足设计要求，需要将参数进行适当调整，使电路指标满足设计要求。

4．写出实验方法和测试步骤。

六、实验报告要求

1．简要叙述电路的工作原理和主要元件在电路中的作用。

2．写出电路的设计过程。

3．记录并整理实验数据，画出输出电压 u_{o1}、u_{O2} 的波形（标出幅值、周期和相位关系）。

4．写出调测过程中所遇到的问题以及解决方法。

5．回答思考题。

七、思考题

如图 6.8 所示电路中，u_{o2} 的幅度和频率由哪些电路参数决定？采用什么方法可以提高 u_{o2} 的幅度？

八、实验仪器与器材

1．双踪示波器　　　2．函数信号发生器　　3．直流稳压电源　　　4．交流毫伏表
5．实验箱　　　　　6．万用表　　　　　　7．阻容元件及导线若干

6.5　有源滤波器的设计

一、实验目的

1．掌握低通、高通、带通和带阻滤波器的基本特性及其带宽的意义；
2．熟悉用运放、电阻和电容组成有源滤波器电路的工作原理；
3．掌握测量有源滤波器基本参数的测试方法；
4．掌握二阶 RC 有源滤波器的工程设计方法。

二、实验原理及设计方法

在电子系统中，输入信号往往包含一些不需要的信号成分，如果欲将不需要的信号衰减到足够小的程度，而将需要的信号挑选出来，可采用滤波器滤波的方法。

滤波器实际上是一种选频电路，它是一种使有效频率信号通过，而同时抑制(衰减)无用频率信号的电子电路。由运算放大器和 R、C 组成的有源滤波器，其频率将受运放带宽的影响，不适合用于高频信号，通常使用在数十千赫兹以下。

滤波器根据频率特性的不同，可分为低通滤波器、高通滤波器、带通滤波器和带阻滤波器。其各自的幅频特性如图 6.9 所示，其中 $\dot{A}_{uf}$ 为最大通带增益。

1．二阶有源低通滤波器

低通滤波器（LPF）用来通过低频信号，抑制或衰减高频信号。如图 6.10 所示是典型的

图 6.9　各类滤波器幅频特性

二阶低通滤波器。它由两级 RC 滤波环节和同相比例器组成。当 $R_1 = R_2 = R$，$C_1 = C_2 = C$，截止角频率 $\omega_o = 2\pi f_o = \dfrac{1}{RC}$ 时，该电路的主要性能如下：

（1）通带增益（电压放大倍数）

$$A_{uf} = 1 + \frac{R_F}{R_f} \tag{6.5.1}$$

（2）传递函数

$$A(s) = \frac{A_{uf}}{1 + (3 - A_u)sCR + (sCR)^2} \tag{6.5.2}$$

当电路的放大倍数 A_{uf} 小于 3 时，式 6.5.2 中分母的一次项系数大于零，电路才能稳定工作，否则电路会产生自激振荡。

（3）品质因数

图 6.10　二阶低通滤波器电路

当 $f = f_0$ 时，电压放大倍数的模和通带放大倍数的比称为滤波器的品质因数，记作 Q。对于图 6.10 所示电路而言，其值是

$$Q = \frac{1}{3 - A_{uf}} \tag{6.5.3}$$

电路的幅频特性曲线如图 6.11 所示，不同 Q 值影响低通滤波器在截止频率处幅频特性曲线的形状。

设计二阶有源 LPF 时选用 R、C 的方法：电

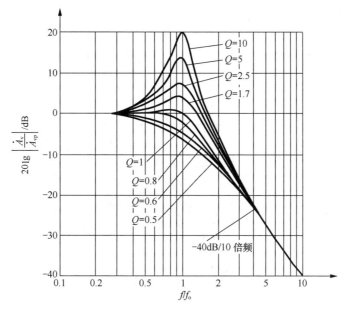

图 6.11 低通滤波器幅频特性

路如图 6.10 所示，设：$R_1=R_2=R$，$C_1=C_2=C$，则

$$Q = \frac{1}{3 - A_{\mathrm{uf}}} \tag{6.5.4}$$

$$f_{\mathrm{o}} = \frac{1}{2\pi RC}$$

f_{o}，Q 可以由 R，C 的值和运放的增益 A_{uf} 来调整。

2．高通有源滤波器

与低通滤波器相反，高通滤波器（HPF）用来通过高频信号，抑制或衰减低频信号。将二阶低通滤波电路中的 R 和 C 的位置互换，就构成了如图 6.12 所示的二阶高通滤波电路。高通滤波器的频率特性与低通滤波器的频率特性是"镜像"关系，当 $R_1 = R_2 = R$，$C_1 = C_2 = C$ 时，其主要电路性能如下：

（1）通带增益（电压放大倍数）

$$A_{\mathrm{uf}} = 1 + \frac{R_F}{R_f} \tag{6.5.5}$$

图 6.12 高通滤波器电路

（2）传递函数

$$A(s) = \frac{(sCR)^2}{1 + (3 - A_0)sCR + (sCR)^2}\,A_{\mathrm{uf}} \tag{6.5.6}$$

（3）品质因数

$$Q = \frac{1}{3 - A_{\mathrm{uf}}} \tag{6.5.7}$$

通带截止频率

$$f_c = \frac{1}{2\pi RC} \tag{6.5.8}$$

电路的幅频特性曲线如图 6.13 所示，不同 Q 值影响高通滤波器在截止频率处幅频特性曲线的形状。

图 6.13　高通滤波器幅频特性

设计二阶有源 HPF 时，选用 R、C 的方法：如图 6.12 所示，设 $A_{uf}=1$，$R_1=R_2=R$，$C_1=C_2=C$，则根据所要求的 Q，f_o 可得

$$A_{uf} = 3 - \frac{1}{Q}$$
$$R = \frac{1}{2\pi f_o C} \tag{6.5.9}$$

3．二阶带通滤波器

带通滤波器（BPF）的作用是只允许某个通频带范围内的信号通过，而对通频带以外的信号都加以衰减或抑制。只要将二阶 LPF 中的一阶 RC 电路改为高通接法，就构成了二阶 BPF。如图 6.14 所示电路就是典型的单端正反馈型二阶带通滤波电路。当 $R_1 = R_f = R$，$R_2=2R$，$C_1 = C_2 = C$，$\omega_0 = 2\pi f_o = \frac{1}{RC}$ 时，其主要电路性能如下：

（1）传递函数

$$A(s) = \frac{sCR}{1+(3-A_{uf})sCR+(sCR)^2} \square A_{uf} \tag{6.5.10}$$

图 6.14　二阶带通滤波器电路

其中 $A_{uf} = 1 + \dfrac{R_F}{R_f}$ 为同相比例放大电路的电压放大倍数。

（2）中心频率

$$f_o = \frac{1}{2\pi RC} \tag{6.5.11}$$

（3）通带放大倍数

$$A_u = \frac{A_{uf}}{3 - A_{uf}} \tag{6.5.12}$$

$$A_{uf} = \frac{R_f + R_F}{R_f R_1 CBW} \tag{6.5.13}$$

（4）中心频率和通带宽度

$$BW = \frac{1}{C}\left(\frac{2}{R} - \frac{R_F}{RR_f}\right) \tag{6.5.14}$$

可见，改变电阻 R_F 或 R_f 就可以改变通带宽度，但并不影响中心频率。

（5）品质因数 Q

BPF 的 Q 值是中心频率与通带宽度之比为：

$$Q = \frac{1}{3 - A_{uf}} \tag{6.5.15}$$

电路和幅频特性曲线如图 6.15 所示，不同 Q 值将使幅频特性具有不同的特点，Q 值越大，通带宽度越窄，选择性也越好。

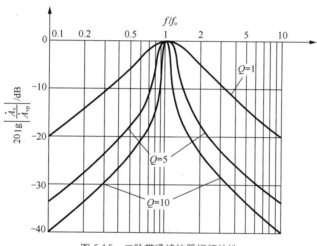

图 6.15　二阶带通滤波器幅频特性

4．带阻滤波电路

带阻滤波器（BEF）的性能指标和带通滤波器相反，它的作用是在一定的频带范围内使信号不能通过或受到抑制，而在其余频率范围信号可以通过。如图 6.16 所示电路就是二阶带阻滤波电路。当 $R_1 = R_2 = 2R_3 = R$，$C_1 = C_2 = \frac{1}{2}C_3 = C$，$\omega_o = 2\pi f_o = \frac{1}{RC}$ 时，主要电路性能如下：

（1）通带电压放大倍数

$$A_{Of} = 1 + \frac{R_F}{R_f} \tag{6.5.16}$$

图 6.16 二阶带阻滤波器电路

（2）中心频率

$$f_o = \frac{1}{2\pi RC} \tag{6.5.17}$$

（3）通带截止频率和阻带宽度

$$\begin{cases} f_{p1} = \frac{f_o}{2}[\sqrt{(3-A_{of})_2 + 4} - (2-A_{of})] \\ f_{p2} = \frac{f_o}{2}[\sqrt{(3-A_{of})_2 + 4} - (2-A_{of})] \end{cases}$$

$$BW = f_{p2} - f_{p1} = 2(2-A_{of})f_o \tag{6.5.18}$$

（4）品质因数 Q

Q 值是中心频率与阻带宽度之比为：

$$Q = \frac{1}{2(2-A_{of})} \tag{6.5.19}$$

电路的幅频特性曲线如图 6.17 所示。

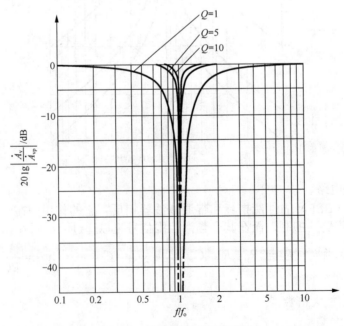

图 6.17 二阶带阻滤波器幅频特性

5．二阶低通滤波器设计举例

要求设计一个巴特沃斯特性的二阶低通滤波器，电路如图 6.10 所示，其截止频率为 500Hz，Q 值为 0.707，根据 f_o 的值选择电容 C 的值，一般来讲，滤波器中电容的容量要小于 $1\mu F$，电阻的值至少要求 kΩ 级。假设取 C=0.1μF，则根据 $f_o = \dfrac{1}{2\pi RC}$

即

$$f_o = \frac{1}{2\pi R \times 0.1 \times 10^{-6}} = 500\text{Hz}$$

可求得 R=3185Ω

再根据 Q 值求 R_f 和 R_F，因为 Q 值为 0.707，即 $Q = \dfrac{1}{3-A_o} = 0.707$，$A_o = 1.57$。

又因为集成运放要求两个输出端的外接电阻对称，可得

$$\begin{cases} 1 + \dfrac{R_F}{R_f} = 1.57 \\ R_F // R_f = R + R = 2R \end{cases}$$

可得：$R_f = 17.547\text{k}\Omega$，$R_F = 10\text{k}\Omega$。取标称值 $R_f = 18\text{k}\Omega$，$R_F = 10\text{k}\Omega$

三、设计任务

1．设计一低通滤波器，要求截止频率 $f_o = 2\text{kHz}$，Q=0.707。

2．设计一个带通通滤波器，要求 $f_o = 500\text{Hz}$，Q=5，BW=200Hz。

四、实验内容

1．对于低通滤波器电路，初步调测电路，使电路工作正常。调节输入信号的幅度使输出信号的幅度为 1V，保持输入信号的幅值不变，调节输入信号的频率，用示波器观测输出信号幅值的变化。

2．测量低通滤波器的频率特性：在输出波形不失真的情况下，保持输入信号幅度不变，改变输入信号的频率，测量对应的输出电压并填入数据表格（选取 10 个频率点）。

3．测量截止频率，与设计要求相比较，若不满足要求，调整元器件的值，直到满足要求为止。

4．观察 Q 值变化对幅频特性的影响，将反馈电阻改为 $R_F' = 2R_F$，重复前面的分析，描下不同 Q 的频率特性曲线，观察两者的区别，并进行分析讨论。

5．观察 R、C 值变化的影响，改变 R_1、R_2 的电阻值使 $\dfrac{\Delta R}{R} = 0.1$，测量 f_o 的变化是否符合 $\dfrac{\Delta f_o}{f_o} = \dfrac{\Delta R}{R}$。

对于带通滤波器，可重复低通滤波器的实验内容。

五、预习要求

1．复习有关有源滤波器的内容，掌握实验电路的基本工作原理。

2．根据实验内容要求，设计好各个滤波电路，计算出 R、C 的值，画出设计任务中各滤波器的设计电路图，并标出元件值。

3．运用 EDA 仿真软件进行仿真，记录仿真结果，以便与实验结果分析比较。

4. 拟定测试步骤，自拟实验数据表格。

六、实验报告要求

1. 写出二阶低通滤波器和二阶带通滤波器的设计过程。画出实验内容中各滤波器的设计电路图，并标出元件值。
2. 比较仿真结果、实测值和理论值，并加以分析讨论。
3. 根据测试数据画出低通滤波器的频率特性曲线。
4. 根据测量数据，分析品质因数对滤波器频率特性的影响。

七、思考题

1. 试分析集成运放有限的输入阻抗对滤波器性能是否有影响。
2. BEF 和 BPF 是否像 LPF 一样具有对偶关系？若将 BPF 中起滤波作用的电阻与电容的位置互换，能得到 BEF 吗？

八、实验仪器与器材

1. 双踪示波器   2. 函数信号发生器   3. 直流稳压电源   4. 交流毫伏表
5. 实验箱   6. 万用表   7. 阻容元件及导线若干

6.6 集成直流稳压电源的设计

一、实验目的

1. 熟悉串联稳压电源的工作原理，了解集成稳压电源的特点和使用方法；
2. 掌握直流稳压电源电路的设计方法；
3. 学习并掌握整流、滤波、稳压的性能指标及波形的测试方法。

二、设计方法

直流稳压电源一般由电源变压器、整流器、滤波器和稳压器 4 个基本部分组成。其稳压过程如图 6.18 所示。

图 6.18 直稳稳压电源基本组成及稳压过程

1. 电源变压器是将市电转换成所需数值交流电源的部件。

2. 整流器。小功率整流电路中整流器一般由 4 个二极管封装成一个器件，即整流桥。整流主要依靠二极管的单向导电性，将交流转换成脉动的直流电。在直流负载上得到的直流电压 U_o 和电流 I_L 分别为

$$U_o = \frac{2\sqrt{2}U_2}{\pi} = 0.9U_2$$

$$I_L = \frac{0.9U_2}{R_L}$$

(6.6.1)

式中，U_o 为整流输出端的直流分量，U_2 为变压器次级输出电压的有效值。

3. 滤波器一般由整流器输出端并联容量较大的电容构成电容滤波电路，利用电容器的充放电作用，便可在负载上得到比较平滑的直流电压。采用电容滤波电路，有负载时，输出直流电源由下式估算：

$$U_o = 1.2U_2（全波）$$

(6.6.2)

$$U_o = U_2（半波）$$

式中，U_o 为滤波输出端的电压，U_2 为变压器次级输出电压的有效值。采用电容滤波时，输出电压的脉动程度与电容的放电时间常数 RC 有关，RC 大，脉动就小，为了得到比较平直的输出电压，通常要求 $RC \geqslant (3\sim5)T/2$，式中 R 为整流滤波电路的负载电阻，T 为交流电源电压的周期。

4. 集成稳压电源电路。集成稳压器的种类很多，一般根据设备对直流电源的要求进行选择。对于大多数电子仪器设备来说，通常是选用串联线性集成稳压器。目前最常用的是三端集成稳压器。其内部电路构成如图 6.19 所示。由于稳压器的主回路相当于可变电阻的调整放大器和负载构成，所以当输出电压 u_O 因电网波动，负载改变或环境、工作温度变化时，采样电路将输出电压与基准电压比较，将其结果经放大电路去控制调整放大管，从而使输出电压相对稳定。这是一个带有负反馈闭环有差调节系统。集成稳压块是将图 6.19 电路完整地组合在一块硅片上，因此它具有体积小、稳定度高、输出电阻小、温度性能好等优点。集成稳压器的输入电压的选择原则：

$$U_o + (U_i - U_o)_{min} \leqslant U_i \leqslant U_o + (U_i - U_o)_{max}。$$

式中，$(U_i - U_o)_{min}$ 为最小输入输出电压差，如果达不到最小输入、输出电压差，则不能稳压；$(U_i - U_o)_{max}$ 为最大输入、输出电压差，如果大于此值，则会造成集成稳压器功耗过大而损坏。

图 6.19　集成稳压电源原理框图

设计举例：设计一个单路输出 5V 的直流稳压电源，输出纹波电压小于 15mV，输出直流电流等于 0.2A。

1．根据设计要求，直流电源输出功率不太大，但对纹波电压的要求较高，所以采用图 6.20 所示电路形式。

图 6.20　集成直流稳压电源实验电路

2．电路设计

（1）选择单元电路。

① 降压：使用降压变压器，方法简单，传输效率高。

② 整流：有半波整流、全波整流和桥式整流。考虑整流效率都采用桥式整流。

③ 滤波：实际中常采用电解电容和电阻组成滤波电路。

④ 稳压：本设计要求正极性输出电压，所以可采用固定输出的 78XX 系列 。三端集成稳压器的电参数主要有输入电压范围、输出电压范围，输出电流容量、稳压系数、输出内阻等，根据实际指标要求，选择集成稳压器的输出电压等于指标要求电压。故选择固定式三端稳压器 CW7805，其输出电压为 4.8～5.2V，最大输出电流 0.5A。

（2）确定各部分的电路参数。

电路如图 6.20 所示。要使 7805 正常工作，必须保证整流滤波电路的输出电压即集成压器的输入比集成稳压器的输出电压大 3～5V，以保证集成稳压器能工作在线性范围内。因为要求输出电压为 5V，所以 7805 输入端 B 点的直流电压必须大于 8V，整流滤波电路的输出电压与它的输入电压之间的关系：$U_o=1.2U_i$，U_i 为 A 点的电压有效值，所以 A 点的交流电压的有效值 $U_i=8/1.2=5.8V$，即变压器副边的交流电压的有效值为 5.8V，考虑到当电网有 10% 的波动，电路仍能正常工作，所以 A 点取 8V。

（3）各器件参数的确定。

① 变压器：A 点电压即为变压器的输出电压，所以变压器匝数比 $n=220/8=27.5$，取整匝数比 28。输出功率 8V·1A=8W，取传输效率为 90%，输入功率为 8/90%=8.9W。

为使变压器具有一定的过载能力，功率要选得有余量，是实际消耗功率的 1.5 到 2 倍，所以取 15W。

② 选择整流二极管：整流二极管选 1N4001，其极限参数为 $V_{RM}\geqslant50V$，$I_F=1A$，满足 $V_{RM}\geqslant2\sqrt{2}U_2$，$I_F\geqslant I_{omax}$ 的要求。

③ 滤波电容 C_1：确定 C_1 前要先求出 R 和时间常数。因为输出电流为 0.2A，输出电压为 5V，所以 $R_L=25\Omega$。通常取时间常数=(6～10)T，桥式整流后信号频率为 100Hz，所以 $T=0.01s$，取 10T，则 $C_1=0.1/25=0.004F$，取 5100μF，耐压 16V 的电解电容。

④ 去耦电容 C_2、C_3，C_2，C_3 是 7805 要求的，用来滤除高频分量防止自激，取值范围在 0.1～0.47μF。

（4）指标验证（略）

三、设计任务

设计一个单路输出 5 V 的直流稳压电源。

技术指标：（1）输入：AC220V±10%，50Hz；

（2）输出：DC5V±2%，300mA；

（3）稳压系数：小于 0.01；

（4）波纹电压 U_{pp}<5mV。

四、实验内容

1. 按图 6.20 在实验箱上接好实验电路。接通电源前，应对电路和器件认真检查，特别注意电源变压器的原付边、集成三端稳压器的管脚和滤波电容器的极性。

2. 先将 B_2 变压器的付边与整流二极管接成桥式整流电路。测量 U_1、U_2，整流电压 $U_{整}$ 及其波形。

3. 接通滤波电容 C_1、C_2 及三端稳压器 7805，测量滤波电压及其波形。

4. 在三端稳压电源 7805 的输出端分别接负载电阻 $R_L=\infty$、5.1k、1.2k，观察输出电压的幅值及其波形的变化。

5. 测量直流稳压电源的性能参数：

（1）最大输出电流：指稳压电源正常工作时能输出的最大电流，用 I_{omax} 表示，一般情况下的工作电流小于最大输出电流，以免损坏稳压器。

（2）输出电压：是指稳压电源的输出电压，采用如图 6.21 所示的测试电路，可以同时测出输出电压 U_o 和 I_{omax}，具体测试方法为：在集成三端稳压器 7805 的输出端接负载电阻 $R_W=2k\Omega$，用数字万用表测量 R_W 两端的电压 U_o，则输出直流电流为 $I_o=U_o/R_L$。

（3）稳压系数 S：稳压系数 S 表示输入电压 u_i 变化时，输出电压 U_O 维持稳定不变的能力，其定义：输出电压的相对变化量 $\Delta U_o/U_o$ 和输入电压的相对变化量 $\Delta U_i/U_i$ 的比值。

图 6.21　稳压电源性能指标测试电路

测量方法如图6.21所示,在集成稳压器输出端接上负载，保持负载不变，调节自耦变压器使输入的（电源）电压变化±10%（即由 220V 变化到 198V 或 242V）时测量相对应的输出电压 U_o，并按下式计算稳压系数：

$$S=\frac{\Delta U_o/U_o}{\Delta U_i/U_i} \tag{6.6.3}$$

（4）输出电阻 r_o：直流稳压电源的输出电阻 r_o 表示稳压电源输出负载变化时，维持输出电压不变的能力。定义为输入电压不变时，由于负载电流的变化量 ΔI_o 与由此而引起输出电压的变化量 ΔU_o 的比值。

输出端接上负载，在电源电压 220V，U_o=15V 时，改变负载电流为 100mA 和 50mA 时，测量 U_o 的变化量，并按下式计算输出电阻 r_o。

$$r_o=\frac{\Delta U_o}{\Delta I_o} \tag{6.6.4}$$

（5）输出纹波电压：是指叠加在输出直流电压 U_o 上的交流分量。测量时保持输出电压 U_o 和输出电流 I_o 为额定值，用示波器的交流耦合方式，观测稳压电源输出端测出的交流分量，即输出纹波电压。

五、预习要求

1. 预习直流稳压电源的电路组成和工作原理。
2. 画出桥式整流、滤波、直流稳压电源的实验接线图。
3. 了解集成三端稳压器的性能参数，学习使用集成三端稳压器的方法。
4. 根据设计任务，完成直流稳压电源电路的参数设计，画出电路图。

六、实验报告要求

1. 简要叙述电路的工作原理和主要元件在电路中的作用。
2. 写出直流稳压电源电路的设计过程。
3. 记录并整理实验数据，画出输出电压整流、滤波、稳压各个部分输出电压的波形（标出幅值、周期和相位关系）。
4. 写出调测过程中所遇到的问题以及解决方法。
5. 回答思考题。

七、思考题

1. 集成稳压器的输入端短路会损坏三端稳压块，如何实施保护，请画出电路。
2. 桥式整流、电容滤波电路的输出电压是否随负载的变化而变化？

八、实验仪器与器材

1. 双踪示波器　　　2. 函数信号发生器　　　3. 直流稳压电源　　　4. 交流毫伏表
5. 实验箱　　　　　6. 万用表　　　　　　　7. 阻容元件及导线若干

6.7　交流信号幅度判别电路的设计

一、实验目的

1. 掌握用集成运算放大器构成电压放大电路的设计方法；
2. 熟悉电压比较器的原理和应用方法；
3. 熟悉集成运放构成精密整流电路的原理和方法。

二、实验原理

利用运算放大器构成的精密整流电路、比例运算电路、电压比较器，设计一个交流信号幅度判别电路，该电路可以通过不同指示灯的亮灭组合反映输入电压的幅度范围。该电路可以作为温控电路的输出部分，将输入的电压信号进行一定的放大，通过对输出电压幅度范围的区分，从而反映输入端电压的变化范围；也可以作为数字交流电压表电路的输入部分，通过判断输入信号电压的幅度范围，实现不同电压测量挡位的自动切换。

1. 全波精密整流电路的工作原理

图.6.22 所示是一种全波精密整流电路，该电路是由半波整流和加法器构成的。该电路的输入为正弦信号，由于集成运放的开环增益很高，使二极管导通所需的输入电压极小，所以该电路可以实现对小信号的整流。其工作原理为：

（1）当 $u_i>0$ 时，$u_{o1}=-u_i$，$u_o=-u_i-2u_{o1}=-u_i+2u_i=u_i$ （6.7.1）

（2）当 $u_i<0$ 时，$u_{o1}=0$，$u_o=-u_i=-(-|u_i|)=|u_i|$

所以 $u_o=|u_i|$。 （6.7.2）

该电路的输出波形是脉动直流，它含有直流分量和谐波分量，输出波形如图 6.23（a）所示，需要用低通滤波器滤除谐波分量，图 6.22 中 R_8 和 C_1 就是一个简单的低通滤波器，其输出为直流电压。输出波形如图 6.23（b）所示。

图 6.22 全波精密整流电路

（a）   （b）

图 6.23 全波精密整流电路的输出波形

2. 输入信号幅度的判别

如图 6.24 所示，运算放大器 A_2，A_3，A_4 作为电压比较器，它们的反相输入端加基准电压为 V_{ref1}，V_{ref2}，V_{ref3} 可以通过 R_5，R_6，R_7，R_8 分压得到。改变 R_5，R_6，R_7，R_8 的阻值，就可以改变基准电压 V_{ref1}，V_{ref2}，V_{ref3} 的值。输入直流信号 U_i 经 A_1 反相比例器放大后，同时加在 A_2,A_3,A_4 的同相端,A_2,A_3,A_4 分别将 U_1 与 V_{ref1},V_{ref2},V_{ref3} 进行比较，当 $U_1<V_{ref1}<V_{ref2}<V_{ref3}$ 时，A_2，A_3、A_4 的输出都为低电平，指示灯都不亮；当 $V_{ref1}<U_1<V_{ref2}<V_{ref3}$ 时，A_4 输出为高电平，A_2，A_3 的输出都为低电平，黄指示灯亮；当 $V_{ref1}<V_{ref2}<U_1<V_{ref3}$，$A_3$、$A_4$ 的输出都为高电平，A_2 的输出都为低电平，黄、绿指示灯亮；当 $V_{ref1}<V_{ref2}<V_{ref3}<U_1$ 时，A_2，A_3、A_4 的

输出都为高电平，黄、绿、红指示灯都亮。所以，通过指示灯的亮灭，可以判断出输入信号的幅值大小。

图 6.24　电压幅度判别电路

三、设计任务

设计一个电压幅度判别电路，输入信号是频率为 1kHz 的正弦信号。

设计要求：当电路输入信号幅度 $U_i<0.5V$ 时，红色指示灯灭，绿色指示灯灭，黄色指示灯灭。

当电路输入信号幅度 $0.5<U_i<1V$ 时，红色指示灯亮，绿色指示灯灭，黄色指示灯灭。

当电路输入信号幅度 $1<U_i<1.5V$ 时，红色指示灯亮，绿色指示灯亮，黄色指示灯灭。

当电路输入信号幅度 $1.5V<U_i$ 时，红色指示灯亮，绿色指示灯亮，黄色指示灯亮。

四、实验内容

1．根据已知条件和设计要求，选定电路方案，计算并选取元件参数，画出电原理图。

2．根据自己设计的电路图用仿真软件进行仿真并记录仿真结果，如果仿真结果不满足设计要求，须适当调整电路参数。

3．在实验箱上安装所设计的电路，测试该电路的性能指标，如果指标不满足要求，可以调整电路参数。

五、预习要求

1．复习同、反相比例器，精密整流电路，电压比较器，峰值检波器等电路的原理及设计计算方法。

2．根据设计任务，设计计算电路的元件参数值，画出电路图。

3．用 EDA 软件对所设计的电路进行仿真，如果电路指标不满足设计要求，可将参数进行适当调整，使电路指标满足设计要求。

4．根据实验内容要求自拟实验方法和步骤，自拟数据表格。

六、实验报告要求

1．分析电路原理，画出电路组成框图，写出各单元设计过程，元件参数计算，画出电路图。

2．整理记录实验数据，画出输入、输出信号波形图，标出幅值、周期。

3．实验总结，心得体会。

七、思考题

设计一个增益自动切换的电压放大电路，该电路的输入信号是有效值为 0～2V、频率为 1kHz 的正弦交流信号，设计要求：（1）当 $0<U_i<0.5V$ 时，放大电路的增益为 5 倍；

（2）当 $0.5<U_i<1.0V$ 时，放大电路的增益为 2 倍；

（3）当 $1.0<U_i<2.0V$ 时，放大电路的增益为 1 倍。

八、实验仪器与器材

1．双踪示波器　　2．函数信号发生器　3．直流稳压电源　　4．交流毫伏表

5．实验箱　　　　6．万用表　　　　7．阻容元件及导线若干

第7章 常用电子仪器的使用

7.1 DF1731SD2A 型双路稳压电源

DF1731SD2A 型双路稳压电源可以独立输出（稳压或稳流），也可进行串联和并联，串联和并联时可由一路主电源（Master）进行输出电压调节，此时从电源（Salve）输出电压严格跟踪主电源输出电压值；并联或稳流时，也可由主电源（Master）电流调节输出电流，此时从电源（Salve）输出电流严格跟踪主电源输出电流值。

7.1.1 DF1731SD2A 型双路稳压电源技术参数

输入电压：交流 220V±50%，频率 50Hz±2%；

额定输出电压：0～30V（连续可调）；

额定输出电流：0～1A（连续可调）；

电源效应：CV 不大于 $1×10^{-4}$+0.5mV；

   CC 不大于 $2×10^{-3}$+6mA；

保护：电流限制保护；

指示表头：电压表和电流表精度 2.5 级。

7.1.2 工作原理

稳压电源由整流滤波电路、辅助电源电路、基准电压电路、稳压和稳流比较放大电路、调整电路及稳压、稳流取样电路等组成。其工作原理方框图如图 7.1 所示。当输出电压由于电源电压或负载电流变化引起变动时，则变动的信号经稳压取样电路与基准电压相比较，其所得误差信号经比较放大器放大后，经放大电路控制调整管，使输出电压调整为给定值。因为比较放大器由集成运算放大器组成，增益很高，因此输出端有微小的电压变动，也能得到调整，以达到高稳定输出的目的。稳流调节与稳压调节基本一样，因此同样具有高稳定性。

DF1731SD2A 型双路稳压电源，包含两个直流稳压电源，实际可独立使用，串联使用，或并联使用。

图 7.1 稳压电源工作原理方框图

7.1.3 DF1731SD2A 稳压电源使用方法

1. DF1731SD2A 型双路稳压电源面板介绍

DF1731SD2A 型稳压电源面板如图 7.2 所示。

图 7.2 DF1731SD2 型稳压电源面板图

（1）电源开关：按下按钮接通电源，反之断开电源。

（2）"–"：直流电源输出端负极接线柱。

（3）"GND"：机壳接地端。

（4）"+"：直流电源输出端正极接线柱。

（5）跟踪（TRACKING）：有 2 个按键控制 2 路电源的跟踪方式。当 2 个按键为弹起状态时，2 路电源的跟踪方式为独立跟踪。当左按键为按下，右按键为弹起状态时，电源的跟踪方式为串联跟踪，即主路的负端接地，从路的正端接地。当 2 个按键均为按下状态时，2 路电源的工作方式为并联跟踪，即主路与从路的输出正端相连。

（6）电流调节旋钮（CURRENT）：共有 2 个旋钮。分别调节主路（Master）或从路（Salve）电源的输出电流值。

（7）CC 指示灯：当主路电源处于稳流工作状态时，此指示灯亮。当从路电源处于稳流工作状态或 2 路电源处于并联状态时，从路指示灯 CC 亮。

（8）CV 指示灯：当主路电源处于稳压工作状态时，此指示灯亮。当从路电源处于稳压工作状态时，从路指示灯 CV 灯亮。

（9）电压调节旋钮（VOLTAGE）：共有 2 个旋钮。分别调节主路（Master）或从路（Salve）电源的输出电压值。

（10）电表：共有 2 个指针式电表。分别指示主路（Master）或从路（Salve）电源的输出电压和电流值。

（11）指示选择按钮：当按键未按下时，电表指示输出电压值，按下时，电表显示输出电流值。

2．双路可调电源的独立使用方法

将跟踪（TRACKING）的 2 个按键分别置于弹起位置。可调电源作为稳压源使用时，首先将电流调节旋钮顺时针调到最大，然后将电源开关开启，并调节电压调节旋钮，改变主路和从路输出稳压电源的输出电压值，满足输出电压要求，此时稳压指示灯亮。

可调电源作为稳流源使用时，在开启电源开关前，先将电压调节旋钮顺时针调至最大位置，同时将电流调节旋钮逆时针调至最小位置，然后接上负载，再顺时针调节电流调节旋钮，改变主路和从路输出稳流源的输出电流值，满足输出电流要求。此时稳压指示灯熄灭，稳流指示灯亮。

限流保护设定：双路可调电源作为稳压源使用时，电流调节旋钮一般应该顺时针调至最大，但是也可以任意设定限流保护点。设定办法为：打开电源，逆时针将电流调节旋钮调至最小，然后将短接输出正、负端子，并顺时针调节电流调节旋钮，使输出电流等于所要求的限流保护点的电流值，此时限流保护点就设定好了。

注意 若电源只带一路负载时，为了延长仪器的使用寿命，减少功率管的发热量，可调电源应使用在主路电源上。

3．双路可调电源的串联使用

将跟踪（TRACKING）的左按键按下，右按键置于弹起位置。此时调节主路电源的电压调节旋钮，从路电源输出的电压严格跟踪主路电源的输出电压（即与主路电源输出的电压大小一致）。在此情况下，输出最高电压可达两路电压的额定值之和。

在两路电源串联以前应先检查主路和从路电源的负端是否有联接片与接地端相联，若有则应将其断开，不然在两路电源串联时将造成从路电源的短路。

在两路电源处于串联状态时，两路的输出电压由主路控制。但是，两路的电流调节仍然是独立的，因此在两路串联时应注意从路的电流调节旋钮的位置，若其在逆时针到底的位置或从路输出电流超过限流保护点，此时从路的输出电压不再跟踪主路的输出电压。所以一般两路串联时，应将从路电流调节旋钮顺时针调到最大。

4．双路可调电源的并联使用

将跟踪（TRACKING）的 2 个按键分别置于按下位置。此时两路电源并联，调节主路电源的电压调节旋钮，两路输出电压一样。同时从路稳流指示灯亮。

在两路电源处于并联状态时，从路电源的稳流调节旋钮不起作用。当电源作为稳流源时，只需调节主路的电流调节旋钮，此时主路和从路的输出电流均受其控制并相同，其输出电流最大可达 2 路输出电流之和。

7.1.4 操作实例

1．产生 2 路独立输出电压 5V 和 10V

（1）将跟踪（TRACKING）的 2 个按键分别置于弹起位置。

（2）分别将主、从路电源的电流调节旋钮顺时针调至底。

（3）调节主路电源的电压调节旋钮，将主路电源的输出电压调至 5V。

（4）调节从路电源的电压调节旋钮，将从路电源的输出电压调至 10V。

2．产生 45V 输出电压

（1）将跟踪（TRACKING）的左按键按下，右按键置于弹起位置。

（2）分别将主、从路电源的电流调节旋钮顺时针调至底。

（3）调节主路电源的电压调节旋钮，将主路电源的输出电压调至 22.5V。

（4）将主路电源的"＋"端和从路电源的"－"端作为电源的输出端，其输出电压为 45.0V。

3．产生 2V、1.2A 输出电压和输出电流

（1）将跟踪（TRACKING）的 2 个按键分别置于按下位置。

（2）调节主路电源的电压调节旋钮，将主路电源的输出电压调至 2V。

（3）调节主路电源的电流调节旋钮，按逆时针方向调至最小。

（4）将主路电源"＋""－"端或从路电源"＋""－"端作为电源的输出端。

（5）在电源的输出端接上适当负载和一只 2A 的直流电流表，此时主路电源的 CC 指示
　　 灯亮。在稳流状态下，调节电流调节旋钮，将电流表读数调至 1.2A。

7.2 DT830 数字万用表

DT830 型数字万用表是三位半液晶显示小型数字万用表。它可以测量交、直流电压和交、直流电流，电阻、电容、三极管 β 值、二极管导通电压和电路短接等，用一个旋转波段开关改变数字万用表的测量功能和量程，共有 30 挡。

7.2.1 DT830 数字万用表性能参数与特点

（1）交、直流电压（交流频率为 45Hz～500Hz）：量程分别为 200mV、2V、20V 和 1000V4 挡，直流精度为±（读数的 0.8%＋2 个字），交流精度为±（读数的 1%＋5 个字）；输入阻抗，直流挡为 10MΩ，交流挡为 10MΩ。

（2）交、直流电流：量程分别为 200μA、2mA、200mA 和 10A 4 挡，直流精度为±（读数的 1.2%＋2 个字），交流精度为±（读数的 2.0%＋5 个字），最大电压负荷为 250mV（交流有效值）。

（3）电阻量程分别为：200Ω、2kΩ、200kΩ、2MΩ 和 20MΩ5 挡。精度为±（读数的 2.0%＋3 个字）。

（4）二极管导通电压：量程为 0～1.5V，测试电流为 1mA±0.5 mA。

（5）三极管 β 值检测：测试条件为：$V_{CE}=2.8V$，$I_B=10\mu A$。

（6）短路检测：测试电路电阻<20Ω±10Ω。

7.2.2 DT830 数字万用表使用方法

1．电压的测量方法

（1）直流电压的测量，如电池、随身听电源等。首先将黑表笔插进"COM"孔，红表笔插进"V/Ω"孔。把旋钮旋到比估计值大的量程（注意：表盘上的数值均为最大量程，"V－"表示直流电压挡，"V～"表示交流电压挡，"A"是电流挡），接着把表笔接电源或电池两端；保持接触稳定。数值可以直接从显示屏上读取，若显示为"1."，则表明量程太小，那么就要加大量程后再测量。如果在数值左边出现"－"，则表明表笔极性与实际电源极性相反，此时红表笔接的是负极。

（2）交流电压的测量。表笔插孔与直流电压的测量一样，应该将旋钮打到交流挡"V～"处所需的量程即可。交流电压无正负之分，测量方法跟前面相同。无论测交流还是直流电压，都要注意人身安全，不要随便用手触摸表笔的金属部分。

2．电流的测量方法

（1）直流电流的测量。先将黑表笔插入"COM"孔。若测量大于 200mA 的电流，则要将红表笔插入"10A"插孔并将旋钮打到直流"10A"挡；若测量小于 200mA 的电流，则将红表笔插入"200mA"插孔并将旋钮打到直流 200mA 以内的合适量程。调整好后，就可以测量了。将万用表串进电路中，保持稳定，即可读数。若显示为"1."，那么就要加大量程；如果在数值左边出现"－"，则表明电流从黑表笔流进万用表。

（2）交流电流的测量。测量方法与（1）相同，不过挡位应该打到交流挡位，电流测量完毕后应将红笔插回"V/Ω"孔。

3．电阻的测量方法

将表笔插进"COM"和"V/Ω"孔中，把旋钮旋到"Ω"中所需的量程，用表笔接在电阻两端金属部位，测量中可以用手接触电阻，但不要把手同时接触电阻两端，这样会影响测量精确度——人体是电阻很大但是有限大的导体。读数时，要保持表笔和电阻有良好的接触；注意单位：在"200"挡时单位是"Ω"，在"2k"到"200k"挡时单位为"kΩ"，"2M"以上的单位是"MΩ"。

4．二极管的测量方法

数字万用表可以测量发光二极管、整流二极管。测量时，表笔位置与电压测量一样，将旋钮旋到"5V"挡；用红表笔接二极管的正极，黑表笔接负极，这时会显示二极管的正向压降。

肖特基二极管的压降是 0.2V 左右，普通硅整流管（1N4000、1N5400 系列等）约为 0.7V，发光二极管约为 1.8～2.3V。调换表笔，显示屏显示"1."则为正常，因为二极管的反向电阻很大，否则此管已被击穿。

5．三极管的测量方法

表笔插位同上；其原理同二极管的测量。先假定 A 脚为基极，用黑表笔与该脚相接，红表笔与其他两脚分别接触；若两次读数均为 0.7V 左右，然后再用红笔接 A 脚，黑笔接触其他两脚，若均显示"1"，则 A 脚为基极，否则需要重新测量，且此管为 PNP 管。关于集电极和发射极判断，数字表不能像指针表那样利用指针摆幅来判断，可以利用"hFE"挡来判断：先将挡位打到"hFE"挡，可以看到挡位旁有一排小插孔，分为 PNP 和 NPN 管的测量。前面已经判断出管型，将基极插入对应管型"b"孔，其余两脚分别插入"c"、"e"孔，此时可以读取数值，即 β 值；再固定基极，其余两脚对调；比较两次读数，读数较大的管脚位置与表面"c"、"e"相对应。

7.3 SX2172 型交流毫伏表

SX2172 型交流毫伏表具有测量交流电压、电平测试、监视输出等三大功能。交流测量范围是 100mV～300V、5Hz～2MHz，分 1、3、10、30、100、300mV，1、3、10、30、100、300V 共 12 挡。现将其基本使用方法介绍如下。

7.3.1 使用方法

（1）将通道输入端测试探头上的红、黑色鳄鱼夹短接。

（2）将量程开关选最高量程（300V）。

（3）接通 220V 电源，按下电源开关，电源指示灯亮，仪器立刻工作。为了保证仪器稳定性，需预热 10 秒钟后使用，开机后 10 秒钟内指针无规则摆动属正常。

（4）将输入测试探头上的红、黑鳄鱼夹断开后与被测电路并联（红鳄鱼夹接被测电路的正端，黑鳄鱼夹接地端），观察表头指针在刻度盘上所指的位置，若指针在起始点位置基本没动，说明被测电路中的电压甚小，且毫伏表量程选得过高，此时用递减法由高量程向低量程变换，直到表头指针指到满刻度的 2/3 左右即可。

（5）准确读数。表头刻度盘上共刻有 4 条刻度。第一条刻度和第二条刻度为测量交流电压有效值的专用刻度，第三条和第四条为测量分贝值的刻度。当量程开关分别选 1mV、10mV、100mV、1V、10V、100V 挡时，就从第一条刻度读数；当量程开关分别选 3mV、30mV、300mV、3V、30V、300V 时，应从第二条刻度读数（逢 1 就从第一条刻度读数，逢 3 从第二条刻度读数）。例如：将量程开关置"1V"挡，就从第一条刻度读数。若指针指的数字是在第一条刻度的"0.7"处，其实际测量值为 0.7V；若量程开关置"3V"挡，就从第二条刻度读数。若指针指在第二条刻度的"2"处，其实际测量值为 2V。以上举例说明，当量程开关选在哪个挡位，比如 1V 挡位，此时毫伏表可以测量外电路中电压的范围是 0～1V，满刻度的最大值也就是 1V。当用该仪表去测量外电路中的电平值时，就从第三、四条刻度读数，读数方法是，量程数加上指针指示值，等于实际测量值。

7.3.2 注意事项

（1）仪器在通电之前，一定要将输入电缆的红黑鳄鱼夹相互短接。防止仪器在通电时因外界干扰信号通过输入电缆进入电路放大后，再进入表头将表针打弯。

（2）当不知被测电路中电压值大小时，必须首先将毫伏表的量程开关置最高量程，然后根据表针所指的范围采用递减法合理选挡。

（3）若要测量高电压，输入端黑色鳄鱼夹必须接在"地"端。

（4）测量前应短路调零。打开电源开关，将测试线（也称开路电缆）的红黑夹子夹在一起，将量程旋钮旋到 1mV 量程，指针应指在零位（有的毫伏表可通过面板上的调零电位器进行调零，凡面板无调零电位器的，内部设置的调零电位器已调好）。若指针不指在零位，应检查测试线是否断路或接触不良，应更换测试线。

（5）交流毫伏表灵敏度较高，打开电源后，在较低量程时由于干扰信号（感应信号）的作用，指针会发生偏转，称为自起现象。所以在不测试信号时应将量程旋钮旋到较高量程挡，以防打弯指针。

（6）交流毫伏表接入被测电路时，其地端（黑夹子）应始终接在电路的地上（成为公共接地），以防干扰。

（7）交流毫伏表表盘刻度分为 0~1 和 0~3 两种刻度，量程旋钮切换量程分为逢一量程（1mV、10mV、0.1V……）和逢三量程（3mV、30mV、0.3V……），凡逢一的量程直接在 0~1 刻度线上读取数据，凡逢三的量程直接在 0~3 刻度线上读取数据，单位为该量程的单位，无需换算。

（8）使用前应先检查量程旋钮与量程标记是否一致，若错位会产生读数错误。

（9）交流毫伏表只能用来测量正弦交流信号的有效值，若测量非正弦交流信号要经过换算。

（10）注意：不可用万用表的交流电压挡代替交流毫伏表测量交流电压（万用表内阻较低，用于测量 50Hz 左右的工频电压）。

7.4 DG1022 型双通道函数/任意波形发生器

7.4.1 概述

DG1022 型双通道函数/任意波形发生器使用直接数字合成（DDS）技术，可生成稳定、精确、纯净和低失真的正弦信号。它还能提供 5MHz 具有快速上升沿和下降沿的方波。另外还具有高精度、宽频带的频率测量功能。实现了易用性、优异的技术指标及众多功能特性的完美结合。DG1022 系列双通道函数/任意波形发生器向用户提供简单而功能明晰的前面板、人性化的键盘布局和指示以及丰富的接口、直观的图形用户操作界面、内置的提示和上下文帮助系统，极大地简化了复杂的操作过程，用户不必花大量的时间去学习和熟悉信号发生器的操作即可熟练使用。内部 AM、FM、PM、FSK 调制功能使仪器能够方便地调制波形，而无需单独的调制源。

7.4.2 使用方法

1. DG1022 前后面板及各旋钮作用

DG1022 型双通道函数/任意波形发生器向用户提供简单而功能明晰的前面板，如图 7.3 所示，前面板上包括各种功能按键、旋钮及菜单软键，可以进入不同的功能菜单或直接获得特定的功能应用。后面板图如图 7.4 所示。

2. DG1022 的用户界面

DG1022 双通道函数/任意波形发生器提供了 3 种界面显示模式，即单通道常规模式、单通道图形模式及双通道常规模式。这 3 种显示模式可通过前面板左侧的 View 按键切换。可通过 CH1/CH2 来切换活动通道，以便于设定每种通道的参数及观察、比较波形。单通道常规显示模式、单通道图形显示模式、双通道常规显示模式如图 7.5、图 7.6 和图 7.7 所示。

　　按键表示说明：按键的标识用加边框的字符表示，如 Sine 代表前面板上一个标注着"Sine"字符的功能键，菜单软键的标识用带阴影的字符表示，如频率表示 Sine 菜单中的"频率"选项。

3．波形设置

　　如图 7.8 所示，在操作面板左侧下方有一系列带有波形显示的按键，它们分别是：正弦波、方波、锯齿波、脉冲波、噪声波、任意波，此外还有两个常用按键：通道选择和视图切换键。以下对波形选择的说明均在常规显示模式下进行。

图 7.3　DG1022 型双通道函数/任意波形发生器前面板

图 7.4　DG1022 型双通道函数/任意波形发生器后面板

图 7.5　单通道常规显示模式

图 7.6　单通道图形显示模式

图 7.7　双通道常规显示模式

图 7.8　按键选择

（1）使用 Sine 按键，波形图标变为正弦信号，并在状态区左侧出现"Sine"字样。DG1022 可输出频率从 1μHz 到 20MHz 的正弦波形。通过设置频率/周期、幅值/高电平、偏移/低电平、相位，可以得到不同参数值的正弦波。

如图 7.9 所示为正弦波使用系统默认参数：频率为 1kHz，幅值为 5.0V$_{PP}$，偏移量为 0V$_{DC}$，初始相位为 0°。

图 7.9　正弦波常规显示界面

（2）使用 Square 按键，波形图标变为方波信号，并在状态区左侧出现 "Square" 字样，如图 7.10 所示。DG1022 可输出频率从 1μHz 到 5MHz 并具有可变占空比的方波。通过设置频率/周期、幅值/高电平、偏移/低电平、占空比、相位，可以得到不同参数值的方波。图 7.10 所示方波使用系统默认参数：频率为 1kHz，幅值为 5.0V$_{PP}$，偏移量为 0V$_{DC}$，占空比为 50%，初始相位为 0°。

（3）使用 Ramp 按键，波形图标变为锯齿波信号，并在状态区左侧出现 "Ramp" 字样。DG1022 可输出频率从 1μHz 到 150kHz 并具有可变对称性的锯齿波波形。通过设置频率/周期、幅值/高电平、偏移/低电平、对称性、相位，可以得到不同参数值的锯齿波。图 7.11 所示锯齿波使用系统默认参数：频率为 1kHz，幅值为 5.0V$_{PP}$，偏移量为 0V$_{DC}$，对称性为 50%，初始相位为 0°。

图 7.10　方波常规显示界面　　　　　图 7.11　锯齿波常规显示界面

（4）使用 Pulse 按键，波形图标变为脉冲波信号，并在状态区左侧出现 "Pulse" 字样。DG1022 可输出频率从 500μHz 到 3MHz 并具有可变脉冲宽度的脉冲波形。通过设置频率/周期、幅值/高电平、偏移/低电平、脉宽/占空比、延时，可以得到不同参数值的脉冲波。图 7.10 所示脉冲波形使用系统默认参数：频率为 1kHz，幅值为 5.0V$_{PP}$，偏移量为 0V$_{DC}$，脉宽为 500μs，占空比为 50%，延时为 0s。

（5）使用 Noise 按键，波形图标变为噪声信号，并在状态区左侧出现 "Noise" 字样。DG1022 可输出带宽为 5MHz 的噪声。通过设置幅值/高电平、偏移/低电平，可以得到不同参数值的噪声信号。图 7.12 所示波形为系统默认的信号参数：幅值为 5.0V$_{PP}$，偏移量为 0V$_{DC}$。

（6）使用 Arb 按键，波形图标变为任意波信号，并在状态区左侧出现 "Arb" 字样。DG1022 可输出最多 4k 个点和最高 5MHz 重复频率的任意波形。通过设置频率/周期、幅值/高电平、偏移/低电平、相位，可以得到不同参数值的任意波信号。图 7.13 所示 NegRamp 倒三角波形使用系统默认参数：频率为 1kHz，幅值为 5.0V$_{PP}$，偏移量为 0V$_{DC}$，相位为 0°。

图 7.12　噪声波形常规显示界面

图 7.13　任意波形常规显示界面

（7）使用 CH1/CH2 键切换通道，当前选中的通道可以进行参数设置。在常规和图形模式下均可以进行通道切换，以便观察和比较两通道中的波形。

（8）使用 View 键切换视图，使波形显示在单通道常规模式、单通道图形模式、双通道常规模式之间切换。此外，当仪器处于远程模式时，按下该键可以切换到本地模式。

4．输出设置

如图 7.14 所示，在前面板右侧有两个按键，用于通道输出、频率计输入的控制。

（1）使用 Output 按键，启用或禁用前面板的输出连接器输出信号。如图 7.15 所示，已按下 Output 键的通道显示"ON"且 Output 点亮。

（2）在频率计模式下，CH2 对应的 Output 连接器作为频率计的信号输入端，CH2 自动关闭，禁用输出。

图 7.14　通道输出、频率计输入

图 7.15　通道输出控制

5．调制/扫描/脉冲串设置

如图 7.16 所示，在前面板右侧上方有 3 个按键，分别用于调制、扫描及脉冲串的设置。在本信号发生器中，这 3 个功能只适用于通道 1。

图 7.16　调制/扫描/脉冲串按键

图 7.17　调制波形常规显示界面

（1）使用 Output 按键，可输出经过调制的波形。并可以通过改变类型、内调制/外调制、深度、频率、调制波等参数，来改变输出波形。DG1022 可使用 AM、FM、FSK 或 PM 调制波形。可调制正弦波、方波、锯齿波或任意波形（不能调制脉冲、噪声和 DC）。调制波形常规显示界面如图 7.17 所示。

（2）使用 Output 按键，对正弦波、方波、锯齿波或任意波形产生扫描（不允许扫描脉冲、噪声和 DC）。在扫描模式中，DG1022 信号源在指定的扫描时间内从开始频率到终止频率而变化输出。扫描波形常规显示界面如图 7.18 所示。

（3）使用 Burst 按键，可以产生正弦波、方波、锯齿波、脉冲波或任意波形的脉冲串波形输出，噪声只能用于门控脉冲串。脉冲串波形常规显示界面如图 7.19 所示。

图 7.18 扫描波形常规显示界面

图 7.19 脉冲串波形常规显示界面

6．数字输入的使用

如图 7.20 所示，在前面板上有两组按键，分别是左右方向键和旋钮、数字键盘。

（a）方向键和旋钮　　　　（b）数字键盘

图 7.20 前面板的数字输入

（1）使用左右方向键，用于数值不同数位的切换；使用旋钮，用于改变波形参数的某一数位数值的大小，旋钮的输入范围是 0～9，旋钮顺时针旋一格，数值增 1。

（2）使用数字键盘，用于波形参数值的设置，直接改变参数值的大小。

7．存储和调出/辅助系统功能/帮助功能

如图 7.21 所示，在操作面板上有 3 个按键，分别用于存储和调出、辅助系统功能及帮助功能的设置。

（1）使用 Store/Recall 按键，存储或调出波形数据和配置信息。

（2）使用 Utility 按键，可以进行设置同步输出开/关、输出参数、通道耦合、通道复制、频率计测量；查看接口设置、系统设置信息；执行仪器自检和校准等操作。

（3）使用 Help 按键，查看帮助信息列表。

操作说明：

获得任意键帮助：要获得任何前面板按键或菜单按键的上下文帮助信息，按下并按住该键 2～3 秒，显示相关帮助信息。

图 7.21 存储和调出/辅助系统功能/帮助设置按键

8．基本波形设置

（1）设置正弦波

使用 Sine 按键，常规显示模式下，在屏幕下方显示正弦波的操作菜单，左上角显示当前波形名称。通过使用正弦波的操作菜单，对正弦波的输出波形参数进行设置。

设置正弦波的参数主要包括：频率/周期、幅值/高电平、偏移/低电平、相位。通过改变这些参数，可得到不同的正弦波。如图 7.22 所示，在操作菜单中，选中"频率"，光标位于参数显示区的频率参数位置，用户可在此位置通过数字键盘、方向键或旋钮对正弦波的频率值进行修改。Sine 波形的菜单说明见表 7.1。

提示说明：

操作菜单中的同相位专用于使能双通道输出时相位同步，单通道波形无需配置此项。

① 设置输出频率/周期

图 7.22　正弦波参数值设置显示界面

表 7.1　　　　　　　　　　　Sine 波形的菜单说明

功能菜单	设定	说明
频率/周期	/	设置波形频率或周期
幅值/高电平	/	设置波形幅值或高电平
偏移/低电平	/	设置波形偏移量或低电平
相位	/	设置正弦波的起始相位

a. 按 Sine →频率/周期→频率，设置频率参数值。

屏幕中显示的频率为上电时的默认值，或者是预先选定的频率。在更改参数时，如果当前频率值对于新波形是有效的，则继续使用当前值。若要设置波形周期，则再次按频率/周期软键，以切换到周期软键（当前选项为反色显示）。

b. 输入所需的频率值。

使用数字键盘，直接输入所选参数值，然后选择频率所需单位，按下对应于所需单位的软键。也可以使用左右键选择需要修改的参数值的数位，使用旋钮改变该数位值的大小，如图 7.23 所示。

图 7.23　设置频率的参数值

提示说明：

● 当使用数字键盘输入数值时，使用方向键的左键退位，删除前一位的输入，修改输入的数值。

● 当使用旋钮输入数值时，使用方向键选择需要修改的位数，使其反色显示，然后转动旋钮，修改此位数字，获得所需要的数值。

② 设置输出幅值

a. 按 Sine →幅值/高电平→幅值，设置幅值参数值。

屏幕显示的幅值为上电时的默认值，或者是预先选定的幅值。在更改参数时，如果当前幅值对于新波形是有效的，则继续使用当前值。若要使用高电平和低电平设置幅值，再次按幅值/高电平或者偏移/低电平软键，以切换到高电平和低电平软键（当前选项为反色显示）。

b. 输入所需的幅值。

使用数字键盘或旋钮，输入所选参数值，然后选择幅值所需单位，按下对应于所需单位的软键，如图 7.24 所示。

图 7.24　设置幅值的参数值

提示说明：

幅值设置中的"dBm"单位选项只有在输出阻抗设置为 50Ω 时才会出现。

③ 设置偏移电压

a. 按 Sine →偏移/低电平→偏移，设置偏移电压参数值。

屏幕显示的偏移电压为上电时的默认值，或者是预先选定的偏移量。在更改参数时，如果当前偏移量对于新波形是有效的，则继续使用当前偏移值。

b. 输入所需的偏移电压。

使用数字键盘或旋钮，输入所选参数值，然后选择偏移量所需单位，按下对应于所需单位的软键，如图 7.25 所示。

④ 设置起始相位

a. 按 Sine →相位，设置起始相位参数值。

屏幕显示的初始相位为上电时的默认值，或者是预先选定的相位。在更改参数时，如果当前相位对于新波形是有效的，则继续使用当前偏移值。

图 7.25　设置偏移量的参数值

b. 输入所需的相位。

使用数字键盘或旋钮，输入所选参数值，然后选择单位，如图 7.26 所示。

图 7.26　设置相位参数值

此时按 View 键切换为图形显示模式，查看波形参数，如图 7.27 所示。

图 7.27　图形显示模式下的波形参数

（2）设置方波

使用 Square 按键，常规显示模式下，在屏幕下方显示方波的操作菜单。通过使用方波的操作菜单，对方波的输出波形参数进行设置。

设置方波的参数主要包括：频率/周期、幅值/高电平、偏移/低电平、占空比、相位。通过改变这些参数得到不同的方波。如图 7.28 所示，在软键菜单中选中占空比，在参数显示区中，与占空比相对应的参数值反色显示，可以在此位置对方波的占空比值进行修改。Square 波形的菜单说明见表 7.2。

图 7.28　方波参数值设置显示界面

表 7.2　　　　　　　　　　　　　　Square 波形的菜单说明

功能菜单	设定	说明
频率/周期	/	设置波形频率或周期
幅值/高电平	/	设置波形幅值或高电平
偏移/低电平	/	设置波形偏移量或低电平
占空比	/	设置方波的占空比
相位	/	设置方波的起始相位

设置占空比的方法如下：

a．按 Square →占空比，设置占空比参数值。

屏幕中显示的占空比为上电时的默认值，或者是预先选定的数值。在更改参数时，如果当前值对于新波形是有效的，则使用当前值。

b．输入所需的占空比。

使用数字键盘或旋钮，输入所选参数值，然后选择占空比所需单位，按下对应于所需单位的软键，信号发生器立即调整占空比，并以指定的值输出方波，如图7.29所示。

此时按 View 键切换为图形显示模式，查看波形参数，如图7.30所示。

图7.29 设置占空比参数值

图7.30 图形显示模式下的波形参数

（3）设置锯齿波

使用 Ramp 按键，常规显示模式下，在屏幕下方显示锯齿波的操作菜单。通过使用锯齿波形的操作菜单，对锯齿波的输出波形参数进行设置。

设置锯齿波的参数包括：频率/周期、幅值/高电平、偏移/低电平、对称性、相位。通过改变这些参数得到不同的锯齿波。如图7.31所示，在软键菜单中选中对称性，与对称性相对应的参数值反色显示，可在此位置对锯齿波的对称性值进行修改。Ramp波形的菜单说明见表7.3。

图7.31 锯齿波形参数值设置显示界面

表7.3 Ramp波形的菜单说明

功能菜单	设定	说明
频率/周期	/	设置波形频率或周期
幅值/高电平	/	设置波形幅值或高电平
偏移/低电平	/	设置波形偏移量或低电平
对称性	/	设置锯齿波的对称性
相位	/	设置波形的起始相位

设置对称性的方法如下：（输入范围：0%～100％）

a．按 $\boxed{\text{Ramp}}$ →对称性，设置对称性的参数值。

屏幕中显示的对称性为上电时的值，或者是预先选定的百分比。在更改参数时，如果当前值对于新波形是有效的，则使用当前值。

b．输入所需的对称性。

使用数字键盘或旋钮，输入所选参数值，然后选择对称性所需单位，按下对应于所需单位的软键。信号发生器立即调整对称性，并以指定的值输出锯齿波，如图 7.32 所示。

此时按 $\boxed{\text{View}}$ 键切换为图形显示模式，查看波形参数，如图 7.33 所示。

图 7.32　设置对称性参数值

图 7.33　图形显示模式下的波形参数

（4）设置脉冲波

使用 $\boxed{\text{Pulse}}$ 按键，常规显示模式下，在屏幕下方显示脉冲波的操作菜单。通过使用脉冲波形的操作菜单，对脉冲波的输出波形参数进行设置。

设置脉冲波的参数主要包括：频率/周期、幅值/高电平、偏移/低电平、脉宽/占空比、延时。通过改变这些参数，得到不同的脉冲波形。如图 7.34 所示，在软键菜单中，选中脉宽，在参数显示区中，与脉宽相对应的参数值反色显示，用户可在此位置对脉冲波的脉宽数值进行修改。Pulse 波形的菜单说明见表 7.4。

图 7.34　脉冲波形参数值设置显示界面

表 7.4　　　　　　　　　　　Pulse 波形的菜单说明

功能菜单	设定	说明
频率/周期	/	设置波形频率或周期
幅值/高电平	/	设置波形幅值或高电平
偏移/低电平	/	设置波形偏移量或低电平

续表

功能菜单	设定	说明
脉宽/占空比	/	设置脉冲波的脉冲宽度或占空比
延时	/	设置脉冲的起始时间延迟

① 设置脉冲宽度

a．按 Pulse →脉宽，设置脉冲宽度参数值。

屏幕中显示的脉冲宽度为上电时的默认值，或者是预先选定的脉宽值。在更改参数时，如果当前值对于新波形是有效的，则使用当前值。

b．输入所需的脉冲宽度。

使用数字键盘或旋钮，输入所选参数值，然后选择脉冲宽度所需单位，按下对应于所需单位的软键，信号发生器立即调整脉冲宽度，并以指定的值输出脉冲波，如图7.35所示。

图 7.35　设置脉宽的参数值

② 设置脉冲延时

a．按 Pulse →延时，设置脉冲延时参数值。

屏幕中显示的脉冲延时为上电时的默认值，或者是预先选定的值。在更改参数时，如果当前值对于新波形是有效的，则使用当前值。

b．输入所需的脉冲延时。

使用数字键盘或旋钮，输入所选参数值，然后选择脉冲延时所需单位，按下对应于所需单位的软键，信号发生器立即调整脉冲延时，并以指定的值输出脉冲波，如图7.36所示。

此时按 View 键切换为图形显示模式，查看波形参数，如图7.36所示。

图 7.36　设置脉冲延时

7.5　DS5022ME 数字双通道示波器

示波器是一种能把随时间变化的电信号用图像显示出来的电子仪器。用它来观察电压（或转换成电压的电流）的波形，并测量电压的幅度、频率和相位等，便于人们研究各种电现象的变化过程。因此，示波器被广泛地应用在电子电路测量中。目前大量使用的示波器有两种：模拟示波器和数字示波器。模拟示波器发展较早，技术也非常成熟，其优点主要是带宽宽、成本低。但是随着数字技术的飞速发展，数字示波器拥有了许多模拟示波器不具备的优点：

不仅具有可存储波形、体积小、功耗低、使用方便等优点，而且还具有强大的信号实时处理分析功能；具有输入输出功能，可以与计算机或其他外设相连以实现更复杂的数据运算或分析。随着相关技术的进一步发展，数字示波器的频率范围也越来越高，其使用范围将更为广泛，学习数字示波器的使用具有重要的意义。

DS5022ME 数字双通道示波器向用户提供简单而功能明晰的前面板以进行所有的基本操作。对 DS5022ME 前面板的操作及功能了解，能在最短的时间熟悉 DS5022ME 示波器的使用方法。DS5022ME 面板上包括旋钮和功能按键。旋钮的功能与其他示波器类似。显示屏右侧的一列 5 个灰色按键为菜单操作键（自上而下定义为 1 号至 5 号）。通过它们可以设置当前菜单的不同选项；其他按键为功能键，通过它们可以进入不同的功能菜单或直接获得特定的功能应用。各通道的标度和位置旋钮提供了直观的操作，完全符合传统仪器的使用习惯，不必花大量的时间去学习和熟悉示波器的操作，即可熟练使用。为加速调整，便于测量，可直接按 AUTO 键，立即获得适合的波形显现和挡位设置。DS5022ME 示波器还具有更快完成测量任务所需要的高性能指标和强大功能。通过 1GSa/s 的实时采样和 50GSa/s 的等效采样，可在 DS5022ME 示波器上观察更快的信号。强大的触发和分析能力使其易于捕获和分析波形。清晰的液晶显示和数学运算功能，便于用户更快更清晰地观察和分析信号问题。

7.5.1 DS5022ME 性能参数与特点

（1）双模拟通道，每通道带宽为 25M。
（2）高清晰单色液晶显示系统，320×234 分辨率。
（3）自动波形、状态设置（AUTO）。
（4）波形、设置存储和再现。
（5）精细的延迟扫描功能，轻易兼顾波形细节与概貌。
（6）自动测量 20 种波形参数。
（7）自动光标跟踪测量功能。
（8）独特的波形录制和回放功能。
（9）内嵌 FFT。
（10）实用的数字滤波器，包含 LPF、HPF、BPF、BRF。
（11）50Ω/1MΩ 输入阻抗选择，便于观测高速信号。
（12）Pass/Fail 检测功能。
（13）多重波形数学运算功能。
（14）边沿、视频和脉宽触发功能。
（15）多国语言菜单显示。

7.5.2 DS5022ME 前面板图及操作说明

DS5022ME 前面板操作说明图如图 7.37 所示。

在示波器的显示屏上，除了显示信号波形外，还显示示波器当前状态以及参数等信息，如图 7.38 所示。

图 7.37 DS5022ME 前面板操作说明图

图 7.38 DS5022ME 示波器显示界面

7.5.3 波形显示的自动设置

DS5022ME 数字示波器具有波形显示自动设置的功能。根据输入的信号，可自动调整电压倍率、时基，以及触发方式至最好形态显示。应用自动设置要求被测信号的频率大于或等于 50Hz，占空比大于 1%。使用自动设置时，其功能如下。

（1）将被测信号连接到信号输入通道。

（2）按下 AUTO 按钮，示波器将自动设置垂直、水平和触发控制。如需要，可手工调整这些控制使波形显示达到最佳。

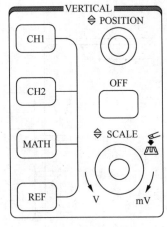

图 7.39　垂直控制系统

7.5.4　垂直系统调节

垂直控制区（VERTICAL）如图 7.39 所示，有一系列的按键、旋钮。下面介绍垂直旋钮的设置与使用。

1. 垂直 POSITION 旋钮

垂直 POSITION 旋钮控制信号的垂直显示位置。当转动垂直 POSITION 旋钮时，指示通道地（GROUND）的标识跟随波形而上下移动。

如果通道耦合方式为 DC，可以通过观察波形与信号地之间的差距来快速测量信号的直流分量；如果耦合方式为 AC，信号里面的直流分量被滤除。这种方式能方便使用更高的灵敏度显示信号的交流分量。

2. 垂直通道设置

可以通过波形窗口下方的状态栏显示的信息确定任何垂直挡位的变化。转动垂直旋钮 SCALE 改变"Volt/div（伏/格）"垂直挡位，可以发现状态栏对应通道的挡位显示发生了相应的变化。按 CH1、CH2、MATH、REF，屏幕显示对应通道的操作菜单、标志、波形和挡位状态信息。按 OFF 按键关闭当前选择的通道。

Coarse/Fine（粗调/微调）快捷键：切换粗调/细调不但可以通过此菜单操作，更可以通过按下垂直 SCALE 旋钮作为设置输入通道的粗调/细调状态的快捷键。

CH1 和 CH2 按钮可以打开或关闭垂直通道的操作菜单，两个通道的菜单内容相同，但是相互独立，可以分别进行单独设置。

以 CH1 通道为例，按动 CH1，打开 CH1 通道菜单，在屏幕右侧显示 CH1 菜单及当前设置。本菜单可以设置耦合方式、带宽限制、探头衰减系数、数字滤波和反相等。具体内容和含义见表 7.5。

表 7.5　　　　　　　　　　　　　垂直通道菜单功能说明

功能菜单	设定	说明
耦合	交流 直流 接地	阻挡输入信号的直流成分 通过输入信号的交流和直流成分 断开输入信号
带宽限制	打开 关闭	限制带宽至 20MHz，以减少显示噪音 满带宽
探头	1X 10X 100X 1000X	根据探头衰减因数选取其中一个值，以保持垂直标尺读数准确

续表

功能菜单	设定	说明
数字滤波		打开二级菜单，设置数字滤波类型及上下限频率
挡位调节	粗调 微调	粗调按 1-2-5 进制设定垂直灵敏度 微调则在粗调设置范围之间进一步细分，以改善分辨率
反相	打开 关闭	打开波形反向功能 波形正常显示

以通道耦合为例，图 7.40 为选择不同耦合方式时测得的波形。

图 7.40 不同耦合方式下的波形

这里还要强调一下探头比例调节。为了配合探头的衰减系数，需要在通道操作菜单相应调整探头衰减比例系数。如探头衰减系数为 1∶1，示波器输入通道的比例也应设置成 1X。使用中有部分同学由于系数选择错误，造成挡位信息和测量数据的错误。

数学运算（MATH）功能是显示 CH1、CH2 通道波形相加、相减、相乘以及 FFT 运算的结果。数学运算的结果同样可以通过栅格或游标进行测量。

REF 功能是用示波器测量观察有关组件的波形，可以把波形和参考波形样板进行比较，从而判断故障原因。

7.5.5 水平系统设置

水平控制区（HORIZONTAL）如图 7.41 所示，有一个按键与两个旋钮。

（1）水平旋钮 SCALE 改变水平挡位设置，转动水平旋钮 SCALE 改变"s/div（秒/格）"水平挡位。水平扫描速度从 1ns 至 50s，以 1-2-5 的形式步进。

（2）使用水平 POSITION 旋钮调整信号在波形窗口的水平位置。水平 POSITION 旋钮控制信号的触发位移。当应用于触发位移时，转动水平 POSITION 旋钮，波形随旋钮而水平移动。

（3）按 MENU 按钮，显示 TIME 菜单。在此菜单下，可以开启/关闭延迟扫描或切换 Y−T、X−Y 显示模式。此外，还可以设置水平 POSITION 旋钮的触发位移或触发释抑模式。

图 7.41　水平控制系统

7.5.6 触发系统设置

触发控制区（TRIGGER）有 1 个旋钮与 3 个按键，如图 7.42 所示。

（1）使用 LEVEL 旋钮改变触发电平设置。转动 LEVEL 旋钮，可以发现屏幕上出现一条黑色的触发线以及触发标志，随旋钮转动而上下移动。停止转动旋钮，此触发线和触发标志会在约 5 秒后消失。在移动触发线的同时，可以观察到在屏幕上触发电平的数值发生了变化。

（2）使用 MENU 调出触发操作菜单，如图 7.43 所示，改变触发的设置。

图 7.42　触发系统

图 7.43　触发功能菜单

触发类型有 3 种方式：边沿触发、视频触发和脉宽触发。每类触发使用不同的功能菜单。边沿触发：当触发输入沿给定方向通过某一给定电平时，边沿触发发生；视频触发：对标准视频信号进行场或行视频触发；脉宽触发：设定一定的条件捕捉异常脉冲。

边沿触发菜单功能说明见表 7.6，脉宽触发菜单功能说明见表 7.7。

表 7.6   边沿触发功能说明

功能菜单	设定	说明
信源选择	CH1	设置通道 1 作为信源触发信号
	CH2	设置通道 2 作为信源触发信号
	EXT	设置外触发输入通道作为信源触发信号
	EXT/5	设置外触发源除以 5，扩展外触发电平范围
	AC Line	设置市电触发
	EXT（50Ω）	设置外触发源并联 50Ω 作为触发信源
边沿类型	⌐ （上升沿）	设置在信号上升边沿触发
	⌐ （下降沿）	设置在信号下降边沿触发
	↑↓ （上升下降沿）	设置在信号上升和下降沿同时触发
触发方式	自动	设置在没有检测到触发条件下也能采集波形
	普通	设置只有满足触发条件时才采集波形
	单次	设置当检测到一次触发时采样一个波形，然后停止
耦合	交流	设置阻止直流分量通过
	直流	设置允许所有分量通过
	低频抑制	阻止信号的低频部分通过，只允许高频分量通过
	高频抑制	阻止信号的高频部分通过，只允许低频分量通过

表 7.7   脉宽触发功能说明

功能菜单	设定	说明
信源选择	CH1	设置通道 1 作为信源触发信号
	CH2	设置通道 2 作为信源触发信号
	EXT	设置外触发输入通道作为信源触发信号
	EXT/5	设置外触发源除以 5，扩展外触发电平范围
	EXT（50Ω）	设置外触发源并联 50Ω 作为信源触发信号
脉冲条件	⎍ （正脉宽小于）	设置脉冲条件
	⎍ （正脉宽大于）	
	⎍ （正脉宽等于）	
	⎍ （负脉宽小于）	
	⎍ （负脉宽大于）	
	⎍ （负脉宽等于）	
脉宽设置	◀✱▶ <脉冲宽度>	设置脉冲宽度

脉宽触发中触发方式和耦合菜单功能同边沿触发中相应功能。

（3）按 50% 按钮，设定触发电平在触发信号幅值的垂直中点。

（4）按 FORCE 按钮，强制产生一触发信号，主要应用于触发方式中的"普通"和"单次"模式。

7.5.7　触功能控制菜单

功能控制菜单共有 8 个按钮，如图 7.44 所示。

（1）按 MEASURE 自动测量功能键，系统显示自动测量操作菜单。DG5022ME 示波器具有 20 种自动测量功能,包括峰峰值、最大值、最小值、顶端值、底端值、幅值、平均值、均方根值、过冲、预冲、频率、周期、上升时间、下降时间、正占空比、负占空比、延迟 1→2、延迟 1→2、正脉宽、负脉宽的测量，共 10 种电压测量和 10 种时间测量。

图 7.44　功能控制菜单

（2）CURSOR 为光标测量功能按键。光标模式允许用户通过移动光标进行测量。光标测量分为 3 种模式。

① 手动方式：需首先将信号源设定成所要测量的波形，光标电压或时间方式成对出现，并可手动调整光标的间距。显示的读数即为测量的电压或时间值。

② 追踪方式：水平与垂直光标交叉构成十字光标。十字光标自动定位在波形上，通过旋转对应的垂直控制区域或水平控制区域的 POSITION 旋钮，可以调整十字光标在波形上的水平位置。在菜单下方显示光标 Cur-Ax. Cur-Ay，Cur-Bx，Cur-By，△Y，△X，1/△X 等。

③ 自动测量方式：通过此设定，在自动测量模式下，系统会显示对应的电压或时间光标，以揭示测量的物理意义。系统根据信号的变化自动调整光标位置，并计算相应的参数值。自动测量的结果在屏幕下方，最多可同时显示 3 个数据，并自动左移，由清除测量键清除显示。如按全部测量打开，则 18 种测量结果显示在屏幕中心区，若数据显示*****，表明在当前的设置该参数不能测。电压参数的定义如图 7.45 所示。

图 7.45　电压参数的定义

峰峰值（V_{pp}）：波形最高点和最低点的电压值。

最大值（V_{max}）：波形最高点对 GND（地）的电压值。

最小值（V_{min}）：波形最低点对 GND（地）的电压值。

幅值（V_{amp}）：波形顶部与底部的电压值。

顶端值（V_{top}）：波形顶部对 GND（地）的电压值。

底端值（V_{base}）：波形底部对 GND（地）的电压值。

过冲（Overshoot）：波形最大值与顶端值之差与幅值之比。

预冲（Preshoot）：波形最小值与底端值之差与幅值之比。

平均值（Vaverage）：信号的平均值。

均方根值（Vrms）：信号的有效值。

时间参数的定义如图 7.46 所示。

图 7.46　时间参数的定义

上升时间（Rise Time）：波形幅度从 10%上升至 90%的时间。

下降时间（Fall Time）：波形幅度从 90%下降至 10%的时间。

正脉宽（Positive Width）：正脉冲在 50%幅度时脉冲宽度。

负脉宽（Negative Width）：负脉冲在 50%幅度时脉冲宽度。

延迟 1→2 ⌐：通道 1.2 相对于上升沿的延时。

延迟 1→2：⌐通道 1.2 相对于下降沿的延时。

正占空比：正脉冲与周期的比值。

负占空比：负脉冲与周期的比值。

（3）ACQUIRE 为采样系统的功能按键。通过菜单控制按钮调整采样方式。ACQUIRE 菜单功能说明见表 7.8。

表 7.8　　　　　　　　　　　　　　ACQUIRE 菜单功能说明

功能菜单	设定	说明
获取方式	普通	打开普通采样方式
	平均	设置平均采样方式
	模拟	设置模拟显示方式
	峰值检测	打开峰值检测方式

续表

功能菜单	设定	说明
采样方式	实时采样 等效采样	设置采样方式为实时采样 设置采样方式为等效采样
平均次数	2 — — 256	以 2 的倍数步进，从 2 到 256 设置平均次数
亮度	◀ ✦ ▶ <1%>	设置模拟显示采样点的亮度
混淆抑制	关闭 打开	关闭混淆抑制功能 打开混淆抑制功能

（4）DISPLAY 为采样系统的功能按键。按 DISPLAY 按钮弹出设置菜单。通过菜单控制按钮调整显示方式。

（5）STORAGE 为存储系统的功能按键。按 STORAGE 按钮弹出存储设置菜单。通过菜单控制按钮设置存储/调出波形或设置。

（6）UTILITY 为辅助系统功能按键。按 UTILITY 按钮弹出语言菜单（Language），可以选择适当的语言。

7.5.8 参考（REF）设置方法

可以选择一个通道波形作为参考波形，将其保存按下 REF 显示参考波形以供比较，如图 7.47 所示。

信源选择：CH_1 或 CH_2 作为参考通道。

保存：将选定的参考波形保存。

反相：打开时参考波形反相。

由于篇幅有限，DS5022ME 数字示波器的其他功能请参考设备制造商使用手册，这里不再详述。

图 7.47 参考波形

7.6 台式数字万用表 GDM8341 使用

7.6.1 概述

固纬电子推出新一代以 USB 为通信接口的双量测数字万用表 GDM834x 系列，该系列包含 2 个型号 GDM8341 和 GDM8342，均搭配 50000 位数 VFD 双显示屏、0.02%直流电压基本准确度和 USB 通信接口，为提供所有使用者量测上的准确性、清晰的数值观测和连接计算机的便利性。该系列万用表除支持一般万用表所拥有的基本量测项目外，还配有可量测电容和温度的能力。此外该系列也提供了多样的辅助性功能，来协助符合制程测试、教学实验和检验场合时的量测应用需要。

图 7.48　台式数字万用表 GDM8341

DM8341（见图 7.48）具有如下特点：

（1）50000 位数，VFD 显示屏，双量测/双显示功能。

（2）量测速度可选择，最高可达 40 读值/秒，直流电压（DCV）基本精确度为 0.02%。

（3）可选择自动/手动换挡，真有效值量测（AC，AC+DC）。

（4）10/11 种基本量测功能。

（5）高级量测功能：Max./Min., REL/REL#, Math, Compare, Hold, dB, dBm。

（6）标配接口 USB device，可与计算机连线控制。

7.6.2　GDM8341 使用方法

1．AC/DC 电压测量

GDM8341 能够测量 0 到 750VAC 或 0 到 1000VDC 的电压范围。

（1）设置 ACV/DCV 测量

① 按下 DCV 或 ACV 键来测量 DC 或 AC 电压。
对于 AC + DC 电压，同时按下 ACV 和 DCV 键。

② 模式在 AC、DC 或 AC+DC 间快速切换。

③ 连接 V 和 COM 端口的测试表笔，显示屏
会更新读数，如图 7.49 所示。

（2）选择电压量程

① 自动量程选定：设置自动量程 ON /OFF，按下 AUTO 键。

② 手动量程选定：按下 Up 或 Down 键来调量程（表 7.9 选择电压量程），AUTO 显示自动关闭。如果不确定合适量程，请选择最大量程。

图 7.49　读数

表 7.9　　　　　　　　　　　　　　选择电压量程

量程	分辨率	满量程
500mV	10μV	510.00mV
5V	0.1mV	5.1000V
50V	1mV	51.000V
500V	10mV	510.00V
750V(AC)	100mV	765.0V
1000V(DC)	100mV	1020.0V

2．AC/DC 电流测量

GDM8341 系列数字万用表有两个输入端口用来进行电流测量：一个 0.5A 的端口测量小于 0.5A 的电流，另一个 10A 的端口用来测量最大到 12A 的电流。这些单位能够测量包括 DC/AC 的 0～10A 范围的电流。

（1）设置 ACI/DCI 测量

按下 SHIFT→DCV 或 SHIFT→ACV，分别测量 DC 或 AC 电流。对于 AC+DC 电流，根据输入电流，用测试引线连接 DC/AC 10A 端口和 Com 端口或 DC/AC 0.5A 端口和 COM 端口。如果电流小于 0.5A，则连接 0.5A 端口；如果电流最大达到 12A，则连接 10A 端口。显示屏会更新示数。

（2）选择电流量程

① 电流量程：可以被自动或者手动设定。

② 自动量程：调整自动量程选择 ON/OFF，按下 AUTO 按键。最大的合适量程在当前测量输入后将会被自动选定。万用表通过记忆上次最后的量程来进行选定，并用相关信息来进行自动量程的转换。每当电流转换为其他端口，输入设定需重新设置。

③ 手动量程：按下 UP 或者 DOWN 按键来选择量程（表 7.10 选择电流范围），AUTO 指示自动关闭。如果不确定合适的量程，请选择最大量程。

表 7.10　可选电流范围

量程	分辨率	满量程	INJACK
500μA	10nA	510.00μA	500mA
5mA	100nA	5.1000mA	500mA
50mA	1μA	51.000mA	500mA
500mA	10μA	510.00mA	500mA
5A	100μA	5.1000A	12A
10A	1mA	12.000A	12A

3．电阻测量

（1）设置 Ω 测量

① 按下 Ω/·")），从而激活阻值测量。注意：按下 Ω/·")） 两次将会激活连续测量功能。

② 如图 7.50 所示，模式将会转化为电阻测量。

图 7.50　电阻测量模式

连接 GDM8341 使用双线进行电阻测量，连接 VΩ⊷⊣⊢ 端口和 COM 端口的测试引线。

（2）选择电阻量程

电阻量程可以手动或自动设置。

① 自动量程：调节自动量程 ON/OFF，按下 AUTOA 键。

② 手动量程：按下 Up 或 Down 键来调整量程（表 7.11 可选电阻量程）。AUTO 键指示自动关闭。如果不知道合适量程，请选择最大量程。

表 7.11　　　　　　　　　　　　　　可选电阻量程

量程	分辨率	满量程
500 Ω	10mΩ	510.00Ω
5kΩ	100mΩ	5.1000kΩ
50kΩ	1Ω	51.000kΩ
500kΩ	10Ω	510 .00kΩ
5MΩ	100Ω	5.1000MΩ
50M Ω	1kΩ	51.000MΩ

4．频率/周期测量

GDM8341 能够用来测量一个信号的周期和频率。量程范围为频率 10Hz～1MHz，周期 1.0μs～100ms。

（1）设置频率/周期测量

步骤如下：要进行频率测量，首先按下 Hz/P 键，频率将会首先显示在屏幕上，量程将会显示在第二屏幕上。要测量周期，按两次 Hz/P 键，周期将会首先显示在屏幕上，量程将会显示在第二屏幕上。连接VΩ➔⊢⊦端口和 COM 端口的测试引线，显示屏将更新读数。

（2）频率/周期量程的设定

周期和频率的输入电压测量应被手动或自动设置量程。系统默认频率和周期的电压测量量程范围设置为自动。

① 量程：电压 500mV，5V，50V，500V，750V。

② 手动量程：用 Up 和 Down 键来调节量程，AUTO 指示会在新量程选定之后自动关闭。

③ 自动量程：按下 Auto/Enter 键，AUTO 将会再次在屏幕上显示。

5．dBm/dB/W 测量

（1）dBm/dB 计算

概述：使用 ACV 或 DCV 的测量结果，万用表依据下面的计算公式所给出的参考电阻值计算 dB 或 dBm 值。

$dBm = 10 \times log10(1000 \times V_{reading2}/R_{ref})$

$dB = dBm - dB_{mref}$

$W = V_{reading2}/R_{ref}$

其中：$V_{reading}$=输入电压，ACV or DCV；

R_{ref}=在输出负载上所模拟的参考阻值；dBm_{ref}=参考 dBm 值。

（2）测量 dBm/W

① 选择 ACV 或 DCV 测量。

② 测量 dBm，按下 SHIFT→ ➔⊢⊦ ，主屏幕将会显示 dBm 测量，与此同时，副显将会显示参考电阻值。如要设定参考电阻，使用 Up 和 Down 箭头按键，可选的参考电阻为：2 4 8 16 50 75 93 110 124 125 135 150 250 300 500 600 800 900 1000 1200 8000，结果用 Watts 表示。当电阻值小于 50Ω，可能用 watts 作为单位计算阻值。如果参考阻值等于或大于 50Ω，

那么这步可以忽略。再次按下 SHIFT→➔ ⊣⊢ 来用 Watts 来表示结果。

③ 退出 dBm 测量，再次按下 SHIFT→➔ ⊣⊢ 来退出 dBm 测量，或者激活其他的测量功能。

（3）测量 dB

dB 定义为 [dBm−dBm$_{ref}$]。当激活 dB 测量时，万用表通过在第一时间读取读数并将其储存为 dBm$_{ref}$ 来计算 dBm。

① 选择 ACV 或 DCV 测量。

② 按下 SHIFT → Ω/•⍾ key 来激活 dB 测量模式。主屏幕给出了 dB 读数，第二显示给出了电压读数。

③ 浏览 dBm 参考值。为了浏览 dBm 参考值，按下 2ND 键。

Up 和 Down 箭头键也可以被用来调整电压量程和读数。退出 dB 测量，再次按下 SHIFT →Ω/键来退出 dB 测量，或者激活其他测量功能。

第 8 章　Multisim 11 的应用

　　Multisim 是加拿大图像交互技术公司（Interactive Image Technologies，IIT 公司)推出的以 Windows 为基础的仿真工具。该公司于 1988 年推出一个用于电子电路仿真和设计的 EDA 工具软件 Electronics Work Bench（电子工作台， EWB），因界面形象直观、操作方便、分析功能强大、易学易用而得到迅速推广使用。1996 年，IIT 推出了 EWB 5.0 版本，在 EW B5.x 版本之后，从 EWB 6.0 版本开始，IIT 对 EWB 进行了较大变动，名称改为 Multisim（多功能仿真软件），用于电路级仿真。IIT 后被美国国家仪器（NI，National Instruments）公司收购，软件更名为 NI Multisim，已经有 Multisim 2001、Multisim 7、 Multisim 8、Multisim 9 、Multisim 10 以及 Multisim 11 等版本。

　　Multisim 系列软件包括 Circuit Design Suite、布线引擎（Ultiroute）和通信电路分析与设计模块（Commsim）3 款设计软件。各个部分相互独立，可以分别使用。Multisim 系列软件能完成从电路的仿真设计到电路板图生成的全过程。其中 Circuit Design Suite 是一个完整的集成化设计环境，包括电路仿真设计模块（Multisim）、PCB 设计软件（Ultiboard）。

　　Multisim 经历了多个版本的升级，9 版本之后增加了单片机和 LabVIEW 虚拟仪器的仿真和应用。该软件的优势为：操作界面直观易用，大量元器件库、3D 元件库；虚拟仪器表种类齐全，分析方法完备，可调用 LabVIEW 虚拟仪器（自定义）；强大的 Help 功能，包括软件本身的操作说明、各种元器件功能说明。

　　从事电子产品设计、开发等工作的人员经常需要对所设计的电路进行实物模拟和调试。其目的一方面是为了验证所设计的电路是否能达到设计要求的技术指标，另一方面通过改变电路中元器件的参数，使整个电路性能达到最佳值。以往的电路设计模拟常常是制作一块模拟试验板，在这块板上用实际元器件进行试验和调试。取得数据后，再来修正原设计的电路参数，直至达到设计提出的要求。这样既影响工作的顺利进行，又束缚了设计人员的手脚。

　　Multisim 软件具有界面直观、操作方便等优点，它改变了有些电路仿真软件输入电路采用文本方式的不便之处，创建电路、选用元器件和测试仪器等均可以直接从屏幕图形中选取，而且测试仪器的图形与实物外形基本相似。实践证明，具有一般电子技术基础知识的人员，只要几个小时就可学会 Multisim 软件的基本操作，从而大大提高了电子设计工作的效率。

　　Multisim 软件还是一种非常优秀的电子技术实训工具。因为掌握电子技术不仅需要理论知识，而且更重要的是通过实际操作来加强对内容的理解。作为电子类相关课程的辅助教学和实训手段，它不仅可以弥补实验仪器、元器件缺乏带来的不足，而且排除了原材料消耗和仪器损坏等因素，可以帮助学生更快、更好地掌握课堂讲述的内容，加深对概念、原理的理解，弥补课堂教学的不足，而且通过电路仿真，可以熟悉常用电子仪器的测量方法，进一步培养学生的综合分析能力、排除故障能力和开发、创新能力。

8.1　Circuit Design Suite 的组成与基本功能

Circuit Design Suite 是一个完整的集成化设计环境，包括电路仿真设计模块（Multisim）、PCB 设计软件（Ultiboard），模块关系图如图 8.1 所示，它为用户提供了规模庞大的元件库以及方便的电路输入方式。在 Multisim 工作界面下，用户根据自己的设计目的，首先利用其创建原理图的编辑功能，以图形输入方式建立未来印制电路板上的电路，Multisim 有强大的电路图形编辑功能和庞大的元件库的支撑。用户创建的电路可能是模拟、数字或者是模—数混合电路，只要是 Multisim 元件库内的元器件，几乎都具有仿真模型，允许用户在 PCB 前端设计阶段对其设计的电路进行软件仿真，从而最大限度地降低设计失误，这是目前 EDA 工具最具魅力的功能之一。Multisim 可输出 PCB 前端设计结果，以网表等文件形式将设计信息准确传递到 PCB 后端设计模块 Ultiboard 中。

图 8.1　Circuit Design Suite 各模块间的关系

8.2　Multisim 电路设计流程

一般来说，完整的 Multisim 的设计流程包括电路设计与输入、电路仿真与电路分析、PCB设计与制作等主要步骤。在设计一个电路时，设计流程所包含的设计步骤如图 8.2 所示。每一个具体设计的每一个步骤会略有变化，但在本质上这些步骤是相同的。

1. 设计出电路草图

在进行电路设计之前，首先要明确设计要求与设计目的，明确设计需求，最好能够先在纸上设计电路的草图，再利用 Multisim 软件进行设计。

图 8.2 Multisim 电路设计流程图

2．设置工作区的尺寸、元器件符号的标准

草图设计好后，可根据草图的大小设置工作区（及图纸）的尺寸，选择元器件符号的标准（ANSI 标准和 DIN 标准）。Multisim 11 只能调出符合两种标准的电路元器件符号，即美国的 ANSI 标准和欧洲的 DIN 标准。

3．原理图输入

包括放置元器件和连接电路两个步骤。首先向工作区添加元器件，设置元器件参数；按照电路原理图的草图放置好元器件后，通过导线（wire）将元器件连接起来，形成电路图。

4．电路规则检查

检查电气连接关系的正确性，以便于后续的仿真操作。

5．设置仿真仪器与分析方法

按仿真的需求，将合适的仪器仪表加入并连接到设计的电路中，观察仪器仪表的输出结果。根据仿真结果对电路的参数或电路结构进行调整，更改设计，最终完成设计要求。

6．标记电路原理图相关信息

电路图设计完成后，完成相关信息的填写。

7．后期处理

后期处理包括导出元器件列表、导出电路原理图的统计信息、转换到 Ultiboard 或 Protel 等操作。

8.3 电路原理图设计工具

Multisim 模块是整个 Multisim 系列软件中最具特色的模块，它具有强大的电路仿真功能，并具有人性化设计的友好界面，在此软件平台上操作，有类似在实验室工作台上进行操作的感觉。该模块属于 PCB 前端设计模块，它主要完成设计电气原理图的输入、编辑、存储、电路仿真和 PLD 设计等功能，设计结果将以网络表等文件形式直接正向传递给 PCB 后端设计工具 Ultiboard。

8.3.1 Multisim 用户界面简介

从"开始"菜单启动 Multisim 11 软件后，屏幕出现如图 8.3 所示的 Multisim 11 软件的主窗口，主窗口包括菜单栏、设计工具箱、数据表格视图、标准工具栏、视图工具栏、设计工具箱、仿真开关、元件工具栏、仪器仪表工具栏和电路设计工作区。

图 8.3 Multisim11 软件的主窗口

菜单栏包括 File、Edit、View 等菜单，主要是用于文件的创建、管理、编辑、窗体的管理以及电路仿真软件的各种操作命令。

标准工具栏提供了常用命令的快捷操作方式，方便用户使用。从左到右依次包括基本操作按钮（包括新建设计文件、打开文件、打开实例设计文件、保存文件、打印设计文件、打印预览、剪切、复制、粘帖、撤销、重做）、电路工作区控制按钮（包括全屏显示、放大工作区、缩小工作区、选择区域缩放、缩放到合适页面）、电路操作按钮（包括查找设计实例、显示/隐藏 Spice 网表查看器、显示/隐藏设计工具箱、显示/隐藏数据表格视图、数据库管理器、创建元件、分析方法列表、后处理器、电气规则检查、捕捉屏幕范围、转到父图、从 Ultiboard 反相注释、向前注释到 Ultiboard）、使用过的元器件列表以及仿真暂停控制按钮。

元件工具栏提供了电路原理图中的具体元器件。从左到右依次是电源库、基本元器件库、二极管库、三极管库、模拟集成电路库、TTL 数字集成器件库、CMOS 数字集成器件库、混杂数字器件库、模拟混合器件库、指示器件库、电源器件库、杂项器件库、先进外围设备库、射频器件库、机电类器件库、NI 组件库、MCU 器件库、放置分层电路模块以及放置总线等。

设计工具箱对当前设计文件进行控制和管理，用于宏观管理设计中的原理图文件、PCB文件以及报告清单文件，同时可方便地管理层次化电路的层次结构。

数据表格视图可方便快速地显示所编辑元件的参数，包括封装、属性、参考值等内容，设计人员可通过该窗口改变元件的参数。

仪器仪表工具栏提供了在电路仿真过程中会用到的各种虚拟仪器。Multisim 11 为设计者提供了大量的虚拟仪表，从上到下依次为万用表、函数发生器、瓦特表（功率表）、双踪示波器、四踪示波器、波特仪、频率计、字信号发生器、逻辑分析仪、逻辑转换器、IV 分析仪、失真度分析仪、频谱分析仪、网络分析仪、安捷伦函数信号发生器、安捷伦万用表、安捷伦示波器、泰克示波器、测试探针、NI Labview 虚拟仪器、NI ELVISmx 仪器以及电流探针。利用这些仪器仪表，设计者可以对设计的电路进行各种综合分析和测量。

电路工作区是设计人员进行电路设计的工作区域，电路的设计和仿真在设计工作区完成。

8.3.2　菜单和命令

Multisim 的主要菜单共包括 8 项，不常见的各对应选项的功能分别见表 8.1。

表 8.1　　　　　　　　　　　Multisim 主要菜单下不常见的各选项的功能

主要菜单	下拉菜单工具条	主要功能
Edit/Orientation	Flip Vertical	垂直翻转
	Flip Horizontal	水平翻转
	90 Clockwise	顺时针旋转 90 度
	90 CounterCw	逆时针旋转 90 度
View	Zoom In	放大设置
	Zoom Out	缩小设置
	Zoom Fit to Page	放大到适合页面
	Show Grid	显示或关闭栅格
	Design ToolBox	显示或关闭设计工具箱
	Spreadsheet View	显示或关闭数据表格视图
	Circuit Description Box	显示或关闭电路描述工具箱（在 Tools/Description Box Edit 描述电路功能）
	Toolbar	显示或关闭工具箱
	Grapher	显示或关闭图形编辑器

续表

主要菜单	下拉菜单工具条	主要功能
Place	Component	放置器件
	Junction	放置节点
	Wire	放置导线
	Bus	放置总线
	Connectors	放置输入/输出端口连接器
	New Hierarchical Block	放置层次模块
	Replace Hierarchical Block	替换层次模块
	Hierarchical Block form File	来自文件的层次模块
	New Subcircuit	创建子电路
	Replace by Subcircuit	子电路替换
	Multi-Page	设置多页
	Merge Bus	合并总线
	Bus Vector Connect	总线矢量连接
	Comment	注释
	Text	放置文字
	Grapher	放置图形
	Title Block	放置工程标题栏
Mcu	No MCU Component Found	没有创建 MCU 器件
	Debug View Format	调试格式
	Show Line Numbers	显示线路数目
	Pause	暂停
	Step into	进入
	Step over	跨过
	Step out	离开
	Run to cursor	运行到指针
	Toggle breakpoint	设置断点
	Remove all breakpoint	移出所有的断点
Simulate	Run	开始仿真
	Pause	暂停仿真
	Stop	停止仿真
	Instruments	选择仪器仪表

续表

主要菜单	下拉菜单工具条	主要功能
Simulate	Interactive Simulation Settings...	交互式仿真设置
	Digital Simulation Settings...	数字仿真设置
	Analyses	选择仿真分析法
	Postprocess	启动后处理器
	Simulation Error Log/Audit Trail	仿真误差记录/查询索引
	XSpice Command Line Interface	XSpice 命令界面
	Load Simulation Setting	导入仿真设置
	Save Simulation Setting	保存仿真设置
	Auto Fault Option	自动故障选择
	VHDL Simulation	VHDL 仿真
	Dynamic Probe Properties	动态探针属性
	Reverse Probe Direction	反向探针方向
	Clear Instrument Data	清除仪器数据
	Use Tolerances	使用公差
Transfer	Transfer to Ultiboard	将仿真文件的网络表传送给 Ultiboard
	Forward annotate to Ultiboard	将 Multisim 中电路元件的注释变动传送给 Ultiboard
	Export to other PCB layout file	将网络表输出给其他的 PCB 文件
	Backannotate from file	将 Ultiboard 中的电路元件的注释改变传送到 Multisim 中，从而使 Multisim 中的元件注释相应变动
	Highlight Selection in Ultiboard	在 Ultiboard 中高亮显示
	Export Netlist	输出电路文件所对应的网表
	Export Netlist	输出网络表
Tools	Component Wizard	元件创建向导
	Database	用户数据库管理
	Variant Manager	变量管理器
	Set Active Variant	设置动态变量
	Circuit Wizards	电路创建向导（包括 555 定时器电路设计向导、滤波器电路设计向导、集成运算放大器电路设计向导、单管共射放大电路设计向导）
	Spice Netlist Viewer	Spice 网表观测窗
	Rename/Renumber Components	元件重新命名/编号

主要菜单	下拉菜单工具条	主要功能
Tools	Replace Components...	元件替换
	Update Circuit Components...	更新电路元件
	Update HB/SC Symbols	更新 HB/SC 符号
	Electrical Rules Check	电气规则检验
	Clear ERC Markers	清除 ERC 标志
	Toggle NC Marker	设置空闲引脚标志
	Symbol Editor...	符号编辑器
	Title Block Editor...	工程图明细表比较器
	Description Box Editor...	描述箱编辑器（在 Design Toolbox 窗口中添加关于电路功能的文本表述）
	Edit Labels...	编辑标签
	Capture Screen Area	抓图区域
Reports	Bill of Report	材料清单
	Component Detail Report	元件详细报告
	Netlist Report	网络表报告
	Cross Reference Report	参照表报告
	Schematic Statistics	统计报告
	Spare Gates Report	剩余门电路报告
Option	Global Preferences...	全局电路参数对话框
	Sheet Properties	电路工作区属性（用于设置电路工作区中参数是否显示、显示方式和 PCB 参数的设置）
	Lock Tool bars	锁定快捷工具条
	Customize User Interface...	用户界面设置（用于设置个性化的用户界面）
Help	Multisim Help	主题目录
	Components Reference	元件索引

8.3.3 定制用户界面

　　Multisim 的界面可以进行定制，包括工具箱、电路的显示颜色、页面大小、自动保存的时间间隔、符号标准（ANSI 或 DIN）以及打印设置等。这种定制可以针对每一个电路进行设置，可以将不同的电路设置成不同的颜色，也可以将同一电路中的元件、仪表设置成不同的颜色。设置当前电路时，单击鼠标右键即可进行设置。如果要建立一种缺省的界面设置，可以执行菜单命令"Options"中的"Global Preferences... "和"Sheet Properties"，如图 8.4所示，但该设置只对随后的电路文件有效，对当前电路文件无效。

（a）"Global Preferences"对话框

（b）"Sheet Properties"对话框

图 8.4　电路工作区属性对话框

（1）选择"Options"→"Global Preferences..."对话框的 Parts 选项，可弹出如图 8.4（a）所示的 Part 对话框，在 Part 对话框中：

① 在 Place component mode 区域选择元器件操作模式。

Place single component：选定时，从元器件库里取出元器件，只能放置一次。

Continuous placement for multi-section part only（ESC to quit）：选定时，如果从元器件库里取出的元器件是 74×× 之类的单封装内含多组件的元器件，则可以连续放置元器件；停止放置元器件，可按【Esc】键退出。

Continuous placement（ESC to quit）：选定时，从元器件库里取出的零件可以连续放置；停止放置元器件，可按【Esc】键退出。

② 在 Symbol standard 区域选择元器件符号标准。

ANSL：设定采用美国标准元器件符号。

DIN：设定采用欧洲标准元器件符号。

（2）执行菜单命令"Options"，进入"Sheet Preferences"对话框，提供了 6 个翻页标签，如图 8.4（b）所示。

① 其中"Circuit"标签用于对电路窗口内的仿真电路图和元件参数进行设置。

"Show"区用于设置元件的 Label（显示元件的标号）、RefDes（显示元件的名称与序号）、Value（显示元件值）等信息，以及网络名（Net names）和总线（Bus entry）是否显示。

"Color"区用于设置仿真电路图的颜色。下拉清单中是颜色类型，其下端的窗口是效果预览窗口，右边的颜色条用来设置电路图的背景、连线、有源元件、无源元件和虚拟元件的具体颜色。

② "Workspace"标签用于设置电路图纸的纸张大小和纸张的显示方式，如图 8.5 所示。

在"Show"栏中，左半部分是设置的预览窗口，右半部分是显示条目的复选栏。自上至下的复选栏分别为：Show Grid 选择电路工作区里是否显示格点；Show Page Bounds 选择电路工作区里是否显示页面分隔线（边界）；Show border 选择电路工作区里是否显示边界。

"Sheet size"区域的功能是设定图纸大小（A—E、A0—A4 以及 Custom 选项），并可选择尺寸单位为英寸（Inches）或厘米（Centimeters），以及设定图纸方向是 Portrait（纵向）或

Landscape（横向）。

③ "Wiring"标签可对导线的宽度进行设置，如图 8.6 所示。在"Wiring"下可对导线的宽度（Wire Width）和总线的宽度（Bus Width）进行设置。

④ "Font"标签用于对电路窗口中的元器件的标识符和参数等信息进行字的大小和字体设置，如图 8.7 所示。

"Font"区域可以直接在栏位里选取所要采用的字型。"Font Style"区域选择字型，字型可以为粗体字（Bold）、粗斜体字（Bold Italic）、斜体字（Italic）、正常字（Regular）。"Size"区域选择字型大小，可以直接在栏位里选取。"Sample"区域显示的是所设定的字型。

"Change All"区域为所设定的字型选择应用项目。Component Values and Labels：选择元器件标注文字和数值采用所设定的字型。Component RefDes：选择元器件编号采用所设定的字型。Component Attributes：选择元器件属性文字采用所设定的字型。Footprint Pin names：选择引脚名称采用所设定的字型。Symbol Pin names：选择符号引脚采用所设定的字型。Net names：选择网络表名称采用所设定的字型。Schematic text：选择电路图里的文字采用所设定的的字型。

"Apply to"区域选择本对话框所设定的字型的应用范围。Selection：应用在选取的项目。Entire Circuit：将应用于整个电路图。

图 8.5　Workspace 标签页

图 8.6　Wiring 标签页

图 8.7　Font 标签页

8.3.4　创建电路图

创建电路原理图是完整的电路设计过程的第一步，用户可选择要使用的元件，放置到电路窗口中确定的位置，进行元件间的连接。同时可以修改元件的属性及参数，放置文本、总、子电路，也可以修改已有的设计。

1．元器件的操作

Multisim 11 提供了丰富的元器件库，元器件库栏图标和名称如图 8.8 所示。用鼠标单击元器件库栏的某一个图标打开该元器件库。

（1）调用元件。

选用元器件时，在元器件库栏中用鼠标左键单击包含该元器件的图标，即可打开该元器件库。可以浏览所有元件组，从选中的元器件库对话框中用鼠标单击该元器件，然后单击"OK"按钮即可，用鼠标拖曳该元器件到电路工作区的适当地方即可。

图 8.8　Multisim 11 元器件库

也可通过执行菜单命令"Place/Component"来调出元件库，选择元器件。

Multisim 提供了一些虚拟元件，这些元件在现实中是不存在的，只是为了便于电路仿真专门设置的。虚拟元件没有引脚，也不能从市场中买到，在电路窗口中一般以特别的颜色显示，显示的颜色用户可以在电路显示控制中进行设置。

（2）选中元器件。

在连接电路之前，有时需要对元器件进行移动、旋转、删除、设置参数等操作。这就需要先选中该元器件。要选中某个元器件，可使用鼠标的左键单击该元器件，被选中的元器件的四周出现 4 个黑色小方块（电路工作区为白底时），便于识别。

对选中的元器件可以进行移动、旋转、删除、设置参数等操作。用鼠标拖曳形成一个矩形区域，可以同时选中在该矩形区域内所包围的一组元器件。要取消某一个元器件的选中状态，只需单击电路工作区的空白部分即可。

（3）元器件的移动。

用鼠标的左键单击该元器件（左键不松手），拖曳该元器件即可移动该元器件。要移动一组元器件，必须先选中该组元器件，然后用鼠标左键拖曳，则所有选中的部分会一起移动。

（4）元器件的旋转与反转。

对元器件进行旋转或反转操作，需要先选中该元器件，然后单击鼠标右键或者选择菜单 Edit/Orientation，选择菜单中的 Flip Horizontal（将所选择的元器件左右旋转）、Flip Vertical（将所选择的元器件上下旋转）、90 Clockwise（将所选择的元器件顺时针旋转 90 度）、90 CounterCW（将所选择的元器件逆时针旋转 90 度）等菜单栏中的命令。

（5）元器件的复制、删除。

对选中的元器件进行复制、移动、删除等操作，可以单击鼠标右键或者使用 菜单 Edit/Cut（剪切）、Edit/Copy（复制）和 Edit/Paste（粘贴）、Edit/Delete（删除）等菜单命令实现元器件的复制、移动、删除等操作。

（6）元器件标签、编号、数值、模型参数的设置。

在选中元器件后，双击该元器件，或者选择菜单命令 Edit/Properties（元器件特性），会弹出相关的对话框，可供输入数据。器件特性对话框具有多种选项可供设置，包括 Label（标识）、Display（显示）、Value（数值）、Fault（故障设置）、Pins（引脚端）、Variant（变量）等内容。

2．元件的连接

在电路窗口放置好元件后，便可用连线完成元件到元件、元件到仪表之间的电气连接。

每个元件都有供连接的引脚，既可以选择自动连接，也可以选择手动连接。自动连接是Multisim的一个重要功能，可以避免从元件上连接或交叠。

（1）自动连线。

将鼠标指到第一个元件的引脚，鼠标指针呈十字形，单击左键，然后移动鼠标到第二个元件的相应引脚，单击左键，即可完成自动连线，并自动标注节点号。如果连线没有成功，可能是连接点与其他元件太靠近所致，移开一段距离即可。若要删除某条线，选中相应线，按"Delete"键或单击右键选择"Delete"命令。

（2）手动连线。

① 将鼠标指到第一个元件的引脚，鼠标呈十字形，单击左键，显示随鼠标移动的线。

② 控制连线的轨迹，在拐点的相应位置单击左键，则连线必须通过该点。缺省情况下，程序避免跨接没有连线的元件。若有必要跨接元件，在拖曳鼠标到要跨接元件上时，按"Shift"键可以达到跨接的目的。

③ 在第二个元件相应引脚单击左键，完成连线。

手动连线和自动连线可以交互使用，在缺省情况下，程序应用自动连线。

（3）改变连线轨迹。

改变已连线的轨迹，选中相应线后，线上出现很多调整点，鼠标移到调整点上，显示为三角形，拖曳鼠标即可改变连线的形状。在选中相应线后，按住"Ctrl"键，鼠标移动到调整点上时，鼠标显示为乘号形状，单击左键可以删除一个调整点，也可以改变连线轨迹。若移动到线上其他位置，鼠标显示双箭头形状，单击左键可以添加一个调整点，做进一步调整。

（4）设置连线颜色。

缺省的颜色设置是由控制电路显示所设定的，若需要特别设定连线颜色，可以通过如下方式进行设置：

选中相应连线，单击右键，从菜单中选择 "Change Color"或"Color Segment…"命令进行设置。前者为改变选中连线的等电位导线颜色，后者为改变选中导线段的颜色。

（5）放置总线。

放置总线的操作过程如下：

① 启动 Place /Bus 命令，进入绘制总线状态。

② 拖动所要绘制总线的起点，即可拉出一条总线。如要转弯，则单击鼠标左键，到达终点后，双击即可完成总线的绘制，系统也将自动给出总线的名称。如要修改名称，则双击该总线，打开 Bus 对话框，在其中 Reference ID 栏内输入新的总线名称，然后单击确定。注意：两根或多根总线只要名称相同，在电气上就是一根总线，相当于连在一起。

③ 将要连接的多个 IC 引脚分别接到总线上。

④ 若希望两个引脚电气连接，则在弹出窗口的 Bus line 中填上相应的网络标号。

3．手动添加连接点

如果需要在既不是连接点又不是元件引脚的位置添加连接点时，可以手动添加连接点，其操作方法如下：执行菜单命令"Place Junction"。

8.3.5　子电路和层次设计（Subcircuits and Hierarchy）

大规模复杂电路可以通过建立主电路，然后为总电路添加子电路的方式完成。Multisim

允许用户创建子电路（Subcircuits），即一个电路中允许包含另一个电路，被包含电路以一个图标形式显示在包含电路中，就像使用一个元件一样。在子电路接入电路之前，需要给子电路添加输入/输出结点。当子电路被嵌入主电路时，该结点会出现在子电路的符号上，以便使设计者能看到接线点。

子电路是用户自己建立的一种单元电路。将子电路存放在用户器件库中，可以反复调用并使用子电路。利用子电路可使复杂系统的设计模块化、层次化，可增加设计电路的可读性，提高设计效率，缩短电路周期。创建子电路的工作需要以下几个步骤：选择，创建，调用，修改。

1．子电路的输入/输出

为了能对子电路进行外部连接，需要对子电路添加输入/输出。选择 Place / HB/SB Connector 命令或使用 Ctrl+I 快捷操作，屏幕上出现输入/输出符号，将其与子电路的输入/输出信号端进行连接。带有输入/输出符号的子电路才能与外电路连接。

2．子电路选择

把需要创建的电路放到电子工作平台的电路窗口上，按住鼠标左键，拖动，选定电路。被选择电路的部分由周围的方框标示，完成子电路的选择。

3．子电路创建

选择 Place/Replace by Subcircuit 命令，在屏幕上出现的 Subcircuit Name 对话框中输入子电路名称 sub1，单点"OK"按钮，选择电路复制到用户器件库，同时给出子电路图标，完成子电路的创建。

4．子电路调用

选择 Place/Subcircuit 命令或使用 Ctrl+B 快捷操作，输入已创建的子电路名称 sub1，即可使用该子电路。

5．子电路修改

双击子电路模块，在出现的对话框中单击 Edit Subcircuit 命令，屏幕显示子电路的电路图，直接修改该电路图。

8.3.6 Multisim 11 中电路设计向导的使用

1．555 定时器设计向导

对于数字电路中常用的 555 定时器电路，Multisim 11 提供了设计向导功能，用户可以自行提出设计参数和指标，由 Multisim 软件来完成 555 定时器电路的设计。

在菜单栏的 Tools 下选择 Circuit Wizards/555 Timer Wizard 命令，弹出如图 8.9 所示的对话框，该对话框中的参数说明如下：

（1）在顶部 Type 下拉菜单选择 555 时基电路的类型，包括多谐振荡器（Astable operation）、单稳态电路（Monostable）两种类型。

（2）555 定时器设定参数区，用于设置相关设计参数。

按图 8.9 的默认设置创建如图 8.10 所示的电路，在输出（OUT）端接入测试仪表——示波器，可以观测到该振荡器输出频率（Frequency）为 1kHz，占空比（Duty）为 60%，满足设计要求。示波器的使用见 8.4.3 小节常用仿真仪表介绍。

图 8.9　555 定时器设计向导对话框

（a）定制出的多谐振荡器电路　　　　　　　　　　（b）仿真波形

图 8.10　定制出的多谐振荡器电路及其仿真波形

2．滤波器设计向导

若没有便捷的设计工具设计滤波器电路，滤波器设计将是一个有难度的设计任务，Multisim 11 提供了滤波器设计向导工具，通过该工具，可以快捷地设计各种有源滤波器或无源滤波器（包括低通滤波器、高通滤波器、带通滤波器、带阻滤波器）。

在菜单栏的 Tools 下选择 Circuit Wizards/Filter Wizard 命令，弹出如图 8.11 所示的对话框，该对话框中的参数说明如下：

图 8.11　滤波器设计向导对话框

（1）顶部 Type 下拉菜单选择滤波器的类型，包括低通、高通、带通以及带阻滤波器。

（2）滤波器参数区用于设置滤波器的相应参数。其中低通滤波器和高通滤波器参数包括通带截止频率、阻带截至频率、通带允许的最大衰减、阻带允许的最大衰减和输出负载电阻值的大小。

（3）Type 选项区用于选择滤波器的类型，包括巴特沃思型（Butterworth）和切比雪夫型。

（4）Topology 选项区用于设置滤波器电路，包括无源型（Passive，滤波器由电阻、电容、电感构成）和有源型（Active，滤波器由运放加无源器件构成）。

（5）Source Impedance 选项区用于设置输出阻抗。该选项区只有在设计无源滤波器时才会出现。

按图 8.11 的默认设置创建无源低通滤波器电路，单击 Verify 按钮检查参数设置的合理性，单击 Build circuit 按钮，生成如图 8.12 所示的电路。在该电路中接入测试仪表——波特仪，可以观测到到该低通滤波器的频谱图。波特仪的使用见 8.4.3 小节常用仿真仪表介绍。

（a）定制出的无源低通滤波器电路　　　　　　　　　　　　（b）仿真波形

图 8.12　定制出的无源低通滤波器电路及其仿真

有源滤波器的设计方法：在 Topology 选项区选择有源型（Active，滤波器由运放加无源器件构成），单击 Verify 校验设定的参数是否有效，最后单击 Build circuit 按钮，生成滤波器电路即可。

3．运算放大器设计向导

对于模拟电路中常用的运算放大器设计电路，Multisim 11 提供了设计向导功能，用户可以自行提出设计参数和指标，由 Multisim 软件来完成运算放大器设计电路实现模拟信号处理的设计。

在菜单栏的 Tools 下选择 Circuit Wizards/Opamp Wizard 命令，弹出如图 8.13 所示的对话框，该对话框中的参数说明如下：

（1）顶部 Type 下拉菜单选择设计类型，包括反向比例（Inverting amplifier）、同向比例（Non- inverting amplifier）、减法电路（Difference amplifier）、反向求和（反向比例放大倍数相同，Summing amplifier inv.）、同向求和（同向比例放大倍数相同，Summing amplifier non-inv.）以及反向加法（可设置反馈电阻和输入电阻，即可单独设定每一路信号的放大倍数，Scaling adder）。

图 8.13　运算放大器设计向导对话框

（2）运算放大器设定参数区，用于设置相关设计参数。

按图 8.13 的默认设置创建如图 8.14 所示的电路，在输入端、输出端接入测试仪表——双踪示波器，可以观测到 U_o/U_i=-5，输入阻抗（Z_{in}）=R_1=10kΩ，满足设计要求。

（a）定制出的反向比例放大器电路　　　　　　　　　　（b）仿真波形

图 8.14　定制出的反向比例放大器电路及其仿真

4. 单极共射放大电路设计向导

Multisim 11 提供了定制单管共射放大电路的功能，用户可以根据实际参数自行设计各种参数不同的单管共射放大电路。

在菜单栏的 Tools 下选择 Circuit Wizards/CE BJT Amplifier Wizard 命令，弹出如图 8.15 所示的对话框，该对话框中的参数说明如下：

（1）BJT Selection 区：用于设置双极型晶体管自身参数。

Beta of the BJT（hfe）：设置双极型晶体管的放大倍数，改变该值将改变晶体管元件的模型值。

Staturated（Vbe）：设置基极和发射集在饱和导通时的电压，对于硅三极管，V_{be}=0.7V。

（2）Amplifier specification 区：用于设置信号源参数。

Peak input voltage（Vpin）：设置交流信号源的峰值电压。

Input source frequency（fs）：设置交流信号源的频率。

Signal source resistance（Rs）：设置交流信号源的内阻。

（3）Quiescent point specification 区：用于设置静态工作点。

Collector current（Ic）：设置静态工作点的集电极电流 I_{CQ}。

Collector-emitter voltage（Vce）：设置静态工作点的集电极和发射集之间的电压差 V_{CEQ}。

Peak Output volt. swing（Vps）：设置输出电压的最大幅值。

以上 3 个选项为单选项，当用户选中其中一个选项后，单击 Verify 按钮，软件自动计算出其他两个单选项的值。

（4）Cutoff frequency（fcmin）：设置放大器的下截止频率。

（5）Load resistance and power supply 区：用于设置负载电阻值和直流电源相关参数。

Power supply voltage（Vcc）：设置提供直流偏置的直流电源的大小。

Load resistance（R$_l$）：设置负载电阻的大小。

（6）Amplifier characteristics 区：显示设计的放大特性的理论结果，该结果由软件计算完成。

Small signal voltage gain（Av）：小信号的电压增益。

Small signal current gain（Ai）：小信号的电流增益。

Maximum voltage gain（Av$_{max}$）：最大电压增益。

按图 8.15 的默认设置创建单管共射放大电路，单击 Verify 按钮检查参数设置的合理性，单击 Build circuit 按钮，生成如图 8.16 所示的电路。在该电路中接入测试仪表——双踪示波器，可以观测到该电路的输入信号和放大后的信号。

图 8.15　单管共射放大电路设计向导对话框

（a）定制出的单管共射放大器电路   （b）仿真波形

图 8.16　定制出的单管共射放大器电路及其仿真波形

8.4　仿真仪表

    Multisim 提供了多种常用的虚拟仪表，用户可以通过这些仪表观察电路的运行状态，观察电路的仿真结果。它们的设置、使用和读数与实际的测量仪表类似，就像在实验室中使用仪表一样。虚拟仪表有两种显示方式：一种是图标，表示与电路的连接；另一种是控制显示窗口，可以进行设置和观察仿真结果。

8.4.1　仪表工具箱

Multisim 11 在仪器仪表栏下提供了 20 多种电子电路中常用的仪器仪表，如图 8.17 所示。

数字万用表　函数发生器　瓦特表　双通道示波器　四通道示波器　波特仪　频率计　字信号发生器　逻辑分析仪　逻辑转换器　IV分析仪／晶体管图示仪　失真度仪　频谱分析仪　网络分析仪　Agilent 函数发生器　Agilent 万用表　Agilent 示波器　Tektronix 示波器　测量探针　Labview 仪器　NI 教学实验虚拟仪器套件　电流探针

图 8.17　仪表工具箱

8.4.2　仪表的缺省设置

    执行菜单命令 Simulate/Interactive Simulation Settings，出现如图 8.18 所示的对话框，

在此对话框中可进行初始条件设置和分析设置。在分析设置中，起始 Start time 必须大于等于 0，小于终止时间 End time。设置完毕，单击"OK"按钮。这些设置会在下次仿真时起作用。

图 8.18　仪表的缺省设置对话框

8.4.3　常用仿真仪表介绍

1．波特图示仪（Bode Plotter）

波特图是一种利用折线或渐近线描述电路系统频率特性的近似图示法。使用 Multisim 中的波特图示仪可得到电路频响特性曲线的波特图，这对于滤波器电路的仿真分析很重要，可同时得到幅频特性和相频特性曲线。波特图示仪的图标和控制面板如图 8.19 所示。在使用时，必须保证在电路中有 AC 信号源，而信号源的频率对图示仪并无影响，图示仪产生的频率可以覆盖指定的频率范围。垂直和水平标尺都预设最大值，也可进行调整，在任何设置改动后，都应该重新运行一次仿真，以确保仿真结果正确。

在控制面板中单击"Magnitude"按钮，表示测量电路中任意节点间的幅度增益，单位可以是倍数，也可以是 dB（分贝）；单击"Phase"按钮表示相移测量，单位是度。两者都以频率为自变量。下边的"In"和"Out"是图示仪的输入和输出端子，两个正端子应分别连接到要测量的两个电路节点，两个负端子都应接地。

（a）波特图示仪的图标　　　　　（b）波特图示仪的控制面板

图 8.19　波特图示仪的图标和控制面板

（1）坐标设置。

在水平（Horizontal）坐标或垂直（Vertical）坐标控制面板图框内按下"Log"按钮，则坐标以对数（底数为10）的形式显示；按下"Lin"按钮，则坐标以线性的结果显示。

水平（Horizontal）坐标标度（1mHz～1000THz）：水平坐标轴（X轴）总是显示频率值。它的标度由水平轴的初始值 I（Initial）或终值 F（Final）决定。在信号频率范围很宽的电路中，分析电路频率响应时，通常选用对数坐标（以对数为坐标所绘出的频率特性曲线称为波特图）。

垂直（Vertical）坐标：当测量电压增益（Magnitude）时，垂直轴显示输出电压与输入电压之比，若使用对数基准，则单位是分贝；若使用线性基准，显示的是比值。当测量相位（Phase）时，垂直轴总是以度为单位显示相位角。

（2）坐标数值的读出。

要测量特性曲线上任意点的频率、增益或相位差，可用鼠标拖动读数指针（位于波特图仪中的垂直光标），或者用读数指针移动按钮来移动读数指针（垂直光标）到需要测量的点，读数指针（垂直光标）与曲线的交点处的频率和增益或相位角的数值，该数值显示在读数框中。

（3）分辨率设置。

Set 用来设置扫描的分辨率，用鼠标单击 Set，出现分辨率设置对话框，数值越大分辨率越高。

2. 函数发生器（Function Generator）

Multisim 中的函数发生器可以输出正弦波、三角波和方波，且波形可以选择，其频率、振幅、占空比和直流偏置都可以进行设置，调整占空比可以改变脉宽，也可使 3 角波变为锯齿波。函数发生器的输出频率范围应满足 AC 分析的需要。函数发生器有 3 个输出连接端子，Common 端子提供了一个信号参考端，其图标和控制面板如图 8.20 所示。上面 3 个按钮分别为三角、正弦和方波输出选择按钮。

信号选项分别为频率、振幅、占空比和直流偏置及相应单位设置选项，当鼠标移动到相应选项上时，鼠标变成手掌型，即可进行设置。应该说明的是，这里的振幅是指正端或负端对 Common 端输出的振幅，若从正端和负端输出，则输出振幅为设置振幅的 2 倍。并且此种接法在示波器上不能观察其正弦波输出，而三角波和方波则可观察到。函数发生器输出频率的设置范围为 1Hz～999THz，占空比的设置范围为 1%～99%，振幅的设置范围为 0V～999kV（不含 0V），直流偏置的设置范围为－999kV～999kV。"Set Rise/Fall Time"按钮用于设置方波上升/下降时间，可由用户设置，也可恢复为缺省设置。

（a）函数信号发生器的图标　（b）函数信号发生器的控制面板

图 8.20　函数信号发生器图标和控制面板

3．示波器（Oscilloscope）

与实际的示波器一样，仿真用的示波器可以双踪输入，不仅能显示出信号的波形，还能直接给出被测信号的各种参数值（如正弦信号的周期、振幅，脉冲信号的占空比、幅度、前后沿持续时间等）。示波器的图标和面板如图 8.21 所示，面板功能包括：图形显示窗口、通道设置、触发设置、时间设置等。示波器面板各按键的作用、调整及参数的设置与实际的示波器类似。

（a）函数信号发生器和示波器图标　　　　（b）示波器的控制面板

图 8.21　示波器的图标和面板

（1）时间参数设置。

在面板的"Timebase"栏内可设置时间参数，为了方便读数，时间参数的设置要与 AC 分析、函数发生器中信号的频率相对应，以能观察 3～4 个周期的信号为宜，这就相当于只有当示波器调整到与被测信号同步时才能看到清晰稳定的波形。坐标轴可以设置成波形对时间（Y/T），一个通道对另一个通道（A/B 或 B/A），后者可用于观察李萨育图形。

（2）通道设置。

① Y 轴灵敏度（1pV/Div～100TV/Div）

Y 轴灵敏度设置决定了 Y 轴显示的标度。为了方便读数，应使其设置为与输入信号相当的水平，如输入信号为 3V，则应设置为 1V/Div，并以此为单位乘以波形所占的格数，就可得到被测信号的幅值。

② Y 轴定位（Y pos.）

这项设置控制着 Y 轴的起点，设置位 0.00，起点为 X 轴；若设置为 1.00，则起点为 X 轴上方第一个格，依此类推。这种设置便于双踪输入读数，使不同通道的波形明显分开。

③ 输入耦合方式

使用 AC 耦合方式，只有信号中的交流成分才能显示出来；使用 DC 耦合方式，交流成分和直流成分同时显示出来。

④ 触发

a．选择触发极性（Trigger Edge）

正触发方式下，触发点发生在信号增加（上升）的方向；负触发方式下，触发点发生在信号减小（下降）的方向，可以分别设置。

b．触发电平选择（Trigger Level）

鼠标移动到触发电平的设置框，变成手掌形，可以设置数值，也可以改变电平单位。

c．选择触发信号（Trigger Signal）

触发信号分内部触发和外部触发，内部触发指触发信号来自 A 通道或 B 通道，外部触发指触发信号来自专门的输入触发信号。

4．瓦特表（Wattmeter）

瓦特表就是用来测量信号功率的一种仪表。其图标和控制面板如图 8.22 所示。

（a）瓦特表的图标　　　　　　（b）瓦特表的控制面板

图 8.22　瓦特表的图标和控制面板

5．数字万用表（Multimeter）

这是一种自动调整量程的数字万用表，其电压挡、电流挡的内阻、电阻挡的电流值和分贝挡标准电压值都可进行任意设置。图 8.23 是它的图标和控制面板。

需要设置时，可按控制面板下面的"Set…"按钮，此时就会出现如图 8.24 所示的对话框，可以设置数字万用表内部的参数，包括电流表内阻（Ammeter resistance）、电压表内阻（Voltmeter resistance）、欧姆表电流（Ohmmeter current）及测量范围等参数。

（a）数字万用表的图标　（b）数字万用表的控制面板

图 8.23　数字万用表的图标和控制面板

图 8.24　数字万用表内部参数设置

6．字信号发生器（Word Generator）

字信号发生器可以采用多种方式产生 32 位同步逻辑信号，用于对数字电路进行测试。鼠标左键单击 Multisim 11 的仪器仪表工具栏中的字信号发生器，双击字信号发生器图标，显示出字信号发生器面板，如图 8.25 所示。

字信号发生器面板大致分为输出字符控制区、触发方式选择、字信号输出频率、输出字符显示格式和字信号预览窗口 5 个部分。

（1）输出字符控制区。

控制字符编辑显示区中字符信号的输出方式有循环（Cycle）、突发（Burst）和单步（Step）3 种模式。

（a）字信号发生器的图标　　　（b）字信号发生器的控制面板

图 8.25　字信号发生器的图标及其控制面板

① 循环模式：在已经设置好的初始值和终止值之间循环输出所有设置的字符。

② 突发模式：每运行一次仿真，字信号发生器将从设置的初始值到终止值之间的所有逻辑字符输出一次，也成为单页模式。

③ 单步模式：每运行仿真一次，在设置好的初始值到终止值之间的所有逻辑字符按次序输出一个字信号。

（2）设置按钮（Set）。

单击 Set 按钮，弹出如图 8.26 所示的对话框，用来设置输出字符信号的变化规律。该对话框中各参数的含义如下。

图 8.26　设置输出字符信号变化规律对话框

No change：保持原有的设置不变。

Load：装载字符信号文件并加入字符编辑显示区。

Save：保存当前字符编辑显示区字符信号的变化规律。

Clear buffer：清除字符编辑显示区中的字符信号（将字符编辑显示区中的字符信号设为零）。

Up counter：字符编辑显示区中的字符信号以加一计数。

Down counter：字符编辑显示区中的字符信号以减一计数。

Shift right：字符编辑显示区中的字符信号右移一位。

　　Shift left：字符编辑显示区中的字符信号左移一位。

　　仿真时编辑显示区中的字符信号均在触发信号的有效触发沿（上升沿或下降沿，在触发方式选择中设置）到来时转变到下一行的状态。

　　Display type 选项区：有 Hex（十六进制）和 Dec（十进制）两个选项，用来设置 Buffer size（字符编辑区缓冲区的大小）和 Initial Pattern（十六进制或十进制的初始值）的编码形式。

　　（3）输出字符显示格式（Display）。

　　用来设置字信号发生器字符编辑显示区中的字符显示格式，有 Hex（十六进制）、Dec（十进制）、Binary（二进制）、ASCII（ASC 码）共 4 种计数格式。

　　（4）触发方式选择（Trigger）。

　　用于设置触发方式，有 Internal（内部触发）和 External（外部触发）两种方式供选择。仿真时，字符编辑显示区（也称为数据缓冲区）中的字符信号均在触发信号的有效触发沿（上升沿或下降沿）到来时转变到下一行的状态。

　　（5）字信号输出频率（Frequency）。

　　用来设置字符信号的输出时钟频率。

　　7. 逻辑分析仪（Logic Converter）

　　逻辑分析仪可以同步显示和记录 16 路逻辑信号，用于对数字逻辑信号的高速采集和时序分析。

　　逻辑分析仪的图标左侧有 1～F 共 16 个输入端，使用时接到被测电路的相关节点。图标下部也有 3 个端了，C 是外部时钟输入端，Q 是时钟控制输入端，T 是触发控制输入端。

　　鼠标左键单击 Multisim 11 的仪器仪表工具栏中的逻辑分析仪（Logic Analyzer），将其放入电路工作区，双击逻辑分析仪图标，显示出逻辑分析仪面板，如图 8.27 所示。

（a）逻辑分析仪的图标　　　　　（b）逻辑分析仪的控制面板

图 8.27　逻辑分析仪的图标及其控制面板

　　逻辑分析仪面板分为上下两部分，上半部分是显示窗口，下半部分是逻辑分析仪的控制窗口，控制信号包括 Stop（停止，停止逻辑信号的显示）、Reset（复位，清楚显示窗口的波

形，重新仿真）、Reverse（反相显示，将逻辑信号显示区域由黑色变为白色）、Clock（时钟）
设置和 Trigger（触发）设置。

（1）时钟脉冲设置区（Clock 选项区）。

Clock/Div（时间刻度设置）用来设置显示窗口每个水平刻度所显示的时钟脉冲个数。

单击 Clock 区的"Set"按钮，弹出"Clock setup"对话框，如图 8.28 所示。在该对话框
中可设置与采样相关的参数。"Clock source"用于设置触发模式，有 External（外触发）和 Internal
（内触发）两种；"Clock rate"用于设置时钟频率，仅对内触发有效，可在 1Hz 到 1MHz 范围
内选择；Sampling setting 用于设置采样方式，有 Pre-trigger samples（触发前采样）和 Post-trigger
samples（触发后采样）两种形式；Threshold volt.(V)用于设置门限电平。

（2）触发沿设置区（Trigger 选项区）。

单击 Trigger 下的"Set"按钮，弹出"Trigger settings"（触发设置）对话框，如图 8.29
所示。

Trigger clock edge（触发时钟沿）用于设置触发沿，包括 3 种触发方式：Positive（上升
沿触发）、Negative（下降沿触发）和 Both（上升沿和下降沿都触发）；Trigger patterns（触发
模式）包含 3 种触发模式 A、B、C，可鼠标单击 A、B 或 C 的编辑框，然后输入二进制字 0、
1 或 x（"x"表示只要有信号逻辑分析仪就采样，"0"表示输入为零时开始采样，"1"表示输
入为 1 时开始采样）；单击对话框中 Trigger combinations（触发组合）右边的选项，弹出 A、
B、C 组合的 21 种触发字，可根据需要选择其中的一种触发组合。3 个触发模式的默认设置
均为"xxxxxxxxxxxxxxxxx",表示只要输入逻辑信号到达，无论什么逻辑值，逻辑分析仪均被
触发并开始波形采样（触发模式和触发组合一起来选择触发字）。

图 8.28 时钟设置对话框

图 8.29 触发设置对话框

（3）用逻辑分析仪作为显示仪表观察数据，仿真电路。

在本实验中，通过字信号发生器产生激励信号，逻辑分析仪作为观测仪表测试数据，电
路图如图 8.30 所示。其中逻辑分析仪的 1、2、3 通道连接字信号发生器的三路激励信号上，
用以观察输入信号，而逻辑电路的输出显示在逻辑分析仪的第四个通道上。

字信号发生器的设置如下：鼠标左键单击 Set 按钮，选择 Up counter（加计数），Buffer size
（缓冲区大小）输入"0008"，其余选项为默认状态，鼠标左键单击 Accept 按钮，字信号发生
器频率设为 1kHz，如图 8.31 所示。

图 8.30　用字信号发生器和逻辑分析仪仿真电路

图 8.31　字信号发生器设置

图 8.32　逻辑分析仪设置

逻辑分析仪设置如下：单击 Clock 区的"Set"按钮，弹出"Clock setup"对话框，将 Clock rate（时钟频率）设为 1kHz，其余为默认，如图 8.32 所示。

运行仿真按钮，在逻辑分析仪面板上可观测到输入输出的时序图，如图 8.33 所示。

图 8.33　逻辑分析仪观测电路时序图

8. 逻辑转换器（Logic Converter）

在组合逻辑电路分析和设计中，经常需要将真值表、逻辑表达式和逻辑电路图之间相互转换。在 Multisim 中提供了一种现实中并不存在的仪表：逻辑转换仪。逻辑转换器提供八路输入端子，一个输出端子，可以快速设计或求解多输入（8 个输入以下）单输出的组合逻辑电路。对于本次设计电路，只需有 3 个输入一个输出。

从 Multisim 11 的仪器仪表工具栏中把逻辑转换仪（Logic Converter）拖出，双击逻辑转换仪图标，显示出逻辑转换仪面板，如图 8.34 所示。逻辑转换仪面板上共有 A～H 共 9 个输入端子，一个输出端子；右边 6 个转换选项，自上到下依次是逻辑电路到真值表的转换、真值表到逻辑表达式的转换、真值表到最简逻辑表达式的转换、逻辑表达式到真值表的转换、逻辑表达式到逻辑电路的转换以及逻辑表达式到与非门构成的逻辑电路的转换。

图 8.34 逻辑转换仪的图标及其控制面板图

（1）设计电路。

在逻辑转换仪的面板图中输入设计目标的逻辑关系，即确定 3 输入（A、B、C）、1 输出，把真值表输入逻辑转换仪的面板上。操作如下：单击 A、B、C，选中为输入，在输出栏中单击对输出进行赋值（0、1 或 X），其中"X"表示无关项，如图 8.35 所示。

图 8.35 待设计的逻辑函数真值表

单击"真值表→逻辑表达式"按钮，可实现真值表到逻辑表达式的转换，转换结果如图 8.36 所示。单击"真值表→最简逻辑表达式"按钮，可实现真值表到最简逻辑表达式的转换，转换结果如图 8.37 所示。

图 8.36 真值表到逻辑表达式的转换

图 8.37 真值表到最简逻辑表达式的转换

　　单击"逻辑表达式→逻辑电路"按钮，可实现真值表到逻辑电路的转换，转换结果如图 8.38 所示。单击"逻辑表达式→非门构成的逻辑电路"按钮，可实现真值表到非门构成逻辑电路的转换，转换结果如图 8.39 所示。

图 8.38　逻辑表达式到逻辑电路的转换

图 8.39　逻辑表达式到与非门逻辑电路的转换

（2）电路分析。

　　逻辑转换仪还可以对组合逻辑电路进行分析，即对电路进行求解。下面举一个简单的例子说明该功能的用法。将图 8.39 的电路输入接入逻辑转换仪输入，输出接入逻辑转换仪最后一个接线处，更改为图 8.40。打开逻辑转换仪面板，选择（单击）第一个 Conversions（逻辑电路→真值表）按钮，这样可以得到电路的真值表。然后可以做真值表到逻辑表达式的转换等，即完成了对逻辑电路功能的分析。

图 8.40　由逻辑电路图分析电路的逻辑功能

9. 频谱分析仪（Spectrum Analyzer）

　　频谱分析仪通常用于测量与频率相对应的信号的幅度。它的功能类似于示波器在测量与时间相对应的幅度一样。所不同的是两者的横坐标代表的函数不一样，前者是 $f(f)$，而后者是 $f(t)$。它的图标和面板如图 8.41 所示。

（a）频谱分析仪的图标

（b）频谱分析仪的控制面板

图 8.41　频谱分析仪的图标及其控制面板

该面板的设置很容易理解，不再阐述。

10．失真分析仪（Distortion Analyzer）

失真分析仪也是常用的一种仿真仪表。它的功能是测量某电路的失真比例或失真电平。它的基本工作原理是用滤波器滤除基本分量，测量剩余分量，转换成失真比例，输出显示。

失真分析仪的图标和面板如图 8.42 所示。

Total harmonic distortion(THD)：总的谐波失真显示区。

（a）失真分析仪的图标　　　　　　　　（b）失真分析仪的控制面板

图 8.42　失真分析仪的图标及其控制面板

首先设置分析基频（Fundamental freq.）和失真分析的频率分辨率（Resolution freq.），然后设置显示模式（Display）是用百分比（%）还是用 dB，最后设置控制模式（Controls）。控制模式下面有 3 个按钮。

THD：按下该按钮显示的是总的谐波失真；

SINAD：按下该按钮显示的是信号+噪音+失真；

SINAD 比例=（信号+噪音+谐波）/（噪音+谐波）；

Settings；设置分析参数，THD definition 用于设置总的谐波失真的定义方式，Harmonic num 用于设置谐波分析的次数，FFT points 用于设置傅里叶变换的点数。

11．网络分析仪（Network Analyzer）

网络分析仪是一种用来分析双端口网络的仪器，它可以测量衰减器、放大器、混频器、功率分配器等电子电路及元件的特性。Multisim 提供的网络分析仪可以测量电路的 S 参数并计算出 H、Y、Z 参数。该仪表适合在较高频率下测量电路的特性参数。其图标和面板如图 8.43 所示。

要详细了解网络分析仪的相关知识，请参阅用户指南 14 章"RF"部分。

（a）网络分析仪的图标　　　　　　　　（b）网络分析仪的控制面板

图 8.43　网络分析仪的图标及其控制面板

12. 测量探针和电流探针

Multisim 提供测量探针和电流探针。在电路仿真时，将测量探针和电流探针连接到电路中的测量点，测量探针即可测量出该点的电压和频率值。电流探针即可测量出该点的电流值。

13. IV（电流/电压）分析仪

IV（电流/电压）分析仪用来分析二极管、PNP 和 NPN 晶体管、PMOS 和 CMOS FET 的伏安特性。注意：IV 分析仪只能够测量未连接到电路中的单个元器件。

14. 安捷伦仪器

安捷伦虚拟仪器是 Multisim 11 根据安捷伦公司生产的实际仪器而设计的仿真仪表，包括安捷伦函数发生器（Agilent Function Generator）、安捷伦万用表（Agilent Multimeter）、安捷伦示波器（Agilent Oscilloscope）。它们的面板和真实仪器的面板、按钮、旋钮的操作方式完全相同。

15. Labview 仪器

Multisim 11 中有 7 种 Labview 虚拟仪器，分别是 BJT Analyzer（晶体管特性分析仪）、Impedance Meter（阻抗计）、Microphone（话筒），Speaker（播放器），Sgnal Analyzer（信号分析仪），Signal Generator（信号发生器）以及 Streaming Signal Generator（信号流发生器）。

8.5 仿真分析

Multisim 提供了多种分析类型，所有这些分析都是利用仿真程序产生用户需要的数据。这些仿真程序既可用于简单的基础电路性能分析，也可以用于复杂电路的性能分析。鼠标单击 Simulate（仿真）菜单中的 Analysis（分析）菜单（Simulate→Analysis），可以弹出电路分析菜单。

1. 直流工作点分析（DC Operating Point Analysis）

在进行直流工作点分析时，电路中的交流源将被置零，电容开路，电感短路。这种分析方法是对电路进行进一步分析的基础。例如在对晶体二极管和三极管进行交流分析时，首先需要了解它的直流工作点。直流工作点分析的一般步骤如下：

（1）创建电路。

（2）执行菜单命令 "Options/ Sheet Preferences"，进入 "Sheet Preferences" 窗口，在该对话框单击 Circuit 翻页标签，网络名（Net names）选中 "Show all"。

（3）在 "Analysis" 栏内选定 "DC Operating Point"，出现一个 DC 分析对话框，选择 "输出变量"（Output）翻页标签。在此框内选择要分析内容（包括电路图中每个元件的功率、电压、电流等），然后单击 "Simulate" 按钮，Multisim 会自动把电路中所有选中的节点的电压值和电源支路的电流值显示在 "Grapher View" 中，如图 8.44 所示。

2. 交流分析（AC Analysis）

进行交流分析时，程序自动先对电路进行直流工作点分析，以便建立电路中非线性元件的交流小信号模型，并把直流电源置零，交流信号源、电容及电感等元件用其交流模型，如果电路中含有数字元件，将认为是一个接地的大电阻。交流分析是以正弦波为输入信号，不管我们在电路的输入端输入何种信号，进行分析时都将自动以正弦波替换，而其信号频率也将以设定的范围替换之。交流分析的结果以幅频特性和相频特性两个图形显示。如果用波特图仪连至电路的输入端和被测节点，同样也可以获得交流频率特性。

图 8.44　直流工作点分析

交流频率分析步骤如下：

（1）创建电路，确定输入信号的幅度和相位，选择 Simulate/Analysis 中的"交流频率"（AC Analysis）。

（2）在对话框中确定需分析的电路节点、分析的起始频率（FSTART）、终点频率（FSTOP）、扫描形式（Sweep type）、显示点数（Number of Points per decade）和纵向尺度（Vertical scale），设置情况见表 8.2。

（3）选择带分析的节点或变量（Output 栏/Selected variables for Analysis）。

（4）按"仿真"（Simulate）键，即可在显示图上获得被分析变量的频率特性。

表 8.2　　　　　　　　　　　　　　　　交流分析参数设置表

交流频率分析	含义和设置要求
Start Frequency	扫描起始频率，缺省设置：1Hz
End Frequency	扫描终点频率，缺省设置：1GHz
Sweep Type	扫描形式：十进制/线性/倍频程。缺省设置：十进制
Number of Points per decade	显示点数，缺省设置：10
Vertical Scale	纵向尺度形式：线性/对数/分贝。缺省设置：对数
Output/Selected variables for Analysis	选择被分析的节点或变量

3．瞬态分析（Transient Analysis）

瞬态分析是指对所选定的电路节点的时域响应的分析。即观察该节点在整个显示周期中每一时刻的电压波形，故用示波器可观察到相同的结果。

瞬态分析步骤如下：

（1）创建分析电路，选定 Simulate/Analysis 中的"瞬态分析"（Transient Analysis）项。

（2）根据对话框的要求设置参数。含义和设置要求见表 8.3。

（3）选择带分析的节点或变量（Output 栏/Selected variables for Analysis）。

（4）按"仿真"（Simulate）键，即可获得被分析节点的瞬态波形。

表8.3 瞬态分析参数设置

瞬态分析	含义和设置要求
Start time	进行分析的起始时间。必须大于等于零，小于终点时间。缺省设置：0
End time	进行分析的终点时间。必须大于起始时间。缺省设置：0.001 秒
Minimum number of time points	仿真输出的图上，从起始时间到终点时间的点数。缺省设置：100 点
Maxmum time step	仿真时能达到的最大时间步长。缺省设置：1e—05 秒
Generate time steps automat	自动选择一个较为合理的或最大的时间步长。缺省设置：选用

4．傅立叶分析（Fourier Analysis）

傅立叶分析是分析非正弦周期信号的一种方法，使用该方法可以清楚地知道周期性非正弦信号中的直流分量、基波分量和各次谐波分量的大小。傅立叶分析给出幅度频谱和相位频谱。

在进行傅立叶分析时，必须先选择被分析的节点，一般将电路中的交流激励的频率设定为基频，若在电路中有几个交流源时，可以将基频设定在这些频率的最小公因数上。比如有一个 10.5kHz 和一个 7kHz 的交流激励源信号，则基频可取 0.5kHz。

傅立叶分析步骤如下：

（1）创建需进行分析的电路，选定 Simulate/Analysis 中的"傅立叶分析"（Fourier Analysis）项。

（2）根据对话框的要求设置参数。含义和设置要求见表 8.4。

（3）确定被分析的电路节点或变量（Output 栏/Selected variables for Analysis）。

（4）按"仿真"（Simulate）键，即可在显示图上获得被分析节点的离散傅立叶变换的波形。

表8.4 傅立叶分析参数设置对话框

傅立叶分析	含义和设置要求
Frequency resolution （Fundamental frequency）	设置基频。如果电路之中有多个交流信号源，则取各信号源频率的最小公倍数。如果不知道如何设置时，可以单击 Estimate 按钮，由程序自动设置
Number of harmonics	希望分析的谐波的次数。缺省设置：9
Stopping time for sampling	设置停止取样的时间。如果不知道如何设置时，也可以单击 Estimate 按钮，由程序自动设置
Edit transient Analysis	弹出与瞬态分析类似的对话框，设置方法与瞬态分析相同
Display phase	显示相频特性曲线。缺省设置：无
Display as bar graph	显示谱线图
Normalize graphs	显示标准图形
Vertical scale	纵向尺度，线性/对数/分贝/八倍刻度

5．噪声分析（Noise Analysis）

噪声分析用于检测电子线路输出信号的噪声功率幅度，用于计算、分析电阻或晶体管的噪声对电路的影响。该分析提供热噪声、散粒噪声和闪烁噪声模型，在分析中假设各个噪声源互不相关，总噪声为每个噪声源对指定输出节点产生的噪声的和（用有效值表示）。输出图形为输入噪声功率和输出噪声功率随频率变化的曲线。

噪声分析步骤如下：

（1）创建需进行分析的电路，选定 Simulate/Analysis 中的"噪声分析"（Noise）项。

（2）确定被分析的电路节点、输入噪声源。

（3）根据对话框的要求设置参数。

（4）按"仿真"（Simulate）键，即可在显示图上获得被分析节点的噪声分布曲线图。

6．失真分析（Distortion Analysis）

失真分析用于分析电子电路中的谐波失真和内部调制失真。

失真分析步骤如下：

（1）创建需进行分析的电路，选定 Simulate/Analysis 中的"失真分析"（Distortion）项。

（2）确定被分析的电路节点、输入信号源。

（3）根据对话框的要求设置参数。含义和设置要求见表 8.5。

（4）按"仿真"（Simulate）键，即可获得被分析节点的失真曲线图。按"ESC"键，将停止仿真的运行。

表 8.5　　　　　　　　　　　　　失真分析参数设置

失真分析	含义和设置要求
Start frequency	扫描起始频率。缺省设置：1Hz
Stop frequency	扫描终点频率。缺省设置：10GHz
Sweep type	扫描形式，十进制/线性/倍频程。缺省设置：十进制
Number of points　per decade	在线性形式时，是频率起始至终点的点数。缺省设置：10
Vertical cale	纵向尺度。对数/线性/分贝。缺省设置：对数
F2/F1 ratio	若信号有两个频率 F1 和 F2，若选定该项时，在 F1 进行扫描时，F2 被设定成该比值乘以起始频率，必须大于零，小于 1。缺省设置：无
Output/Selected variables for Analysis	选择被分析的节点或变量

除上述分析外，还有直流扫描分析、DC 和 AC 灵敏度分析、参数扫描分析、转移函数分析、最坏情况分析、蒙特卡罗分析和批处理分析等。由于篇幅有限不再阐述。若要详细了解，可参阅 Multisim 帮助菜单（热键 F1）目录的 Simulation/Analysis 的内容。

8.6　Multisim 11 仿真实例

8.6.1 复杂电路分析仿真

1．题目

计算如图 8.45 所示电路的各节点电压 Un1、Un2、Un3、Un4、Un5。

2．仿真分析

在 Multisim 11 软件的主窗口上绘制如图 8.45 所示的电路。在 simulate 下拉菜单中选择 Analysis，再在 Analysis 的下拉菜单中选择 DC Operating Point. 开始直流工作点分析。在 output variables 翻页标签中选择 Un1、Un2、Un3、Un4 和 Un5 五个节点，单击 simulate，分析结果如图 8.46 所示。

图 8.45　复杂电路分析仿真电路

DC Operating Point	
1	V(un 1)	7.93340
2	V(un2)	2.00430
3	V(un3)	1.82062
4	V(un4)	-2.06660
5	V(un5)	-998.92589 m

图 8.46　复杂电路分析仿真结果

3．仿真结果

从图 8.46 中读得 Un1=7.93340V，Un2=2.00403V，Un3=1.82062V，Un4=-2.06660V，Un5=-998.92589mV；而通过节点电压法理论计算结果为 Un1=7.933V，Un2=2.004V，Un3=1.821V，Un4=2.067V，Un5=-0.999V。由此可以看出，计算结果与实验结果相同。

8.6.2　RLC 串联谐振电路仿真

1．题目

分析 RLC 串联谐振电路的频率响应和频率特性。

2．仿真分析

在 Multisim 11 仿真软件的工作界面上建立如图 8.47 所示的仿真电路，并设置电感 L1=25 mH，C1=10 nF，R1=10Ω。双击"XFGl"函数发生器，调整"Wavefrms"为正弦波，"Frequency"为 1 kHz，"Amplitude"为 1 V。

图 8.47　RLC 串联谐振电路图

3．仿真结果

（1）RLC 电路的谐振状态下的特性分析。

打开仿真开关，双击"XSC1"虚拟示波器和"XMM1"电压表，将电压表调整为交流挡，并拖放到合适的位置，再调整"XFG1 函数发生器中的"Frequency"正弦波频率，分别观察示波器的输出电压波形和电压表的电压，使示波器的输出电压最大或电压表输出最高；然后记录下"XFG1"函数发生器中的"Frequency"正弦波频率，如图 8.48 所示。谐振时输入、输出电压的相位关系图如图 8.49 所示。

谐振时，电感 $\omega_0 L$ 与容抗 $1/(\omega_0 C)$ 相等，电感上的电压 U_L 与电容上的电压 U_C 大小相等，相位差 180° 在激励电源电压（有效值）不变的情况下，谐振回路中的电流 $I=U_i/R$ 为最大值。

图 8.48 谐振时输入频率

图 8.49 谐振时输入、输出电压的相位

（2）谐振电路的频率特性。

串联回路响应电压与激励电源角频率之间的关系称为幅频特性。在 Multisim 11 仿真软件中可使用波特图仪或交流分析方法进行观察。波特图仪的连接电路如图 8.50 所示。

波特图仪法：双击"XBP1"波特图仪，幅频特性如图 8.51 所示，当 f_0 约为 10 kHz 时输出电压为最大值。

图 8.50 波特图仪观测频率特性电路图

图 8.51 幅频特性图

交流分析法：选择"Simulate"菜单中的"Analysis"，进入"AC Analysis"的交流分析，分析前进行相关设置。在"Frequency Parameters"选项卡中"Start frequency"设置为 1 kHz，"Stop frequency"设置为 100 kHz。在"Output"选项卡中选择 V（3）节点为输出点。单击"Simulate"开始仿真，交流仿真结果如图 8.52 所示。

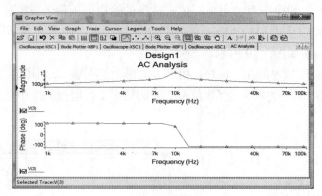

图 8.52　RLC 串联幅相频特性

（3）品质因数 Q。

RLC 串联回路中的 L 和 C 保持不变，改变 R 的大小，可以得出不同 Q 值时的幅频特性曲线。取 R=100 Ω、R=300 Ω 和 R=500 Ω 三种阻值分别观察品质因数 Q。

双击电阻 R1，在弹出的对话框中修改电阻的阻值为 100 Ω，双击"XBP1"波特图仪，打开仿真开关，幅频特性如图 8.53 所示。关闭仿真开关，修改 R1 电阻阻值为 300 Ω，双击"XBP1"波特图仪，打开仿真开关，幅频特性如 8.54 所示。关闭仿真开关，将 R1 电阻阻值设为 500 Ω，双击"XBP1"波特图仪，再打开仿真开关，幅频特性如图 8.55 所示。由 3 张图可以观测到：当 R 增大时，Q 值变低，曲线变得平坦，频率选择性变差。

图 8.53　R=100 Ω 时的幅频特性

图 8.54　R=300 Ω 时的幅频特性

图 8.55　R=500 Ω 时的幅频特性

从 Multisim 11 仿真软件进行 RLC 串联谐振电路实验的结果来看，RLC 串联谐振电路在发生谐振时，电感上的电压 U_L 与电容上的电压 U_C 大小相等，相位相反。这时电路处于纯电阻状态，且阻抗最小，激励电源的电压与回路的响应电压同相位。谐振频率 f_0 与回路中的电感 L 和电容 C 有关，与电阻 R 和激励电源无关。品质因数 Q 值反映了曲线的尖锐程度，电阻 R 的阻值直接影响 Q 值。

8.6.3　单级晶体管放大电路的特性仿真分析

1．题目

分析单级晶体管放大电路的特性。

2．仿真分析

应用 Multisim 11 对图 8.56 所示的单级晶体管放大电路进行直流、交流、参数扫描（R_2）和瞬态分析。

图 8.56　晶体管放大电路图

（1）仿真分析内容

① 直流工作点分析：计算各节点电压和支路电流。

② 交流分析：采用每 10 倍频程扫描 10 点的方式分析 1Hz～10GHz 内电路的频率特性。

③ 瞬态分析：同时用示波器观察输入输出波形并进行比较。

④ 参数扫描分析：R_2 以 20kΩ 为增量从 80kΩ 线性增长到 120kΩ，分析电路的瞬态特性。

（2）仿真分析

仿真结果的观察可分为两类：一类是从仿真仪表上观察仿真结果，开始仿真时可直接单击仿真电源开关使之闭合，就像在实验室使用仪表测试电路，观察结果一样；另一类是从分析设置的运行来看结果，仿真开始按下仿真设置窗口中的"Simulate"按钮，仿真运行完成后，系统直接进入 Analysis Graphs 观察仿真结果，此时仿真结果一般是以曲线显示的。例如运行 AC 分析，便可得到频率特性曲线，如同用逐点法测试数据，画在坐标纸上。这与第一类观察方式有区别，相应地必须使用一些信号源。

① 直流工作点分析。执行菜单命令"Simulate/Analysis/DC Operating Point Analysis"。在"Output"标签下，从"Variable in Circuit"栏选中所有变量，单击"Add"按钮加到"Selected variables for analysis"栏中，单击"Simulate"按钮进行直流工作点分析，得到如图 8.57 所示的结果。

② 交流分析。执行菜单命令"Simulate/Analysis/AC Analysis"，在出现的对话框中进行参数设置。

晶体管放大电路
DC Operating Point

	DC Operating Point	
1	V(4)	8.27983
2	V(2)	1.87323
3	V(3)	12.00000
4	V(6)	1.24766
5	V(1)	0.00000
6	V(5)	0.00000
7	I(v 1)	-1.34132 m
8	I(v2)	0.00000

图 8.57　直流工作点分析结果

在"Frequency Parameters"下设置参数：

Start frequency：1Hz

Stop frequency：100GHz

Sweep Type：Decade

Number of points per decade：10

Vertical Scale：Linear

在"Output"下设置参数：从"Variables in circuit"栏选择需要分析的输出节点⑤，这样输出节点的仿真结果就可显示在"Analysis View"窗口中。

参数设置好后，单击"Simulate"按钮，进行交流分析，得到如图 8.58 所示的输出结果，包括幅频特性和相频特性。

图 8.58　交流分析结果

③ 瞬态分析。执行菜单命令"Simulate/Analysis/Transient Analysis"，在"Analysis Parameters"下设置参数：

Initial conditions：Automatically determine…

Start time：0

End time：0.002s

Maximum time step settings：Generate time steps automatically

同样，选择好分析节点后，单击"Simulate"按钮，进行瞬态分析，得到如图 8.59 所示的输出结果。

图 8.59　瞬态分析结果

④ 参数扫描分析。执行菜单命令"Simulate/Analysis/Parameter Sweep"，在"Analysis Parameters"下设置参数：

Sweep Parameter：Device parameter

Device Type：Resistor

Name：rr2

Parameter：Resistance

Sweep Variation Type：Linear

Start：80 000

Stop：120 000

# of point：3

Analysis to sweep：Transient analysis

选中"Group all traces on one"项，单击"Edit Analysis"按钮，进入"Transient Analysis"设置对话框，设置相应参数，然后单击"OK"按钮返回"Parameter Sweep"设置对话框，单击"Simulate"按钮，进行参数扫描分析，得到如图 8.60 所示的输出结果。

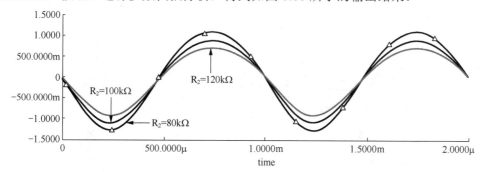

图 8.60　参数扫描分析结果

8.6.4　组合逻辑功能测试与仿真

1. 题目

以 3-8 线译码器 74138 为例进行组合逻辑的测试与仿真。

2. 仿真分析

常用的组合逻辑电路器件包括门电路、编码器、译码器以及数据选择器等逻辑器件。本节以 3-8 线译码器 74138 为例进行组合逻辑的测试与仿真。

（1）待测电路的逻辑功能。

在元器件工具栏中鼠标左键单击 TTL 数字集成器件库，在 Family 栏中选取 74LS 系列，并在 component 栏中找到 74LS138D，单击"OK"按钮，将 74LS138D 放置到电路工作区中。鼠标左键双击 74LS138D 芯片的图标，在弹出的属性对话框中的右下角单击"Info"按钮，调出 74LS138D 的功能表，如图 8.61 所示。

本功能表为待测电路的逻辑功能，下面就要对该电路进行测试。

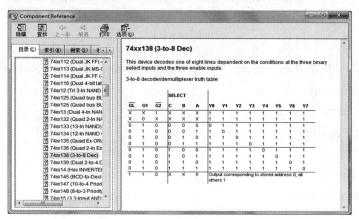

图 8.61　74LS138D 功能表信息

（2）测试电路。

在电路工作区搭建仿真电路，如图 8.62 所示。输入 3 位二进制信号，由字信号，发生器产生，电路的输入信号以及输出信号由逻辑分析仪测试并显示。

图 8.62　74LS138D 测试电路

（3）测试结果。

运行仿真按钮，在逻辑分析仪面板上可观测到输入输出的时序图，如图 8.63 所示。

图 8.63　逻辑分析仪测试 74LS138D 芯片时序图

当 G1=1，G2A=0，G2B=0 中任何一个输入不满足时，这个测试只需把 3 个使能端（G1、G2A、G2B）的输入逻辑电平按照测试需求重新连接 VCC（5V）和 GND（地）即可。输出结果大家自行测试。

（4）待测电路的逻辑功能和测试结果的比较

由逻辑分析仪的面板测试结果可以看出，在 74LS138D 译码器的 G1=1，G2A=0，G2B=0 的情况下，实现了功能表中的译码功能。

当 G1=1，G2A=0，G2B=0 中任何一个输入不满足时，Y0-Y7 输出为全 1。

该测试符合测试电路功能表的要求。

8.6.5　时序逻辑功能测试与仿真

1. 题目

用二进制计数器 74161 实现一个模 7 计数器。

2. 仿真分析

本小节用同步置数异步清零的二进制计数器 74161 实现一个模 7 计数器，通过该模 7 计数器来介绍时序逻辑电路的测试。

（1）待测电路的逻辑功能

采用置数法，模 7 计数器的有效循环是：0000-0001-0010-0011-0100-0101-0110-0000，共 7 个状态，其余计数状态为偏离态。

计数器在时钟 CLK 的驱动下进行计数，当计数器计数到 0110 时，通过与非门反馈给置数使能端（ $\overline{\text{Load}}$ ，低电平有效）"0"，在下一个时钟有效沿到来时，计数器将置数端 DCBA（"0000"）送给 QA、QB、QC、QD，即实现了 0000-0110 的模 7 计数。

（2）测试电路。

测试电路如图 8.64 所示。

设定连线颜色，可以通过如下方式进行设置：选中相应连线，单击鼠标右键，从菜单中选择"Change Color"或"Color Segment..."命令进行设置，前者为改变选中连线的等电位导线颜色，后者为改变选中导线段的颜色。

图 8.64　测试电路图

（3）测试结果。

运行仿真按钮，在逻辑分析仪面板上可观测到输入输出的时序图，如图 8.65 所示。

图 8.65　测试时序图

（4）结论。

由逻辑分析仪的面板测试结果可以看出，模 7 计数器的有效循环是：000-0001-0010-0011-0100-0101-0110-0000，共 7 个状态。实现了模 7 计数的功能。

附录 A DGDZ-2型电工电子综合实验箱 使用说明

1. 实验箱电源

单电源使用时在"+12V"和"GND"之间加+12V，双电源使用时在"+12V"、"GND"和"-12V"之间加±12V。

实验箱上标注"+5V"的插孔已经和电源"+5V"连接，标注"GND"或"地"的插孔已经和电源"GND"连接。

2. 数字电路信号源

信号源使用前必须用短接线连接实验箱右下角的"+5V"和"VCC"插孔。

3. 数码管显示

数码管使用前必须用短接线连接数码管左侧的"+5V"和"VCC"插孔。

4 位动态显示数码管为共阴数码管，实验箱内部已加显示译码电路和驱动电路，数据信号 DCBA 高电平有效，位选信号 W1～W4 低电平有效，数码管从左到右依次为 W1、W2、W3 和 W4。

1 位静态数码管为共阴数码管，公共端已经连接，笔段 a～g 及 dp 输入信号高电平有效。

4. 点阵显示

点阵显示使用前必须用短接线连接点阵显示左侧的"+5V"和"VCC"插孔。

点阵显示内部已加驱动电路，行、列输入信号高电平有效。

5. 分立元件

电路实验的分立元件已经焊接在实验箱背面，元件参数标注在实验箱正面。

分立元件接线区最右一列为大插孔，用于插发光二极管和稳压管等管脚较粗元件。

6. CPLD 可编程器件 XC95108 实验板

使用前用短接线将实验箱插座"20"脚插孔和实验箱"GND"相连接（见附表 1-1），"40"脚插孔和实验箱"+5V"相连接。

表附 1-1　　　　Xilinx XC95108 芯片管脚与实验箱插座对应关系表

实验箱插座	40	39	38	37	36	35	34	33	32	31	30	29	28	27	26	25	24	23	22	21
XC95108	VCC	12	11	7	6	5	4	3	2	1	84	83	82	81	80	79	77	76	75	74

续表

XC95108	9	10	34	35	36	37	39	40	41	43	44	45	46	47	48	50	51	52	53	GND
实验箱插座	1	2	3	4	5	6	7	8	9	10	11	12	13	14	15	16	17	18	19	20

注：（1）XC95108 芯片 9 脚为 CP1、10 脚为 CP2。

（2）计算机和实验板连接的并口线必须在关闭电源的情况下插拔！

一、电阻器

电阻器是实验电路中常用的元件，电阻器的种类极其繁多，分类的方法亦很多，如可按材料、结构、用途、阻值大小、屏蔽保护等来分类。常用的电阻器有线绕电阻、碳膜电阻和金属膜电阻等。

1．电阻器的主要技术指标

（1）标称值：以20℃为工作温度来标定的。各电阻器产品阻值的间隔有一定的规定，称为标称值，《电阻器和电容器优选数系（GB/T 2471—1995）》规定了电阻器的标称阻值系列。因此在选用电阻器时应根据各系列标称值选取。常用电阻的优先数系有E6,E12,E24,精密电阻器的优先数系有E24，E96，E192。

（2）允许误差：电阻器的阻值无法做到与标称值完全一致，电阻的允许误差为：

允许误差=（实测值-标称值）/标称值。

在电子电路中通常选用允许误差5%的电阻器，在精密仪器及特殊电路中选用精密电阻器。

（3）额定功率：当电流通过电阻器时会消耗功率引起温升。在正常大气压及额定温度条件下，电阻器长时间工作不损坏或不显著改变其性能是所允许消耗的最大功率为额定功率。实际使用功率超过规定值时，会使电阻器因过热改变阻值甚至烧毁。对一些准确度高的电阻器，为保证其准确度，往往还要降低功率使用。因此在选用电阻器时要注意选用合适的额定功率（或电流）的电阻器，而并不是仅仅考虑其阻值。

（4）额定电压：电阻两端电压高到一定程度时，会发生电击穿现象，电阻器的工作电压不应该超过额定工作电压。

（5）噪声。

电阻器的噪声分为热噪声和电流噪声。降低电阻的工作温度，可以减小热噪声。电流噪声与电阻的微结构有关。合金型电阻器基本无电流噪声，金属膜电阻器和碳膜电阻器的噪声小，合成膜电阻器的噪声大。在选用电阻时应根据电路对噪声的要求，合理选用电阻器。

2．各种电阻的特点

线绕电阻的特点：具有较低的温度系数，阻值精度高，稳定性好，耐热耐腐蚀，主要用于精密大功率电阻，缺点是高频性能差，时间常数大。

碳膜电阻的特点：碳摸电阻成本低，性能稳定，阻值范围宽，温度系数和电压系数低。

金属膜电阻的特点：阻值精度高，性能稳定，噪声、温度系数低，在仪器仪表和通信设备中广泛使用。

合成膜电阻的特点：噪声大，精度低，主要用于制作高压、高阻小型电阻器。

金属氧化膜电阻的特点：高温下性能稳定，耐热冲击，负载能力强。

金属玻璃釉电阻的特点：耐潮湿、高温，温度系数小，主要用于厚膜电路。

贴片电阻器的特点：体积小、精度高，温度系数小，稳定性好，高频性能好，可靠性高。

3．电阻器的选用

（1）电阻类型的选择：对于一般的电子电路，如果没有特殊要求，可选用碳膜电阻，以减低成本；对于稳定性、耐热性、可靠性及噪声要求较高的电路，宜选用金属膜电阻；对于工作频率低、功率大且对耐热性要求较高的，可选用线绕电阻；在高频电子电路中应选用金属膜、金属氧化膜电阻或无感电阻；在高增益放大电路中，应选用噪声小的电阻，如金属膜、碳膜、线绕电阻。如果需要耐高压及高阻值的电阻，则应选用合成膜电阻或玻璃釉电阻。

（2）阻值和误差的选择：阻值按照标称值系列选取，如所需要的阻值不再系列中，可选择最接近这个阻值的标称值。或者通过电阻的串并联而获得所需的阻值。误差等级的选择可根据电路的精度要求合理选择。

（3）额定功率的选择：为提高电路的可靠性，应选用额定功率大于实际消耗功率的 1.5～2.5 倍。

二、电容器

电容器是由极间放有绝缘电介质的两金属电极构成。电容器所用的电介质有真空的、气体的、云母的、纸质的、高分子合成薄膜的、陶瓷的、金属氧化物的等。

电容器按其工作电压可分高压电容器和低压电容器。高压电容器两极板间的距离相对较大。低压电容器常见的有平板式电容器，它是由两组金属平板互相交错叠成，板间填充有电容器所用的电介质（气体介质）。按电容量与电压的关系来分，电容器分为线性电容和非线性电容，以空气、云母、纸、油、聚苯乙烯等为介质的电容器是线性电容器；以铁电体陶瓷为介质的陶瓷电容器是非线性电容器，它虽有较大的电容量，但由于铁电体的介电系数 ε 不是常数，所以其电容量会随所加的电压的大小而改变。

图附 1.1.1

在低频电路中电容器的等效电路如图附 1.1.1（a）所示，其间电容 C 由介质中的电场储能能力决定，电导 g 由电容器的损耗决定，它包括介质的直流漏泄和交流极化损耗。当电容器的工作频率较高，或电容器极板尺寸较大时，等效电路还要考虑电流在引线和极板上传导所引起的损耗和产生的磁场，这时要用图附 1.1.1（b）和（c）的等效电路。大尺寸电容在超高频电路中使用时则要采用分布参数的等效电路。

1．电容器的主要技术指标

（1）标称值：电容器的标称电容是指该电容器在正常工作条件下的电容量。标称电容是标准化了的电容，与电阻一样，也采用 E24、E12、E6 系列。一般在电容器上都有标明。通常电容器的电容量是在 PF（微微法）级至 $10^4\mu F$ 级的范围内。

（2）允许误差：固定电容的允许误差一般分为四个等级，其误差可在 $\pm0.2\%\sim\pm20\%$ 之间。

（3）绝缘电阻

绝缘电阻又称为漏电阻，它是指加在电容器上的电压与通过电容器的漏电流的比值，电容器的绝缘电阻一般都在 1000MΩ 以上。绝缘电阻越小，电容器的漏电流越大，电容器的漏电流会引起能量的损耗，这种损耗不仅影响电容的寿命，而且影响电路的正常工作。因此，电容器的绝缘电阻越大越好。对于大容量的电容器也可以用时间常数 τ 来衡量绝缘性能的优劣，电容器的时间常数是电容器绝缘电阻和电容量的乘积，充电后的电容器的端电压由于自行放电而逐渐下降，电压下降到充电电压的 36.8% 时所需的时间称为电容器的时间常数 τ。

（4）损耗和损耗角正切：电容器的损耗主要是电容器极板间的介质损耗，包括泄漏电阻损耗和介质极化损耗。相当于在理想电容两端并联了一个等效电阻，其电流超前电压的相位角 Φ 小于 90°，它的余角称为损耗角。电容器用损耗角正切表征损耗特性，电容器的损耗角正切一般在 $10^{-2}\sim10^{-4}$ 之间，值越小就越接近理想电容器。在高频电路中应选用损耗正切角小的电容器。

（5）电容器的额定电压：电容器的额定使用电压通常在电容器上都有标出，低的只有几伏，高的可达数万伏。使用时要注意选择合适额定电压的电容器，避免因工作电压过高而使电容器击穿造成短路。一些容易被瞬时电压击穿的瓷介电容器应尽量避免接于低阻电源的两端。有些电容器经不太严重的击穿后，虽仍可恢复其绝缘，但容量和精度都将降低。电解电容器的耐压和贮存时间有很大关系，长期未加电压的电解电容器耐压水平会下降，重新使用时应先加半额定电压，一段时间后才能恢复原有的耐压水平。

（6）电容器的使用频率范围：电容器的等效电容量和 tanδ 都与频率相关。通常电容器的等效电容量 Ce 在低频段随 f 增加略有降低，中频后则随 f 增加而增加。tanδ 在低频随 f 增大下降较为明显些，但也并不与 f 成反比，在某一频率时将出现一最小值。由于电容所用介质不同，各种电容器有一定的使用频率范围。电解电容器由于损耗大，杂散电感大，使用的频率上限很低，所以在用电解电容器旁路时，还需并联小容量的其他电容以降低高频时的总阻抗。

2．电容器的选用

（1）电容类型的选择：对于技术要求不同的电路应选用不同类型的电容，如谐振回路应选介质损耗小、温度稳定性好电容量精度高的云母电容或高频瓷介电容；在高压环境下应用的电容应具有较高的耐压性能，应选用云母电容、高频穿心式电容；低频滤波电容一般选用电解电容；隔直、旁路、退耦、耦合电容选用涤纶、纸介、电解等电容。在滤波器及对容量精度要求高的电路中常采用聚苯乙烯电容，这种电容的高频损耗小，电容量稳定。

（2）电容量和精度的选择：电容容量的数值也按照标称值来选取。电容器的精度等级的选择根据电路的实际要求来确定。如在振荡、延时选频等电路中对电容的精度要求较高，在耦合、电源滤波、去耦等电路中对电容的精度要求较低。

（3）电容耐压值的选择：电容的实际工作电压要低于额定的工作电压。为提高电路的可靠性，一般选耐压值为实际工作电压的两倍以上。

3．电容器的好坏和容量大小的判别

电容器的好坏和容量大小的判别可根据电容器放电时的电流电压的变化快慢来判定。对于 1μF 以上的固定电容，直接用指针式万用表的欧姆档，选用 R×1K 或 R×100 挡。测量前应先将电容的两个引出线短接，使电容上充的电荷释放，然后用两表笔接触电容器两电极，同时观察万用表指针摆动情况。如果指针摆动大且返回慢，返回位置接近无穷大，说明该电容器正常，且电容量大。如果指针摆动大，但返回时，指针指示的电阻值小，说明该电容漏电流较大。如果指针摆动大，接近与 0Ω，但不返回，说明该电容已经击穿。如果指针不摆动，则说明该电容已经开路。已经失效了。

数字万用表有电容测量档，可以估测电容量的大小。但测量精度较低，能测量的电容范围也较小。在测量电容时，首先必须将电容器短接放电。若显示屏显示"000"，表明电容器已经被击穿、短路，若显示"1"，则说明该电容器断路。

三、电感器

在实验中常需用到电感元件（电感器）。实验所需的电感元件大多是用绕在空心圆筒或带肋骨的架子上的线圈来实现。电感器按结构可分为空心、磁心和铁心电感器；按工作参数分为固定式电感器和微调电感器 ；按功能可分为振荡线圈、耦合线圈和偏转线圈。一般低频电感器大多采用铁心，中高频电感器采用空心电感器。

图附 1.1.2

电感线圈的等效电路如图附 1.1.2 所示，（a）是低频时的等效电路，图（a）中 L 是电感器的标称电感，取决于线圈的磁路并与匝数平方成正比，r 则表征了电感器的功率损耗。对于低频空心线圈来说，该电阻即为构成线圈的导线电阻。如果电路的频率较高，或线圈的杂散电容（绕组的匝间电容及层间电容）较大则要用图（b）的等效电路，其中 L 主要是由磁路决定的电感，r 主要由导线的电阻决定，线圈的杂散电容则用一个集中的电容 C 来表征。频率越高杂散电容 C 对电感等效参数的影响越为显著，电导 g 则是考虑在高频时线圈周围介质的极化损耗。对于更高的频率，当线圈的尺寸与线圈中电压、电流的波长不可忽略时，其等效电路则应按分布参数电路考虑。

通常为了增加电感线圈的电感量，可在线圈中加磁芯。常用的磁芯材料是硅钢片。硅钢片是低频电路（主要是工频电路）中应用最广的磁芯。坡莫合金则以磁导率高著称。通常只在电感元件的体积受到限制，需要有小体积的大电感场合，才考虑使用坡莫合金的磁芯。由于磁芯中的磁滞和涡流的影响，一般硅钢片和坡莫合金只在低频电路中使用，其使用的上限频率为音频。

1．电感器的主要技术指标

（1）标称值。电感器的标称电感是指在正常工作条件下该电感器的电感量，一般在电感器上都有标明。铁心线圈的标称电感是线圈在额定电压（电流）条件下的电感量。

（2）最大允许电流。电感器的工作时的电流不得超过其规定的允许电流。

（3）分布电容。

线圈的匝间、线圈与屏蔽罩间、线圈与底板间存在的电容称为分布电容。分布电容的存在，使线圈的 Q 值减小，稳定性变差，因此，线圈的分布电容越小越好。

（4）稳定性。对于空心电感器，其稳定度取决于制造电感器材料的机械结构的稳定性。含磁芯的电感器其电感量随时间而变化，主要是由于磁芯材料老化引起内部结构性质的改变所致。

（5）使用频率。由于电感器的等效参数与频率有较大的关系，所以电感器的标称值、准确度等指标，都是在指定的频率范围内给出的。

（6）品质因数 Q。当线圈在某一频率的交流电压下工作时，线圈所呈现的电抗和线圈直流电阻的比即 $Q=\omega L/R$，反映了线圈损耗的大小。不同的使用场合，对线圈的品质因数要求不同，如在谐振回路中对线圈的 Q 值要求就高，对于耦合线圈的 Q 值要求就低，对高频扼流圈和低频扼流圈的 Q 值就没有要求。

2．电感器的选择

电感类型的选择：在选用电感器的时候，应根据电感器的工作频率范围选择电感器。如工作在音频段一般用铁心线圈，工作在几百千赫兹到几兆赫兹的线圈应选用铁氧体心多股绝缘线绕制。工作在 100MHz 以上时，用空气线圈。线圈在使用时应注意接线正确，以免烧坏线圈和其他电子元件。线圈是磁感应元件，它对周围的电感性元件有影响，安装时应注意电感性元件之间的相互位置，一般应使靠近的电感线圈的轴线相互垂直以尽量减少耦合。

四、二极管

二极管是一种单向导电器件，二极管两端加正向电压时导通，二极管的导通电压降与其正向电流有关，通常二极管导通压降近似为常数，称为转折点电压或死区电压，硅管为 0.6-0.8V，锗管为 0.1-0.3V。当外电压超过死区电压之后，二极管内电阻变小，电流随电压的增加而急速上升，这就是二极管的正常工作区。在这一区域，无论电流增大或减小，管压降基本保持在导通电压值，变化很小。二极管加反向电压时截至，反向电流近似为 0，所以在反向电压作用下，二极管呈现很大的电阻，即反向电阻。二极管按材料分为硅二极管和锗二极管和砷化镓二极管；按用途分为整流二极管、检波二极管、发光二极管、开关二极管、稳压二极管、变容二极管等。

1．二极管的主要参数

（1）最大整流电流 I_F。指二极管长期工作时允许流过的最大正向电流值，使用时不能超过此值，否则二极管会因为过热而损坏。

（2）最高反向工作电压 V_{RM}。指二极管参数变化不超过允许反向电流时的最大反向电压峰值。通常取击穿电压的一半作为最高反向工作电压。

（3）反向电流 I_R。是指二极管未击穿时的反向电流。反向电流越小，二极管的单向导电性越好。反向电路与受温度的影响大。

（4）最高工作频率 f_M。是指二极管的工作上限频率。超过此值，由于二极管结电容的作用，二极管将不能很好的实现单向导电性。

（5）反向恢复时间。二极管所加正向电压突变为反向电压时，二极管恢复反向阻断的时间。

（6）最大功率 P。二极管两端的电压与流过电流的乘积，该极限参数对稳压二极管最重要。

2. 常用二极管的分类及特点

（1）整流二极管。

整流二极管主要用于整流电路，工作频率不是很高，但额定整流电流则是需要加以考虑的一个重要指标。表附 1.1 为部分整流二极管的主要参数。

表附 1.1　　　　　　　　　　　　　　整流二极管参数

型号	额定整流电流 I_F（A）	浪涌电流 I_{FSM}(A)	最大反向电流 I_R（μA）	正向压降 V_F/V	最高反向工作电压（V）
1N4001					50
1N4002					100
1N4003	1	30	5	1.1	200
1N4004					400
1N4005					600

（2）开关二极管。

开关二极管主要应用于开关、脉冲和逻辑控制电路，作为数字电路，其开关频率开关或开关时间是一个非常重要的指标，而决定开关频率的主要因素是二极管反向恢复时间。表附 1.2 为部分开关二极管的主要参数。

表附 1.2　　　　　　　　　　　　　　开关二极管参数

型号	最大正向工作电流 I_{FM}（mA）	正向压降 U_F（V）	反向恢复时间 t_{TT}（ns）	最高反向工作电压 U_{RM}（V）	正向电流 I_F（mA）
2CK110	100	0.8	≤4	35	10
2CK73	100	1	≤5	20	20
2CK77	300	1	≤10	50	20
1N4149	150	1	≤4	75	10
1N4448	150	<1	≤4	75	10
1N4148	150	1	≤4	75	10

（3）稳压二极管（参数如表附 1.3 所示）。

稳压管是一种硅材料制成的面接触型的晶体二极管。稳压管在反向击穿时，在一定的电流范围内，电压几乎不变，表现出稳压的特性。

稳压管的主要参数：

稳定电压值 Uz：即在规定电流下稳压管的反向击穿电压。

稳定电流 Iz：稳压管正常工作时的最小工作电流，小于该电流时，稳压管的稳压不准。内阻较大。

动态电阻 r_z：稳压管反向击穿段的动态微变电阻，反映了稳压管的稳压性能，该值越小，反向击穿特性曲线越陡，电流变化时稳压值变化越小，稳压性能越好。

最大耗散功率 P_m：稳压管允许的最大功率，超过此值，稳压管将因热击穿而损坏。

稳压管主要应用于简单的并联型稳压电路中，通过限流电阻限定稳压管反向击穿电流（大于最小稳定电流，小于最大稳定电流），为电子电路提供小功率直流电源，或作为要求不高的基准电压。稳压管应用电路中限流电阻的选择很重要，既要保证稳压管工作在击穿区，又要保证稳压管不会工作到热击穿区，限流电阻 R 的选择应满足：$\dfrac{U_{\text{Imax}} - U_Z}{I_{W\max}} \leqslant R \leqslant \dfrac{U_{\text{Iminx}} - U_Z}{I_{O\max} + I_{W\min}}$

式中，U_{Imax} 和 U_{Imin}——输入直流电压最大值和最小值；

$\qquad U_Z$——稳压管稳压值

$\qquad I_{W\min}$——稳压管最小稳定的电流

$\qquad I_{W\max}$——稳压管最大稳定的电流，由 P_m 和 U_Z 值可以推算出稳压管的最大稳定电流

$I_{Z\max} = P_m / U_Z$

$\qquad I_{O\max}$——最大输出电流

表附 1.3　　　　　　　　　　稳压二极管参数

型号	最大耗散功率 P_{ZM}（W）	最大工作电流 $I_{FSM}(A)$	反向电流 I_R（μA）	正向压降 V_F/V	动态电阻				稳定电压 V_Z
					$R_{Z1}\Omega$	I_{Z1mA1}	$R_{Z2}\Omega$	I_{Z2mA}	
2CW50		83	≤10		≤300		≤50	10	1-2.8
2CW52		55	≤2		≤550		≤70	10	3.2-4.5
2CW54	0.25	38	≤0.5	≤1	≤500	1	≤30	10	5.5-6.6
2CW58		23	≤0.5		≤400		≤25	5	9.2-10.5
2CW60		19	≤0.5		≤400		≤40	5	11.5-12.5

（4）发光二极管（参数如表附 1.4 所示）。

发光二极管是以磷化镓或磷砷化镓等半导体材料制作的二极管。其内部为一 PN 结，具有单向导电性。半导体的材料不同发光二极管的颜色不同，发光二极管的正向压降一般较大，正向电流越大发光亮度越高。使用时应注意不能超过最大功耗、最大正向电流和反向击穿电压等极限参数。一般情况下，发光二极管的正向工作电压为 1.5-3V，允许流过的电流为 2-20mA，所以发光二极管在与 TTL 组件连接使用时，应串接限流电阻，以防器件的损坏。

表附 1.4　　　　　　　　普通发光二极管的型号与参数

型号	材料	发光颜色	极限参数			电参数			
			Pm/mW	I_F/mA	V_R/v	工作电压 V_F/V	工作电流 I_F/mA	反向电流 I_R/mA	反向电压 V_R/V
BT111-X	GaAsP	红	100	20	5	1.9	20	<100	5
BT112-X	GaP	红	100	20	5	2.5	20	<100	5
BT113-X	GaP	绿	100	20	5	2.5	20	<100	5
BT114-X	GaAsP	黄	100	20	5	2.3	20	<100	5
BT116-X	GaAlAs	亮红	100	20	5	2.5	20	<100	5

（5）检波二极管。

通常检波二极管用锗材料制成，它具有正向电流与压降小，结电容小，工作频率高等特点，国内常用的型号为 2AP 系列。检波二极管常在小信号、高频率的电路中作信号检波鉴频等。

（6）变容二极管。

变容二极管在电路中起到可变电容的作用，变容二极管的结电容随外加电压的改变而改变，常用于压控振荡器自动频率控制等电路中。

3．二极管的检测

用数字万用表的可以检测二极管的正负极和好坏等。

（1）二极管正负极判别。

二极管的正负极可以通过二极管的外形或管壳上的标志直接确定。也可以用指针式万用表判别二极管的极性。方法是：将万用表置于 R×1K 或 R×100 挡，先将两表棒分别接在二极管两极，记录下万用表上显示的阻值，再交换两表棒，记录下第二次测出的阻值，阻值小的那次黑表棒所接的就是二极管的正极。二极管的反向电阻与材料有关。数字万用表不宜用电阻挡来检测二极管。因为数字万用表的电阻挡所提供的测试电流太小，通常为 100nA-0.5mA（视所选电阻挡位而定），二极管是非线性元件，正反向电阻值与测试电流有很大关系，因此测量出来的阻值与正常值相差很大，有时难以判定。所以用数字万用表测量二极管时，可以直接放在二极管挡来检测二极管，不仅准确可靠而且显示直观。用数字万用表的二极管挡检测二极管正负极的方法是：用两只表笔分别接触被测二极管的两个电极，同时观察显示值，然后交换表笔再测一次。如果二极管是好的，在这两次的测量中，一次显示值应该是管子的正向压降，是小于 1V 的值。这时管子处于正向导通状态，红表笔接的是管子的正极，黑表笔接的是管子的负极。另一次应该显示溢出符号"1"，这时管子处于反向截止状态，黑表笔接的是正极，红表笔接的是负极。如果两次测量都显示溢出符号，则说明管子内部已经开路；如果两次测量都显示"0"，则说明管子内部已经击穿短路。

（2）二极管硅、锗材料的判别。

制造二极管的材料不同，在用数字万用表的二极管挡检测二极管时，如果二极管正向导通，则数字万用表上显示值就是二极管的正向压降，对于硅管正向压降一般为 0.50～0.80V，对于锗管正向压降一般为 0.15～0.30V，可根据二极管正向压降的差异判断是硅管还是锗管。

4．二极管在使用时的注意事项

① 在电路中应注意二极管的极性，正确接入电路。

② 应避免二极管靠近发热元件，保证散热良好。

③ 应根据需要正确选择二极管的型号。

④ 对于整流二极管，为保证其可靠工作，建议反向电压降低 20%使用。

五、三极管（参数如表附 1.5 所示）

半导体三极管材料可分为锗管和硅管，按结构不同可分为 PNP 型和 NPN 型，按频率分可分为低频管、高频管和甚高频管，按功率分可分为小功率管、中功率管、大功率管。主要参数有：

（1）共发射极直流电流放大倍数 β：定义为在额定的集电极电压 U_{CE} 和集电极电流 I_C 的情况下，集电极电流 I_C 和基极电流 I_B 之比。

（2）集电极最大允许电流 I_{CM}：使用时，集电极电流不允许超过的最大值。

（3）集电极最大允许耗散功率 P_{CM}：使用时，集电极实际消耗的功率不允许超过的 P_{CM}；否则结温上升，管子被烧坏。

（4）特征频率 f_T：频率增高到一定值后，$\Delta\beta=\Delta i_c/\Delta i_b$ 开始下降，使 $\beta=1$ 的频率称为特征频率。此时三极管没有放大能力。

（5）最大允许电压 $V_{(BR)CEO}$：指基极开路时，集电极与发射极之间的反向击穿电压。在使用时，反向电压不能超过此电压值，否则管子将会被反向击穿。

1．三极管的选用原则

（1）在工作电压高时，应选用 $V_{(BR)CEO}$ 大的高反压管，尤其注意 b,e 之间的反向电压不要超过 $V_{(BR)EBO}$。

（2）输出功率比较大时，应选用 P_{CM} 大的功率管，同时注意散热。

（3）输出电流比较大时，应选用 I_{CM} 大的管子。

（4）要满足电路的上限频率，应选用 f_T 大的管子，当电路频率高时，应选用高频管或超高频管。

（5）硅管的反向电流比锗管小，温度特性比锗管好，通常选用硅管组成电路。同型号的管子中反向电流小的性能好。当直流电源对地为正值时选用 NPN 型管子，为负值时，选用 PNP 型管子。

（6）为减少温度对三极管 β 值的影响，应选用有电流负反馈功能的偏置电路，或选用热敏电阻补偿功能的偏置电路。

（7）在满足整体放大参数的前提下，不要选用直流放大系数 h_{FE} 过大的三极管，防止产生自激。

表附 1.5　　　　　　　　　　　　三极管参数

型号	管型	I_{CEO}	h_{FE}（β）	I_{CM}(mA)	P_{CM}(mW)	$V_{(BR)CEO}$（V）	f_T(MHz)
S9011	NPN		30-200	30	400	≥20	150
S9012	PNP	0.1	60-300	500	625	≥20	150
S9013	NPN					≥40	
S9014	NPN	0.05	60-600	100	450	≥50	
S9015	PNP	0.05				≥50	100
S9016	NPN	0.1	30-270	300	400	≥50	400
S9017	NPN	0.05				≥50	700

2．晶体三极管的检测

用数字式万用表可以判别晶体三极管的管型、管脚及好坏。

（1）判定基极 B 和判定 NPN 型和 PNP 型

对于 NPN 型三极管，基极是 2 个 PN 结的公共正极，对于 PNP 型三极管，基极是 2 个 PN 结的公共负极，分别如图附 1.1.3 所示。可以运用这个结构特点来判断晶体三极管的基极。

具体方法是：将数字万用表放在二极管档，先用红表笔接触三极管的任意一个管脚，再用黑表笔依次去接触三极管的另外两个管脚，若两次显示值基本相等，示数都在 1V 以下，就可以判定红表笔接触的是基极，是 NPN 型管子。若示数都是溢出，就可以判定红表笔接触的是基极，是 PNP 型管子。若两次显示值中一次在 1V 一下，一次为溢出 则说明红表笔接触的不是基极，需更换其他管脚重测。

（2）判断集电极和发射极，同时测 h_{FE} 值

要判定集电极和发射极需要将管子插入 h_{FE} 插口。如果被测管子是 NPN 型，将表置于 NPN 档，将管子的基极插入 B 孔，剩下的两个极分别插入 C 孔和 E 孔，如果测出的 h_{FE} 为几十至几百，说明管子属于正常接法，放大能力较强，此时的 C 孔插入的是集电极，E 孔插入的发射极；若测出的 h_{FE} 值只有几到十几，说明管子的集电极和发射极插反了。检测 PNP 管的方法和 NPN 的方法一样，但必须选择 PNP 的 h_{FE} 档。

图附 1.1.3

3．三极管好坏的判别

当三极管 b、e 极或 b、c 极的正反向电阻中的任何一个 PN 结的正反向电阻或 ce 极电阻异常时，就可以判定三极管已损坏，正常情况下硅管 ce 两极间的电阻为无穷大，小功率锗管 ce 间电阻为几百千欧。

4．三极管的选择及使用注意事项

（1）从满足电路所要求的功能出发，选择合适的类型，如大功率管、小功率管、低频管、高频管、开关管等。

（2）根据电路的要求选择 β，一般情况下，β 越大，稳定性越差，通常 β 取 50~100。

（3）根据放大器通频带的要求，选择管子的特征频率 f_T。管子的特征频率应高于电路的工作频率的 3～10 倍。

（4）根据已知条件选择管子的极限参数，一般要求最大集电极电流 $I_{CM}>2I_C$；击穿电压 $V_{(BR)CEO}>2V_{CC}$；最大允许管耗 $P_{CM}>(1.5-2)P_{Cmax}$。

六、场效应管

场效应管根据其结构和制造工艺的不同可分为结型和金属氧化物绝缘栅型，场效应管具有输入阻抗大，热稳定性好、噪声低，抗辐射能力强和制造工艺简单，易于集成等的优点，因此，场效应管的应用非常广泛。场效应管的主要参数有：

1．直流参数

（1）开启电压 V_T：对于增强型管，在一定的漏源电压 V_{DS} 下，开始产生漏极电流 I_D 所需的最小栅源电压 V_{GS} 的值。

（2）夹断电压 V_P：对于耗尽型管，在一定的漏源电压 V_{DS} 下，使漏极电流 I_D 减小到某一微小值时的 栅源电压 V_{GS} 的值。

（3）饱和漏极电流 I_{DDS}：对于耗尽型管，在栅源电压 $V_{GS}=0$ 时，所对应的恒流区漏极电流 I_D 的值。

（4）直流输入电阻 R_{GS}：在栅源电压 $V_{GS}=0$ 时，栅源电压 V_{GS} 与栅极电流 I_G 的比值，因为 I_D 近似为零，所以 R_{GS} 很大。

2．交流参数

（1）低频跨导 g_m，反映了栅源电压对漏极电流的控制能力，是表征场效应管对交流信号放大能力的参数。

（2）最大漏极电流 I_{DM}：场效应管正常工作时的漏极电流的上限值。

（3）最大耗散功率 P_{DM}：与三极管的最大集电极耗散功率 P_{CM} 的意义相同。其受管子的最高工作温度和散热条件的限制。

（4）最大漏源极间电压 V_{DS}：漏极附近发生雪崩击穿时的 V_{DS}。

（5）最大栅源极间电压 V_{GS}：指栅极与源极间 PN 结的反向击穿电压。

3．场效应管的检测

用测电阻法判别结型场效应管的电极：根据场效应管的 PN 结正反向电阻值的不同，可以判别结型场效应管的 3 个电极。具体方法是：将万用表置于 R×1K 挡，任选两个电极，分别测出这两个电极的正反向电阻阻值。当某两个电极的正反向电阻值相等且为几千欧时，则该两个电极分别为漏极和源极。因为对于结型场效应管而言，漏极和源极可以互换，剩下的电极就是栅极。也可以将万用表的黑表笔（或红表笔）任意接触一个电极，另一个表笔依次去接触其余 2 个电极，测量其电阻值。当出现两次电阻值近似相等时，则黑表笔所接触的电极为栅极，其余两级为源极和漏极。若两次测量的电阻值都很大，说明都是反向电阻，可以判定是 N 沟道的场效应管。若两次测量的电阻值都很小，说明都是正向电阻，可以判定是 P 沟道的场效应管。若测量时没有出现两次阻值相等的现象，就调换红黑表笔，直到判断出栅极为止。

4．场效应管的好坏判别

将万用表置于 R×100 挡，测量源极和漏极之间的电阻，通常在几十欧到几千欧之间，如果测得的阻值大于正常值，可能是管子内部接触不良，若为无穷大，则可能是内部断路。再将万用表置于 R×10K 挡，测量栅极和源极以及栅极和漏极之间的电阻值，测得这两个阻值均为无穷大，说明场效应管是好的，否则是坏的。

5．场效应管的使用注意事项

（1）根据已知条件选择管子的极限参数，选用时各个参数均应小于极限参数（见表附 1.6）。

（2）各类场效应管在使用时，都应按要求接入偏置电路，遵守场效应管的偏置极性。

（3）MOSFET 由于输入阻抗极高，在运输储藏中必须将引脚短路，要用金属屏蔽包装，以防外来感应电势将栅极击穿。

（4）为防止场效应管栅极感应击穿，要求所有测试仪器、工作台、电烙铁、电路本身必须有良好的接地。

（5）场效应管安装时，应该固定良好并且散热良好。

表附 1.6   3DJ6N 沟道结型场效应管参数

型号	3DJ6D	3DJ6E	3DJ6F	3DJ6G	3DJ6H	测试条件
饱和漏源电流 I_{DSS}/mA	<0.35	0.3～1.2	1～3.5	3～6.5	6～10	$V_{GS}=0V$ $V_{DS}=10V$
夹断电压 V_P/V	<|-9|	<|-9|	<|-9|	<|-9|	<|-9|	$V_{DS}=10V$ $I_{Ds}=50\mu A$
共源小信号低频跨导 g_m/μs	>1000	>1000	>1000	>1000	>1000	$V_{DS}=10V$ $I_{Ds}=3mA$
最大漏源电压 V_{DS}/V	≥20	≥20	≥20	≥20	≥20	
最大栅源电压 V_{GS}/V	≥20	≥20	≥20	≥20	≥20	
最大耗散功率 P_{DM}/mW	100	100	100	100	100	
最大漏源电流 I_{DM}	15	15	15	15	15	

七、运算放大器

运算放大器简称运放，是有若干三极管、电阻等集成在一块芯片上而制成。它是一种高增益高输入阻抗的集成放大器，常用于交直流放大电路、基本运算电路和振荡电路中。运放的主要静态指标：

（1）输入失调电压：当输入电压为零时，将输出电压除以电压增益，即为折算到输入端的失调电压。

（2）输入失调电流：当运放的输出电压为零时，流入放大器两输入端的静态基极电流的差称为输入失调电流。

（3）最大差模输入电压 V_{idmaxM}：差模输入电压 V_{idmaxM} 是指运放两个输入端之间所能承受的最大电压值，若超过 V_{idmaxM}，运放输入级将击穿。V_{idmaxM} 一般在几伏之内。

（4）最大共模输入电压 V_{icmaxM}：最大共模输入电压 V_{icmaxM} 是指运放所能承受的最大共模输入电压，若超过 V_{icmaxM}，运放的共模抑制比将显著下降。

运放的主要动态指标：

（1）开环差模电压增益。

开环电压增益是指运放在开环时输出电压与输入电压的比值，它是运放诸多参数中最重要的一个，在闭环增益一定的条件下，开环增益越大反馈深度越大，对电路性能改善也越好。但考虑到电路的稳定度要求，反馈越深引入的附加相移也越大，越会引起电路的不稳定。所以要结合实际需要综合选取。

（2）开环带宽 BW：开环带宽是指在运放开环幅频特性曲线上，开环增益从开环直流增益 A_o 下降 3dB，（电压放大倍数下降到 $0.707A_u$）时对应的频率宽度。

（3）单位增益带宽 f_{cp}：对应于开环增益 A_{VO} 频率响应曲线上其增益下降到 $A_{VO}=1$ 时的频率。运放的增益和带宽的乘积是常数，增益越高，带宽越窄。

（4）转换速率 SR：是运算放大器（参数如表附 1.7 所示）在额定负载及输入阶跃大信号时输出电压的最大变化率。即

$$SR = \Delta V / \Delta t$$

表附 1.7 运算放大器的主要参数

参数名称	符号	μA741	LF353	LM324	TL084	LM358
输入失调电压 mV	V_{OS}	1	5	2	2	7
输入失调电流 nA	I_{OS}	10	0.025	5	5	<50
输入偏置电流 nA	I_B	80	0.05	45	45	45
共模抑制比 dB	CMRR	90	100	70	70	70
电源抑制比 dB	PSRR		65	100	100	
开环电压增益 V/mV	A_{uO}	106	25	100	100	25~100
输出电压峰峰值	V_{opp}	±（10-14）	±（10-13.5）	±（10-14）	±（10-14）	
摆率 V/μs	SR	0.5	13	0.5	0.5	0.3
单位增益带宽(MHz)	BW_G	1		1	1	1
输出短路电流 mA	I_{OS}		10	20	20	

八、集成稳压器主要参数

集成稳压器的芯片有很多种，常用的是三端线性稳压芯片，三端线性稳压器的三个引脚分别是输入端、输出端、和公共端（对可调式稳压器称为调整端引脚）。根据输出电压是否固定，三端稳压器可分为固定电源输出和可调电压输出两类。固定式三端线性稳压器的输出电压是固定的，可调式三端线性稳压器（参数如表附 1.8 所示）的输出电压可以通过外接元件参数来调节。常用的三端线性稳压器有正电压输出的 78XX 系列，负电压输出的 79XX 系列和可调电压输出的 LM3X7，其主要参数如表附 1.9 所示。

表附 1.8 三端可调式集成稳压器型号及参数

型号	输入电压 V_i(V)	输出电压 V_o(V)	电压调整率 S_v%	电流调整率 S_i%	输出电流 I_{om}(mA)	输入输出电差（Vo-Vi）(V)	输出电压温度系数 ω/%℃
LM317	4~40	1.2~37	0.04	0.1	≥100	3	0.006
LM337	4~40	-1.2~-37	0.02	0.1	≥100	3	0.004

表附 1.9 三端固定式集成稳压器 CW7800、7900 系列 (0.5A)的主要参数

型号	输入电压 V_i(V)	输出电压 V_o(V)	电压调整率 S_v(mV)		电流调整率 S_i(mV)	输出最大电流 I_{om}(mA)	最小输入电压 V_{imin}(V)	温度变化率 S_T
			V_I	ΔV_O				
CW7805	10	4.8~5.2	8~18	7	25	≥500	7	1.0
CW7806	11	5.7~6.25	9~19	8.5	30	≥500	8	1.0
CW7809	141	8.65~9.35	12~22	12.5	40	≥500	11	1.0
CW7812	19	11.5~`12.5	15~25	17	50	≥500	14	1.2
CW7905	10	-4.8~-5.2	8~18	7	25	≥500	7	1.0
CW7906	11	-5.7~-6.25	9~19	8.5	30	≥500	8	1.0
CW7909	141	-8.65~-9.35	12~22	12.5	40	≥500	11	1.0
CW7912	19	-11.5~-12.5	15~25	17	50	≥500	14	1.2

参 考 文 献

[1] 陈洪亮、田社平等编著．电路分析基础．北京：清华大学出版社，2009．

[2] 刘岚等编著．电路分析基础．北京：高等教育出版社，2010．

[3] 许文龙，李家虎编著 电工电子实验技术（上册）．南京：河海大学出版社，2005．

[4] 张豫滇，谢劲草编著 电工电子实验技术（下册）．南京：河海大学出版社，2005．

[5] 谢志远．模拟电子技术基础.北京：清华大学出版社，2011．

[6] 沈小丰主编．电子电路实验——电路基础实验．北京：清华大学出版社，2007．

[7] 沈小丰主编．电子电路实验——模拟电路实验．北京：清华大学出版社，2007．

[8] 高文焕等编著．电子技术实验——北京：清华大学出版社，2004．

[9] 金凤莲编著．电子技术基础实验及课程设计．北京：清华大学出版社，2009．

[10] 黄大刚 电路基础实验．北京：清华大学出版社，2008．

[11] 陈晓平.电路实验与仿真设计．南京：东南大学出版社。2008．

[12] 陈军主编.电子技术基础实验（上）．南京：东南大学出版社。2011．

[13] 曹才开．电路与电子技术实验．长沙：中南大学出版社 2009．

[14] 刘宏 电路理论实验教程．广州：华南理工大学出版社，2007．

[15] 陈大钦，罗杰等．电子技术基础实验（第三版）电子电路实验、设计及现代 EDA 技术．北京：高等教育出版社，2008．

[16] 谭爱国，沈易等 模拟电子技术实验及综合设计．西安：西安电子科技大学出版社，2013．

[17] 阮秉涛等主编 电子技术基础实验教程（第二版）．北京：高等教育出版社，2011．

[18] 姚缨英主编 电路实验教程（第二版）．北京：高等教育出版社，2011．

[19] 罗杰,谢自美主编 电子线路设计.实验.测试(第四版).北京:电子工业出版社 2008．

[20] 潘岚主编 电路与电子技术实验教程．北京：高等教育出版社 2004．

[21] 王维斌 王庭良编著 模拟电子技术实验教程．西安：西北工业大学出版社 2012．

[22] 付扬主编 电路与电子技术实验教程．北京：机械工业出版社 2007．

[23] 王伞主编 常用电路模块分析与设计指导．北京：清华大学出版社，2009．

[24] 钟洪声，崔红玲，皇晓辉 电子电路设计技术基础.成都：电子科技大学出版社 2012．

[25] 黄丽亚 模拟电子技术基础．北京：机械工业出版社.2007．

[26] 康华光 电子技术基础模拟部分（第五版）．北京：高等教育出版社，2010．